Lecture Notes in Mathematics

Edited by A. Dold, Heidelberg and B. Eckmann, Zürich

Series: Mathematisches Institut der Universität Bonn
Adviser: F. Hirzebruch

357

Walter Borho
Mathematisches Institut der Universität Bonn, Bonn/BRD

Peter Gabriel
Mathematisches Institut der Universität Bonn, Bonn/BRD

Rudolf Rentschler
Université de Paris-Sud, Orsay/France

Primideale in Einhüllenden auflösbarer Lie-Algebren

(Beschreibung durch Bahnenräume)

Springer-Verlag
Berlin · Heidelberg · New York 1973

AMS Subject Classifications (1970): Primary: 17-02, 17B30, 17B35, 17B40, 17B45
Secondary: 16A08, 16A66, 14D99, 57E25

ISBN 3-540-06561-X Springer-Verlag Berlin · Heidelberg · New York
ISBN 0-387-06561-X Springer-Verlag New York · Heidelberg · Berlin

Offsetdruck: Julius Beltz, Hemsbach/Bergstr.

Inhaltsverzeichnis

Einleitung. 1

Kapitel I. Nicht-kommutative Algebra

§ 1. Das Primspektrum eines Ringes 7
§ 2. Lokalisierung nicht kommutativer Ringe. Die Goldie-Sätze. 13
§ 3. Herzen und rationale Ideale 23
§ 4. Schiefpolynomringe. 34

Kapitel II. Restklassenalgebren von Einhüllenden auflösbarer Lie-Algebren

§ 5. Im auflösbaren Fall sind Primideale vollprim. 49
§ 6. Das Semi-Zentrum. 58
§ 7. Das Zentrum: Potenzsteigerung durch Lokalisieren. 73
§ 8. Struktur der Einhüllenden algebraischer auflösbarer Lie-Algebren. 82

Kapitel III. Primitive Ideale und Bahnenräume

§ 9. Polarisierungen 89
§ 10. Induzierte Darstellungen. Definition der Dixmier-Abbildung 101
§ 11. Die Dixmier-Abbildung ist surjektiv 113
§ 12. Bahnenräume 120

Kapitel IV. Primideale und stabile Spektren

§ 13. Von den primitiven zu den primen Idealen. Stetigkeit der Dixmier-Abbildung 133
§ 14. Durch Grundkörpererweiterungen zu den Herzen der Primideale. 140
§ 15. Die faktorisierte Dixmier-Abbildung ist bijektiv. 147
§ 16. Die faktorisierte Dixmier-Abbildung ist stückweise bistetig. 153

Literatur 174
Index der Symbole 178
Index der Terminologie. 181

Leitfaden

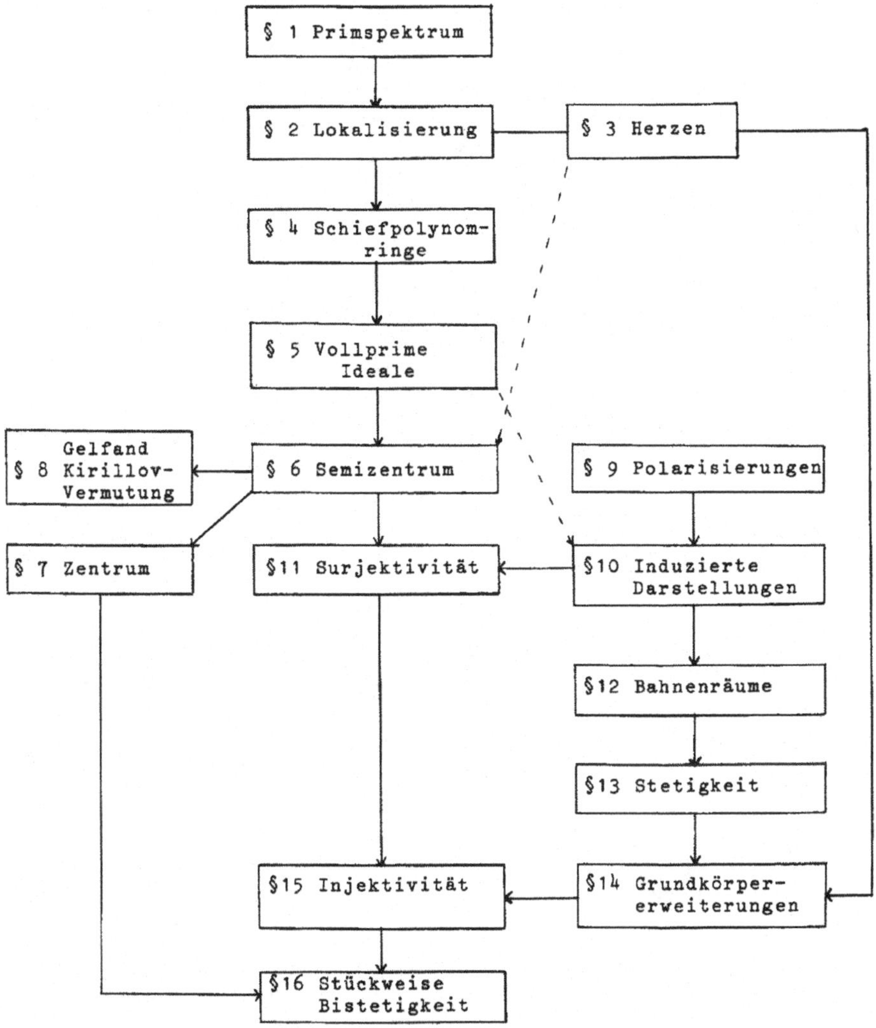
§ 1 Primspektrum
§ 2 Lokalisierung
§ 3 Herzen
§ 4 Schiefpolynomringe
§ 5 Vollprime Ideale
Gelfand § 8 Kirillov-Vermutung
§ 6 Semizentrum
§ 9 Polarisierungen
§ 7 Zentrum
§11 Surjektivität
§10 Induzierte Darstellungen
§12 Bahnenräume
§13 Stetigkeit
§15 Injektivität
§14 Grundkörpererweiterungen
§16 Stückweise Bistetigkeit

Einleitung

Dem Studium der einhüllenden Algebren ging die Untersuchung der irreduziblen unitären Darstellungen einfach zusammenhängender Liegruppen voraus. Ein erstes Resultat erzielte 1931 von Neumann in seinem Artikel über "Die Eindeutigkeit der Schrödingerschen Operatoren", in dem er die irreduziblen unitären Darstellungen der Gruppe

$$\Gamma_3 = \left\{ \begin{pmatrix} 1 & a & c \\ 0 & 1 & b \\ 0 & 0 & 1 \end{pmatrix} \;\middle|\; a,b,c \in \mathbb{R} \right\}$$

bestimmt und zeigt, daß es zu vorgegebenem nicht-trivialen Zentrumscharakter nur eine einzige solche Darstellung gibt [49]. Im Jahre 1957 konstruierte Dixmier zu jeder nilpotenten Liegruppe eine Familie irreduzibler unitärer Darstellungen, die durch Charaktere des Zentrums der einhüllenden Algebra der zugehörigen Lie-Algebren klassifiziert werden [15]. Kurz danach gab Dixmier die vollständige Klassifizierung der irreduziblen unitären Darstellungen aller einfach zusammenhängenden nilpotenten Liegruppen der Dimension ≤ 5 [16].

Im Anschluß an diese Vorarbeiten gelang im Jahre 1961 Kirillov der entscheidende Durchbruch ([40], [41]) : Er klassifizierte die unitären irreduziblen Darstellungen einer einfach zusammenhängenden nilpotenten Liegruppe durch die Bahnen der adjungierten Gruppe im Dualraum der Liealgebra. Dabei spielt die Betrachtung induzierter Darstellungen im Sinne von Mackey eine große Rolle, denn jede irreduzible unitäre Darstellung wird von einer eindimensionalen Darstellung einer geeigneten Untergruppe induziert. Für endliche überauflösbare Gruppen ist ein ähnliches Resultat schon länger bekannt: Jede irreduzible Darstellung wird von einer eindimensionalen Darstellung einer geeigneten Untergruppe induziert.

Die Übertragung der Methode von Kirillov auf das Studium der einhüllenden Algebra $U(\underline{g})$ einer nilpotenten komplexen Lie-Algebra $\underline{g}$ wird 1963 von Dixmier vorgenommen [18]. Anstelle des "aussichtslosen" Versuches, die irreduziblen Darstellungen einer Lie-Algebra zu klassifizieren, untersucht er lediglich ihre Kerne in $U(\underline{g})$ - die <u>primitiven</u> Ideale - und erhält als Analogon zu Kirillovs Resultat eine Bijektion zwischen dem Bahnenraum des Dualraums $\underline{g}^*$ der (nilpotenten) Lie Algebra Algebra $\underline{g}$ unter der adjungierten Gruppe und der Menge der primitiven Ideale. Darüber hinaus kann er zeigen, daß alle Restklassenalgebren von $U(\underline{g})$ nach einem primitiven Ideal sich erstaunlicherweise bis auf Isomorphie in die Reihe der sogenannten Weyl-Algebren $\mathbb{A}_n$ ($n = 0,1,2,\ldots$) eingliedern lassen (4.10) , und dies obwohl es bekanntlich "kontinuierliche Familien" nicht isomorpher nilpotenter Lie-Algebren gibt.

Dadurch wird die Klassifikation der irreduziblen Darstellungen nilpotenter Lie-Algebren auf das entsprechende Problem bei den Weyl-Algebren zurückgeführt.

Im Jahre 1966 entdeckt Dixmier die geeignete Verallgemeinerung auf den auflösbaren Fall. Er konstruiert wieder eine kanonische Abbildung vom Dualraum $\underline{g}^*$ der Lie-Algebra in den Raum Priv $U(\underline{g})$ aller primitiven Ideale von $U(\underline{g})$. Diese Abbildung ist konstant auf den Bahnen der adjungierten algebraischen Gruppe G (das ist die kleinste algebraische Gruppe von Automorphismen von $\underline{g}$, die die adjungierte Gruppe enthält). Dixmier stellt die Vermutung auf, daß die so erhaltene Abbildung $\underline{g}^*/G \longrightarrow$ Priv $U(\underline{g})$ bijektiv sei. Er macht einen wesentlichen Schritt in Richtung auf die Surjektivität, die dann zuerst von Duflo* bewiesen wird [27]. Die Injektivität wird erstmalig in [60] bewiesen (1973).

Die Konstruktion der "Dixmier-Abbildung" Dix : $\underline{g}^* \longrightarrow$ Priv $U(\underline{g})$ verläuft im auflösbaren Fall wie folgt: Zu jeder Linearform $f \in \underline{g}^*$ existieren sogenannte Polarisierungen $\underline{p}$; das sind Unteralgebren von $\underline{g}$, die als Unterräume maximal isotrop sind für die alternierende Bilinearform $f([x,y])$, $(x,y) \in \underline{g} \times \underline{g}$. Die eindimensionale Darstellung von $\underline{p}$ mit Eigenwert $f|\underline{p}$ liefert durch "Induzieren" nach $\underline{g}$ (10.3) einen $U(\underline{g})$-Modul, dessen Annullatorideal primitiv ist und nicht (!) von der Polarisierung $\underline{p}$ abhängt. Dies ist das f zugeordnete primitive Ideal Dix(f).

Die Dixmier-Abbildung verschafft einen Überblick über die primitiven Ideale der einhüllenden Algebra; darüber hinaus ermöglichst sie eine Beschreibung aller Ideale in $U(\underline{g})$ mit nullteilerfreier Restklassenalgebra (14.5). Sie eröffnet ferner einen Weg zur Untersuchung des Zentrums: Für jedes zentrale $u \in U(\underline{g})$ liegt die Restklasse $\hat{u}(f)$ von u modulo Dix (f), $f \in \underline{g}^*$, im Zentrum $\cong \mathbb{C}$ von $U(\underline{g})/\mathrm{Dix}\,(f)$. Dies liefert eine G- invariante komplexe Funktion $\hat{u}$ auf $\underline{g}$; sie ist polynomial und folglich ein Element der symmetrischen Algebra. Nach Duflo ([27], [30]) liefert die Abbildung $u \longmapsto \hat{u}$ einen Isomorphismus des Zentrums von $U(\underline{g})$ auf die Invariantenalgebra $S(\underline{g})^G$.

Die Bijektion $\underline{g}^*/G \xrightarrow{\sim}$ Priv $U(\underline{g})$ bringt neue Zusammenhänge zwischen idealtheoretischen und geometrischen Betrachtungen zu Tage, die uns in ihrer Bedeutung für die nicht-kommutative Algebra als genau so fruchtbar erscheinen, wie im kommutativen Fall die Ergebnisse des 19. Jahrhunderts über Polynomalgebren.

Die vorliegende Arbeit soll in möglichst rascher und zum Teil neuer Weise die Theorie im auflösbaren Fall darstellen. Der Einfachheit halber beschränken wir uns auf $\mathbb{C}$ als Grundkörper (siehe dazu die Schlußbemerkungen zu § 15).

Als Vorkenntnisse setzen wir die elementaren Begriffe der Algebra voraus, wie sie in Bourbaki (Algèbre, chap. V und VIII, Algèbre commutative, chap. 1, 2, 4, Algèbres de Lie, chap. 1) dargestellt sind. Darüber hinaus verwenden wir in den §§ 12 - 16 einige Begriffe der algebraischen Geometrie und der Theorie der algebraischen Gruppen, wofür wir keinen systematischen Aufbau liefern. Wir erinnern den Leser lediglich an einige Definitionen und verweisen ihn ansonsten auf das Buch von A. Borel [4], das der hier gebrauchten Sprache entspricht.

Im ersten Kapitel (§§ 1 - 4) entwickeln wir, was an nicht-kommutativer Algebra benötigt wird. Dabei spielen die Goldie-Sätze eine so zentrale Rolle, daß wir nicht auf ihren Beweis verzichten wollten. Teile des § 3 mögen neu sein.

Im zweiten Kapitel (§§ 5 - 8) studieren wir die nullteilerfreien Restklassenalgebren von $U(\underline{g})$. Die §§ 5 - 6 werden für das spätere Studium der Dixmier-Abbildung (§§ 11, 14 - 16) benötigt. Im § 5 geben wir zwei Beweise für Dixmiers Resultat, daß im auflösbaren Fall Restklassenalgebren nach Primidealen nullteilerfrei sind (ein zweiseitiges Ideal heißt prim, wenn es mit dem Produkt zweier Ideale schon eines der beiden enthält). Der § 6 dient dem Studium des Semi-Zentrums und gibt Anwendungen auf die Restklassenalgebren nach primitiven Idealen. Der § 7 wird nur für den letzten Paragraphen (§ 16) benötigt; es wird gezeigt, wie man nach Lokalisieren mit einem geeigneten semi-invarianten Element in der Restklassenalgebra jedes Ideal zentral erzeugen kann. In § 8 wird für algebraische (auflösbare) Lie-Algebren $\underline{g}$ ein Struktursatz über nullteilerfreie Restklassenalgebren von $U(\underline{g})$ bewiesen, der insbesondere eine Vermutung von Gelfand-Kirillov bestätigt (siehe dazu 8.3).

Das dritte Kapitel (§§ 9 - 12) ist der Konstruktion der Dixmier-Abbildung und dem Beweis ihrer Surjektivität gewidmet. Für diese wird ein neuer Beweis gegeben.

Das letzte Kapitel beginnt in § 13 mit dem Beweis der Stetigkeit der Dixmier-Abbildung (nach [12]) und ihrer Erweiterung zu einer stetigen Abbildung $\widetilde{Dix} : \mathrm{Spec}^G S(\underline{g}) \longrightarrow \mathrm{Spec}\ U(\underline{g})$. Dabei ist $\mathrm{Spec}^G S(\underline{g})$ der Raum aller G-stabilen Primideale der symmetrischen Algebra $S(\underline{g})$ und $\mathrm{Spec}\ U(\underline{g})$ derjenige aller Primideale von $U(\underline{g})$. In § 14 wird die Methode der funktoriellen Erweiterung der Dixmier-Abbildung behandelt. Sie beruht , wie in der algebraischen Geometrie, auf dem Übergang von

$\mathbb{C}$ zu größeren Grundkörpern (vgl. [51] im nilpotenten Fall). In § 15 wird der Injektivitätsbeweis gegeben. Er stützt sich wesentlich auf die funktoriellen Argumente des § 14 und liefert die gewünschte Beschreibung aller Primideale in $U(\underline{g})$. Dieses Vorgehen erscheint uns bequemer als die Beweisführung in [60]. Leider erhalten wir keine vollständige Beschreibung der Ordnungsrelation zwischen Primidealen. Um diese völlig zu beschreiben, genügte es zu beweisen, daß die Abbildung $\widetilde{Dix}$ nicht nur stetig, sondern sogar bistetig ist. Als Ersatz dafür können wir in § 16 lediglich ihre "stückweise Bistetigkeit" nachweisen.

Offen bleiben vor allem drei Probleme:

1) Ist die faktorisierte Dixmier-Abbildung $\underline{g}^*/G \longrightarrow \mathrm{Priv}\, U(\underline{g})$ bistetig?

2) Bildet die kanonische Isomorphie der "Herzen" (15.1) das Zentrum von $U(\underline{g})/\mathrm{Dix}\,(\underline{p})$ isomorph auf den G-Invariantenring von $S(\underline{g})/\underline{p}$ ab $(\underline{p} \in \mathrm{Spec}^G S(\underline{g}))$?

3) Läßt sich eine ähnlich vollständige Theorie für allgemeine Lie-Algebren entwickeln? (Siehe dazu [30]). Eine konkrete Vermutung lautet folgendermaßen: Ist $\underline{g}$ eine Liealgebra über $\mathbb{C}$, so gibt es eine "natürliche" stetige Bijektion vom Bahnenraum $\underline{g}^*/G$ auf den Raum der primitiven Ideale von $U(\underline{g})$ mit nullteilerfreier Restklassenalgebra Für $\underline{sl}_2$ trifft diese Vermutung zu.

Für weitere Ergebnisse - insbesondere auch im halbeinfachen Fall - , eine Liste offener Probleme und detailliertere historische Betrachtungen verweisen wir auf das demnächst erscheinende Buch von Dixmier über einhüllende Algebren [26].

Die Autoren danken der Universität Bonn, der Eidgenössischen Technischen Hochschule Zürich und der Humboldt Universität zu Berlin (DDR), daß sie einem von ihnen die Möglichkeit gaben, über den Stoff dieses Buches - im Zuge seiner Entwicklung - vorzutragen. Auf den gegenwärtigen Stand haben es die drei Autoren in Zusammenarbeit auf allen Ebenen gebracht. Herrn Professor Dr. B. Eckmann danken sie für sein ermutigendes Interesse an dieser Arbeit.

Konventionen

"Ringe" und "Algebren" sind stets assoziativ und haben eine Eins; "Homomorphismen" zwischen ihnen erhalten die Eins. Mit "Ideal" ist stets ein zweiseitiges Ideal gemeint. "Noethersch" bedeutet linksnoethersch. "Moduln" sind linke Moduln, soweit nichts gegenteiliges gesagt wird.

"Lie Algebren" sind endlich-dimensional und komplex, sofern nicht ausdrücklich etwas anderes gesagt wird. Alle Sätze und Beweise dieses Buches bleiben aber richtig, wenn man den Grundkörper $\mathbb{C}$ durch irgendeinen algebraisch-abgeschlossenen, über-abzählbaren Körper der Charakteristik 0 ersetzt, wovon ab § 14 auch frei Gebrauch gemacht wird. Im § 16 kommen Lie Algebren über kommutativen Ringen vor. - Statt "Unter-Lie-Algebra" schreiben wir kurz "Unteralgebra". (Eine Unteralgebra $\neq 0$ einer Lie Algebra ist also keine (!) Algebra).

Für Konventionen in der Notation verweisen wir auf den Index.

Chapter I

Non-commutative algebra

§ 1 The prime spectrum of a ring

1.1 Definitions of prime, completely prime, and primitive ideals - 1.2 Prime spectrum - 1.3 Levitzki's theorem - 1.4 Intersections of primitive ideals - 1.5 Locally closed prime ideals are primitive (sometimes!) - 1.6 Description of the prime spectrum by its locally closed points.

§ 2 Localization of non-commutative rings

2.1 Definition of a (left) quotient ring - 2.2 Ore's theorem - 2.3 Examples; case of a ring without zero-divisors - 2.4 Modules of quotients - 2.5 Description of the completely prime ideals of a ring of quotients - 2.6 Statement of Goldie's theorems - 2.7 to 2.9 Proof of Goldie's theorems - 2.10 Description of the prime ideals of a ring of quotients.

§ 3 Hearts and rational ideals

3.1 The heart of a prime ideal - 3.2 Embedding hearts of primitive ideals - 3.3 Definition of rational ideals. "Primitive" implies "rational" (sometimes!) - 3.4 Motivation - 3.5 Behaviour of the prime spectrum of an algebra under base field extensions - 3.6, 3.7 Technical lemmas - 3.8 Set theoretical description of the rational spectrum by homomorphisms of the hearts into some extension field - 3.9 The functorial point of view - 3.10 Taking account of the topology.

§ 4 Skew polynomial rings

4.1 Derivations - 4.2 Definition of generalized skew polynomial rings - 4.3 Example - 4.4 Localizing the ring of coefficients - 4.5 The prime spectrum of a generalized skew polynomial ring - 4.6 An application - 4.7 Skew polynomial rings over division rings - 4.8 Splitting and rigidity of skew polynomial rings - 4.9 Example - 4.10 Weyl algebras $\mathbb{A}_n$, definitions and properties.

§ 1 Das Primspektrum eines Ringes

1.1 Sei R ein Ring, und sei I ein Ideal von R. Folgende drei Bedingungen sind in einfacher Weise äquivalent:

(1) In R/I ist das Produkt je zweier Ideale $\neq 0$ wieder $\neq 0$.

(2) Sind J, J' Ideale von A mit $J \not\subseteq I$, $J' \not\subseteq I$, dann ist auch $JJ' \not\subseteq I$.

(3) Zu $a, b \in A \setminus I$ gibt es stets ein $c \in A$ mit $acb \notin I$.

Definition: Das Ideal I heißt prim, wenn es die äquivalenten Eigenschaften (1) bis (3) hat und außerdem $\neq R$ ist. Ein Ring heißt prim, wenn sein Nullideal prim ist.

Maximale Ideale sind prim. Insbesondere sind deshalb Matrixringe über Schiefkörpern prim. Dieses Beispiel zeigt, daß Primringe durchaus nicht frei von Nullteilern zu sein brauchen.

Definition: Das Ideal I heißt vollprim, wenn R/I nullteilerfrei ist. (D.h. In R/I ist das Produkt je zweier Elemente $\neq 0$ wieder $\neq 0$.).

Für kommutative Ringe bedeutet "vollprim" natürlich dasselbe wie "prim". Der Begriff des Primideals geht im kommutativen Fall auf das 19. Jahrhundert zurück. Seit seiner Einführung in die algebraische Zahlentheorie durch Dedekind und in die gerade erst entstehende algebraische Geometrie durch Hilbert ist er aus diesen Disziplinen nicht mehr weg zu denken. In der nicht-kommutativen Algebra nahm man das Studium der Primideale erst ziemlich spät auf, anscheinend erst seit Mac Coy [47]. Das mag nicht zu letzt daran gelegen haben, daß die "natürliche" nicht-kommutative Verallgemeinerung von "Primideal" nicht ganz leicht zu erraten war, sondern erst aus einem gewissen Einblick in die Eigenschaften und die Struktur nicht-kommutativer Ringe resultierte. Daß wir oben "die richtige" Definition angegeben haben, wird am deutlichsten durch den Satz von Goldie (§2) belegt. Aber auch andere Betrachtungen führen auf diese Definition, wie wir hier (und in 1.2) skizzieren wollen.

Sei M ein R-Modul. Ein Ideal $I \triangleleft R$ heißt "zu M assoziiert", wenn es einen Untermodul $0 \neq N \subseteq M$ gibt, so daß $I = \operatorname{Ann} N'$ ist für jeden Untermodul $0 \neq N' \subseteq N$. Solche Ideale I sind notwendig prim, wie man leicht sieht.

Ein einfacher Modul M besitzt genau ein assoziiertes Ideal, nämlich seinen Annullator $I = \operatorname{Ann} M$. Ideale I von dieser Gestalt heißen (links-) primitiv. Die obige Überlegung zeigt, daß sie prim sind. Umgekehrt brauchen Primideale natürlich nicht primitiv zu sein, wie schon das Beispiel $R = \mathbb{Z}$ $(I = 0)$ zeigt.

Nicht jeder Modul besitzt ein assoziiertes Primideal, wohl aber jeder Modul $M \neq 0$ über einem noetherschen Ring R. (Offenbar genügt es, daß R die Maximalbedingung für Ideale erfüllt). Ist I ein Primideal, so hat R/I genau ein assoziiertes Primideal, nämlich I. Allgemeiner hat ein Modul mit unzerlegbarer injektiver Hülle höchstens ein assoziiertes Primideal und daher genau eines, falls R noethersch ist. Dieser Sachverhalt macht die Primideale zu einem wichtigen Hilfsmittel bei der Untersuchung der unzerlegbaren injektiven Moduln (vgl. [42], [48], [32]). Darin liegt die Bedeutung der Primideale für die Darstellungstheorie von R.

<u>1.2</u> Sei R ein Ring.

<u>Lemma und Definition:</u> In der Menge X aller Primideale von R bilden die Teilmengen der Gestalt $V(I) = \{P \in X \mid P \supseteq I\}$, I Ideal von R, die abgeschlossenen Mengen einer Topologie auf X. Der so topologisierte Raum X heißt das <u>Primspektrum</u> von R, abgekürzt "Spec R". Wir schreiben "Priv R" für den <u>Unterraum der primitiven Ideale</u> von R.

Das Spektrum wird also wörtlich wie in der kommutativen Algebra definiert. Wie dort hat man z.B. die Formel $V(I) \cup V(J) = V(IJ) = V(I \cap J)$ für je zwei Ideale I,J von R. Wir stellen einige Eigenschaften des Spektrums zusammen, deren Beweise man ebenso mühelos aus der kommutativen Algebra übernimmt (Bourbaki [7]).

(1) Die Abbildungen $I \longmapsto V(I)$ und $F \longmapsto \cap F = \bigcap_{I \in F} I$, wo $I \triangleleft R$ und $F \subseteq \text{Spec } R$, sind antiton. Sie etablieren einen Galois-Zusammenhang zwischen dem Verband der Ideale I von R und dem der Teilmengen von Spec R.

(2) Der Abschluß einer Teilmenge F von Spec R ist $\bar{F} = V(\bigcap F)$.

(3) Die Abbildungen $I \longmapsto \overline{\{I\}} = V(I)$ und $F \longmapsto \bigcap F$ aus (1) induzieren zueinander reziproke Bijektionen zwischen den "Punkten" $I \in \text{Spec } R$ einerseits und den abgeschlossen irreduziblen Teilmengen $F \subseteq \text{Spec } R$ andererseits.

(4) Das Spektrum eines noetherschen Ringes R ist ein noetherscher Raum. (D.h. es erfüllt die Maximalbedingung für offene Mengen).

Dem Abschluß $\bar{F} = V(\cap F)$ einer Menge $F \subseteq \text{Spec } R$ entspricht auf der anderen Seite des Galois-Zusammenhangs die <u>Wurzel</u> $\sqrt{I} := \bigcap V(I)$ eines Ideals $I \triangleleft R$. Das Analogon zu den abgeschlossenen Mengen $F = \bar{F}$ sind hier die <u>semiprimen</u> Ideale $I = \sqrt{I}$, i.e. die Ideale $I \triangleleft R$ der Form $I = \sqrt{J}$, $J \triangleleft R$ $(\Longrightarrow I = \sqrt{I})$.

Aus (1) folgt insbesondere, daß die semiprimen Ideale von R in (streng) antitoner Bijektion zu den abgeschlossenen Mengen von Spec R stehen. Die Topologie auf Spec R enthält danach schon starke Informationen über den Idealverband von R: Sie beschreibt die Gesamtheit der semiprimen Ideale und der Ordnungsrelationen zwischen ihnen, insbesondere also auch die Inklusionen zwischen den Primidealen selbst. Eine Beschreibung des vollen Idealverbandes ist mit Hilfe des Spektrums natürlich nicht möglich, da es ja Ideale gleicher Wurzel nicht zu unterscheiden erlaubt. Aber immerhin beschreibt Spec R die Klassen der Ideale gleicher Wurzeln : $V(I) = V(\sqrt{I})$ und

$$\sqrt{I} = \sqrt{J} \iff V(I) = V(J), \quad \forall I,J \triangleleft R.$$

Beispiel: Wegen $V(I^2) = V(I \cap I) = V(I)$ erhält man $\sqrt{I} = \sqrt{J}$, falls $I^n \subseteq J$ und $J^n \subseteq I$ gilt für großes n, d.h. falls I und J nilpotent sind modulo $I \cap J$. Diese hinreichende Bedingung für $\sqrt{I} = \sqrt{J}$ ist auch notwendig, wenn der Ring R noethersch ist. Das geht aus dem folgenden Satz 1.3 hervor, der so die Bezeichnung "Wurzel" rechtfertigt.

Im noetherschen Fall (vgl.(4)) liegen die Dinge überhaupt sehr viel einfacher: Dann hat jede abgeschlossene Teilmenge nur endlich viele irreduzible Komponenten (vgl. Bourbaki [7]). Daraus folgt, daß jedes semiprime Ideal schon Durchschnitt von endlich vielen Primidealen ist. Außerdem ist dann die Topologie des Spektrums bereits durch die Ordnungsrelationen zwischen den Primidealen festgelegt.

1.3 Satz (Levitzki [43]): In einem noetherschen Ring R ist die Wurzel $\sqrt{0}$ des Nullideals ein nilpotentes Ideal. Sie ist bereits das größte einseitige Nilideal von R (d.h. maximal sowohl unter den Links- als auch unter den Rechtsidealen, die aus nilpotenten Elementen bestehen).

Beweis [63]: Da die Summe zweier nilpotenter Linksideale wieder nilpotent ist - und da R noethersch ist - gibt es genau ein maximales nilpotentes Linksideal $I \triangleleft R$. Da für jedes $a \in R$ mit aR auch Ra nilpotent ist und umgekehrt, ist I auch schon maximales nilpotentes Rechtsideal, insbesondere also Ideal. Es ist natürlich in $\sqrt{0}$ enthalten (1.2), und $\sqrt{0}/I$ ist die Wurzel der Null in R/I. Indem wir R/I betrachten, können wir o.E. annehmen, daß R kein nilpotentes einseitiges Ideal $\neq 0$ hat. Zu zeigen ist a), daß R dann auch kein einseitiges Nilideal $\neq 0$ hat, und b) $\sqrt{0} = 0$.

a) Sei N ein Rechtsideal in R, das nil ist. Sei $z \in N$ ein Element mit maximalem Linksannullator $l(z)$. Dann ist $zRz = 0$! Denn anderen Falls gäbe es $r \in R$, so daß $zrz \neq 0$, also $zr \notin l(z)$. Aber da $zr \in N$ nilpotent ist, hat man $zrz' = 0$ mit $z' = (zr)^n z \neq 0$ für ein $n \geq 1$. Wegen $z' \in N$ ergibt sich daraus $l(z) \subsetneq l(z')$, ein Widerspruch zur Maximalität von $l(z)$. Tatsächlich war also $zRz = 0$. Erst recht ist dann $(zR)^2 = 0$, also $zR = 0$ nach unserer Annahme über R. Es folgt $z = 0$ und $N = 0$. Ist L Linksideal in R und nil, so ist aR Nilrechtsideal für jedes $a \in L$, also $= 0$. Folglich ist $L = 0$.

b) Ist $\sqrt{0} \neq 0$, so gibt es ein zu $\sqrt{0}$ assoziiertes Primideal (1.1) $P \in \operatorname{Spec} R$. Für ein $0 \neq r \in \sqrt{0}$ ist $P = l(Rr)$ der Linksannullator von Rr. Aus $r \in \sqrt{0} \subseteq P$ folgt $rRr = 0$ und erst recht $(rR)^2 = 0$, also $rR = 0$. Widerspruch! Q.E.D.

<u>1.4</u> Den Durchschnitt aller primitiven Ideale eines Ringes R nennt man das <u>Jacobson-Radikal</u> von R, abgekürzt $\operatorname{Rad} R := \bigcap(\operatorname{Priv} R)$. Für ein Ideal I bedeutet $\operatorname{Rad}(R/I) = 0$, das Verschwinden des Jacobson-Radikals, gerade, daß (I semiprim ist und) die Menge $V(I) \cap \operatorname{Priv} R$ dicht liegt in $V(I)$.

<u>Satz</u>: <u>Sei</u> K <u>ein über-abzählbarer Körper</u>. <u>Sei</u> R <u>eine noethersche</u> K-<u>Algebra abzählbarer Dimension. Dann gilt</u> $\operatorname{Rad}(R/I) = 0$ <u>für jedes semiprime Ideal</u> I <u>von</u> R.

<u>Beweis:</u> Offenbar genügt es, den Fall $I = 0 = \sqrt{0}$ zu betrachten. Sei $a \in \operatorname{Rad} R$ gegeben. Zunächst kann a nicht transzendent über K sein: Nach der bekannten Kennzeichnung der Elemente von Rad R ist $1-\gamma a$ invertierbar in R, $\forall \gamma \in K$. Wäre nun $K[a] \subseteq R$ der Polynomring in a, dann wären die $(1-\gamma a)^{-1}$, $\gamma \in K$, über-abzählbar viele K-unabhängige Elemente des "Funktionenkörpers" $K(a)$ und von R. Das widerspricht der Abzählbarkeit von $[A:K]$.

Also ist $P(a) = 0$ für ein Polynom $P(X) \in K[X]$, das wir o.E. in der Form

$$P(X) = X^n(1 + \alpha_1 X + \ldots + \alpha_m X^m)$$

annehmen können. Da $1 + \alpha_1 a + \ldots + \alpha_m a^m$ als Element von $1+\operatorname{Rad} R$ invertierbar ist, folgt aus $P(a) = 0$ schon $a^n = 0$. Das beweist, daß Rad R ein Nilideal ist. Aus 1.3 folgt nun $\operatorname{Rad} R = \sqrt{0} = 0$. Q.E.D.

<u>1.5</u> Eine Teilmenge F eines topologischen Raumes heißt <u>lokal-abgeschlossen</u>, falls es eine Umgebung U von F gibt, so daß F abgeschlossen in U ist. Ein Primideal I des Ringes R heißt lokal-abgeschlossen, falls die einpunktige Menge $\{I\}$ es ist - aufgefaßt als Teilmenge von Spec R. Man mache sich klar, daß I genau dann lokal-abgeschlossen ist, wenn $V(I) \setminus \{I\}$ abgeschlossen ist, wenn also

I nicht als Durchschnitt von Primidealen $\neq I$ dargestellt werden kann.

Korollar zum Satz 1.4: Unter den dortigen Voraussetzungen sind alle lokal-abgeschlossenen Primideale I von R primitiv.

Der Satz besagt nämlich

$$\bigcap(V(I) \cap \text{Priv } R) = I, \qquad \forall I \in \text{Spec } R.$$

Für ein $I \notin \text{Priv } R$ ist erst recht $\bigcap(V(I) \setminus \{I\}) = I$. Nicht primitive I sind also nicht lokal-abgeschlossen.

1.6 In der Situation des Satzes 1.4 wird die Topologie auf Spec R offensichtlich schon durch den Unterraum Priv R vollständig beschrieben. Diesen Sachverhalt wollen wir etwas näher beleuchten.

Eine Abbildung $f : T \to X$ topologischer Räume T, X heißt quasihomöomorph, wenn $F \mapsto f^{-1}(F)$ einen Isomorphismus der Verbände der abgeschlossenen Mengen definiert. Eine Inklusion $T \hookrightarrow X$ ist offenbar genau dann quasihomöomorph, wenn $\overline{T \cap F} = F$ ist für jede abgeschlossene Menge F in X.

Satz: Sei $X := \text{Spec } R$ das Spektrum eines noetherschen Ringes. Sei T ein Teilraum von X. Die Inklusion $T \hookrightarrow X$ ist genau dann quasihomöomorph, wenn T alle lokal-abgeschlossenen Punkte von X enthält.

Beweis: Die Bedingung ist natürlich notwendig: Für lokal-abgeschlossene $P \in X$ folgt aus $\overline{T \cap \overline{\{P\}}} = \{P\}$ schon $P \in T$. Sie reicht auch hin: Da X noethersch ist (1.2(4)), gibt es sonst eine abgeschlossene Menge $F \subseteq X$, die minimal ist bezüglich $\overline{T \cap F} \neq F$. Wir nehmen ein $P \in F \setminus \overline{T \cap F}$ mit minimalen Abschluß $\overline{\{P\}} =: E$. Ist auch $I \notin \overline{T \cap F}$ und $I \in E$, so folgt $\overline{\{I\}} = E$ wegen der Minimalität und $I = P$ nach 1.2(3). Daraus geht hervor, daß $E \setminus P = E \cap \overline{T \cap F}$ ist, eine in E abgeschlossene Menge. Also ist P lokal abgeschlossen. Die Voraussetzung über T ergibt $P \in T \subseteq \overline{T \cap F}$, im Widerspruch zur Wahl von P. Q.E.D.

In der Situation des Satzes läßt sich X durch den quasihomöomorphen Teilraum T explizit beschreiben als die Menge $\tilde{T}$ aller abgeschlossenen irreduziblen Teilmengen von T, versehen mit folgender Topologie: Die abgeschlossenen Mengen von $\tilde{T}$ sind die Mengen der Form $\{P \in \tilde{T} \mid P \subseteq F\}$, wobei F die abgeschlossenen Teilmengen von T durchläuft.

Beispiel: Ist $R = U(\mathfrak{g})$ die Einhüllende einer (komplexen endlichdimensionalen) Lie-Algebra $\mathfrak{g}$, so folgt aus den Überlegungen 1.4 bis 1.6, daß Priv R quasihomöomorph in Spec R liegt und Spec R vollständig beschreibt. Dies wird uns erlauben, das Studium der Primideale auf das der primitiven Ideale zurückzuführen. Die letzteren im Falle einer auflösbaren Lie-Algebra $\underline{g}$ übersichtlich zu beschreiben, ist der eigentliche Gegenstand dieses Buches.

§ 2. Lokalisierung nicht kommutativer Ringe

2.1 Sei R ein Ring, und sei $S \subseteq R$ eine multiplikative (Unter-) Halbgruppe in R. Diese Ausdrucksweise soll einschließen, daß die Eins von R in S liegt. Ist dann $M \subseteq R$ irgend eine Teilmenge, so schreiben wir SM für die Menge der Produkte sm mit $s \in S$, $m \in M$. Sind alle Elemente von S invertierbar, so ist die Menge S^{-1} der Inversen s^{-1}, $s \in S$, wieder eine multiplikative Halbgruppe in R.

Definition: Ein (linker) Quotientenring von R bezüglich S ist ein Ring Q, der R als Unterring enthält, so daß 1.) jedes $s \in S$ in Q invertierbar ist und 2.) $Q = S^{-1}R$ gilt.

Bemerkung: Diese Definition impliziert, daß S dann nur aus Nichtnullteilern in R besteht. Daß wir uns auf Lokalisierungen nach Nichtnullteilern beschränken, dient nur der Übersichtlichkeit und liegt nicht in der Natur der Sache.

2.2 Satz (Ore): Ein Quotientenring des Ringes R bezüglich der multiplikativen Halbgruppe S in R existiert genau dann, wenn S nur Nichtnullteiler enthält und der folgenden (Ore-) Bedingung genügt:

Für jedes Paar $(s,r) \in S \times R$ ist $Rs \cap Sr \neq \emptyset$.

Erfüllt S die äquivalenten Bedingungen des Satzes, so sagt man, S sei (linke) Oresche Teilmenge von R. - Die Notwendigkeit der Bedingung ist klar, ihr Hinreichen aber durchaus nicht. Wir erinnern hier nur an die Konstruktion des Quotientenringes $Q = S^{-1}R$. In der Produktmenge $S \times R$ wird durch $(*)$ $(s,a) \sim (t,b) \Longleftrightarrow \exists u,v \in R$ mit $us = vt \in S$ und $ua = vb$ (wegen der Ore-Bedingung) eine Äquivalenzrelation definiert. Man setzt nun $Q = S \times R/\sim$ (als Menge) und schreibt $s^{-1}a$ für die Klasse von (s,a). Je zwei solche "Linksbrüche" $s^{-1}a$, $t^{-1}b$ lassen sich auf einen "gemeinsamen Nenner" bringen, indem man Sie gemäß $(*)$ passend "erweitert" und die Ore-Bedingung ausnutzt. Damit wird es möglich, die Ringoperationen auf Q ganz nach dem Muster der üblichen Bruchrechnung zu erklären, z.B. die Addition durch

$$s^{-1}a + s^{-1}b = s^{-1}(a+b).$$

Für Einzelheiten verweisen wir auf die Lehrbücher ([37] , z.B.).

Aus dieser Konstruktion des Quotientenringes $Q = S^{-1}R$ ergibt sich seine <u>universelle Eigenschaft</u>: Jede Ringeinbettung $\phi : R \longrightarrow A$, bei der die Elemente von S sämtlich invertierbar werden, läßt sich eindeutig faktorisieren durch die kanonische Einbettung $r \longmapsto 1^{-1}r$ von R in $S^{-1}R$. Insbesondere ist $S^{-1}R$ durch die Oresche Teilmenge S <u>eindeutig bestimmt</u> bis auf einen Isomorphismus, der R identisch abbildet.

Ersetzt man in dem Satz die linke Ore-Bedingung durch die rechte (d.h. $sR \cap rS \neq \emptyset$ für jedes $(s,r) \in S \times R$), so erhält man selbstverständlich ein Kriterium für die Existenz des - analog definierten und konstruierten - rechten Quotientenringes RS^{-1} von R bezüglich S. Existiert sowohl $S^{-1}R$ als auch RS^{-1}, ist also S links und rechts Oresch zu gleich, so kann man beide Quotientenringe - wegen der universellen Eigenschaften - mit einander identifizieren. Nur solche <u>zweiseitigen</u> Quotientenringe werden uns später begegnen.

<u>2.3</u> <u>Beispiele</u>: a) Sei $S = \{1,s,s^2,....\}$ die von einem einzigen Nichtnullteiler $s \in R$ erzeugte multiplikative Halbgruppe. Gilt $sR \subseteq Rs$, so ist S Oresch. Gilt allgemeiner $sR \subseteq Rs$ für die $s \in S'$ in einem Erzeugendensystem S' der Halbgruppe S von Nichtnullteilern, so ist S Oresche Teilmenge.

b) <u>Sei</u> R <u>noethersch und frei von Nullteilern</u>. <u>Dann ist</u> $S = R \setminus 0$ <u>eine Oresche Teilmenge, und</u> $S^{-1}R$ <u>ist ein Schiefkörper</u>. - Das Letzte ist klar, falls $S^{-1}R$ existiert. Zum Beweis der Ore-Bedingung gibt man $s \in S$, $r \in R$ vor und betrachtet die aufsteigende Kette der Linksideale $Rr + Rrs +...+Rrs^n$, $n \in \mathbb{N}$ ("Trick von Lesieur-Croisot"). Sie wird stationär, also $rs^{n+1} = a_o r + a_1 rs + \ldots + a_n rs^n$ für ein großes n, die $a_i \in R$, o.E. $a_o \neq 0$. Dann liegt $(rs^n - a_n rs^{n-1} - \ldots - a_1 r)s = a_o r$ in $Rs \cap Sr$.

Wir machen darauf aufmerksam, daß die Hauptergebnisse dieses Buches Darstellungen auflösbarer Lie-Algebren betreffen werden, und daß die dabei auftretenden Quotientenringe sich sämtlich den Beispielen a) und b) unterordnen. Der nur an auflösbaren Lie Algebren interessierte Leser braucht sich deshalb mit den gleich folgenden Sätzen von Goldie (2. 6), von denen b) ein sehr leichter Spezialfall ist, nicht eingehender zu befassen.

c) Das Erzeugnis U zweier Orescher Teilmengen S und T ist wieder Oresch. Daß U aus Nichtnullteilern besteht, ist klar. Die Ore-Bedingung verifiziert man durch Induktion nach der Anzahl der Faktoren aus S und T, die zur Darstellung des vorgelegten $u \in U$ nötig sind. Wir zeigen, wie zum Beispiel aus $Ru \cap Ur \neq \emptyset$, $r \in R$, auch $Rsu \cap Ur \neq \emptyset$ folgt, $\forall s \in S$. Man schreibt zunächst $r'u = u'r$ mit $r' \in R$, $u' \in U$ und dann $r''s = s''r'$ mit $r'' \in R$, $s'' \in S$ und erhält so $r''su = s''r'u = s''u'r \in Rsu \cap Ur$.

2.4 Gegeben seien ein R-Modul M und eine Oresche Teilmenge S des Ringes R. In Analogie zu der in 2.2 skizzierten Konstruktion des Quotientenringes $S^{-1}R$ kann man einen Quotientenmodul $S^{-1}M$ konstruieren als den Modul $S^{-1}M = S \times M/\sim$ der Klassen nach der Äquivalenzrelation

$$(s,m) \sim (t,n) \iff \exists u,v \in R \text{ mit } us = vt \in S \text{ und } um = vn.$$

Man beachte, daß der kanonische Homomorphismus $m \longmapsto$ Klasse $((1,m))$, $M \longrightarrow S^{-1}M$, nicht mehr injektiv zu sein braucht. Der Modul $S^{-1}M$ erweist sich sogar als $S^{-1}R$ - Modul. Die Zuordnung $M \longmapsto S^{-1}M$ ist ein exakter Funktor, der mit direkten Summen verträglich ist. Daraus schließt man, daß die natürliche Abbildung $S^{-1}A \otimes_A M \longrightarrow S^{-1}M$ bijektiv ist. Daher ist $S^{-1}A$ flach als rechter A-Modul. Sei jetzt $\phi : M \longrightarrow S^{-1}M$ der kanonische Homomorphismus. Für einen ($S^{-1}A$-) Untermodul N von $S^{-1}M$ hat man $S^{-1}\phi^{-1}(N) = N$. Die demnach injektive Zuordnung $N \longmapsto \phi^{-1}(N)$ setzt die Untermoduln von $S^{-1}M$ in Bijektion zu denjenigen Untermoduln L von M, für die M/L S-torsionsfrei ist (d.h. aus $sm \in L$, $m \in M$, folgt $m \in L$).

Korollar: Quotientenmoduln eines noetherschen Moduls sind noethersch. Insbesondere sind Quotientenringe eines noetherschen Rings noethersch.

2.5 Wenden wir die Überlegungen 2.4 auf den Modul $M = R$ an, so haben wir zunächst zu bemerken, daß für ein Linksideal L von R der Quotientenmodul $S^{-1}L$ mit der in 2.1 eingeführten Menge $S^{-1}L$ der Produkte $s^{-1}l$ übereinstimmt. Das rechtfertigt die Schreibweise. - Für ein Ideal I von R erweist sich $S^{-1}I$ genau dann als Ideal von $S^{-1}R$, wenn gilt: Aus $rS \cap I \neq \emptyset$, $r \in R$, folgt $Sr \cap I \neq \emptyset$. Umgekehrt sind den Idealen J von $S^{-1}R$ durch $J \longmapsto J \cap R$ injektiv Ideale von R zugeordnet (denn $S^{-1}(J \cap R) = J$ nach 2.4). Diese Zuordnung setzt die Ideale von $S^{-1}R$ in Bijektion zu denjenigen Idealen I von R, für die das Bild $\bar{S}$ von S in R/I frei von Nullteilern ist. Offenbar entsprechen dabei die vollprimen Ideale (1.1) von $S^{-1}R$ auch vollprimen Idealen $I \triangleleft R$, und zwar genau denen mit $S \cap I = \emptyset$. Ob das selbe sogar für alle primen Ideale gilt, ist aber durchaus nicht klar. Wir werden es beweisen für den Fall eines noetherschen Ringes R (2.10). Eine wichtige Rolle werden dabei Goldies Struktursätze für prime und semiprime noethersche Ringe spielen. Einen Beweis dieser zentralen Sätze schicken wir voraus.

2.6 Wenn die Menge S aller Nichtnullteiler des Ringes R Oresch ist, wenn also $S^{-1}R$ existiert (2.2), so nennen wir $S^{-1}R = Q(R)$ den totalen Quotientenring von R.

Ein Ring R heißt semiprim (bzw. prim) wenn sein Nullideal semiprim (bzw. prim) ist (vgl. 1.1, 1.2). Er heißt *einfach*, wenn sein Nullideal maximal, wenn also 0 sein einziges Ideal $\neq R$ ist. Die *einfachen artinschen* Ringe sind gerade die Matrixringe über Schiefkörpern (Artin-Wedderburn). Endliche direkte Produkte solcher Ringe heißen *halbeinfach artinsch*. Dies sind genau die Ringe, deren Moduln alle halbeinfach (=direkte Summe einfacher Moduln) sind. Wir formulieren nun die

Sätze von Goldie: *Sei* R *ein noetherscher Ring. Folgende Aussagen sind äquivalent:*

(i) *Der totale Quotientenring* $Q(R)$ *existiert und ist halbeinfach* (bzw. *einfach*) *artinsch*.

(ii) R *ist semiprim* (bzw. *prim*) [35].

Bemerkung: Der folgende Beweis orientiert sich an Goldie [36]. Die dort (und in [37], [35]) gegebene schärfere Formulierung charakterisiert die (nicht notwendig noetherschen!) Ringe mit halbeinfach (bzw. einfach) artinschem Quotientenring.

2.7 Dem technischen Teil des Beweises der Sätze 2.6 geben wir die Gestalt des folgenden Lemmas. Zuvor eine Definition: Ein Untermodul N des R-Moduls M heißt *wesentlich* (*in* M), wenn der einzige Untermodul L von M mit $L \cap N = 0$ der Nullmodul $L = 0$ ist, wenn also $Rm \cap N \neq 0$ ist für jedes $0 \neq m \in M$. Zum Beispiel ist R als linker R-Untermodul eines Quotientenringes $S^{-1}R$ stets wesentlich. Ein Linksideal von R heißt *wesentlich*, wenn es als linker Untermodul in R wesentlich ist.

Lemma: *Der Ring* R *sei noethersch und semiprim. Ein Element* $a \in R$ *sei gegeben, und* $l(a)$ *bezeichne seinen Linksannullator in* R.

a) *Ist* $l(a)$ *wesentlich, so folgt* $a = 0$.

b) *Ist* $l(a) = 0$, *so folgt*: Ra *ist wesentlich, und* a *ist ein Nichtnullteiler*.

c) *Ein wesentliches Linksideal* L *enthält einen Nichtnullteiler von* R.

Beweis: a) Angenommen, $a \neq 0$ und $l(a)$ ist - o.E. - maximal unter den Linksidealen der Gestalt $l(r)$, $0 \neq r \in R$. Sei N der Rechtsannullator von $l(a)$. Wir zeigen, daß N aus Elementen vom Quadrat Null besteht. Dann folgt $a \in N \subseteq \sqrt{0} = 0$ nach 1.3, also $a = 0$. Dieser Widerspruch beendet dann den Beweis.

Angenommen, $b \in N$ hat Quadrat $b^2 \neq 0$. Aus $b \in N$ folgt $l(a) \subseteq l(b) \subseteq l(b^2)$, so daß $b^2 \neq 0$ die Gleichheit $l(a) = l(b) = l(b^2)$ nach sich zieht. Da $l(a) = l(b)$ wesentlich ist, hat man $l(b) \cap Rb \neq 0$. Das heißt $rb^2 = 0$, aber $rb \neq 0$, für ein $r \in R$, widerspricht also $l(b) = l(b^2)$. Damit ist a) bewiesen.

b) Ein Linksideal L mit $L \cap Ra = 0$ sei vorgelegt. Dann ist erst recht $L \cap La = 0$, also die Summe $L + La$ direkt. Wegen $l(a) = 0$ ist auch $La + La^2 = La \oplus La^2$, und da Ra auch dieses Linksideal enthält, folgt wie oben die Direktheit der Summe $L + La + La^2$. Durch Induktion erkennt man so, daß alle Summen $L + La + La^2 + \ldots + La^n$, $n \in \mathbb{N}$, direkt sind. Im Falle $L \neq 0$ widerspräche das der Kettenbedingung. Also ist $L = 0$ und Ra wesentlich. Ist nun $ar = 0$ $(r \in R)$, so ist $l(r) \supseteq Ra$ erst recht wesentlich und folglich $r = 0$ nach a). Das zeigt: a ist kein Nullteiler.

c) Jedenfalls ist $L \neq 0$ (falls $R \neq 0$), so daß es nach 1.3 ein nicht-nilpotentes Element $a \in L$ gibt. Indem man eventuell zu einer Potenz von a übergeht, erreicht man $l(a) = l(a^2)$. Dann ist $Ra \cap l(a) = 0$, denn aus $ra^2 = 0$ folgt ja $r \in l(a^2) = l(a)$, also $ra = 0$. Falls $l(a) = 0$ ist, sind wir fertig nach b). Im anderen Falle ist sogar $L_1 = L \cap l(a) \neq 0$ wegen der Wesentlichkeit von L. Das ganze bisherige Verfahren wiederholen wir nun mit L_1 statt L: Wir wählen $a_1 \in L_1$ mit $l(a_1) = l(a_1^2) \neq R$, und erhalten $Ra_1 \cap l(a_1) = 0$, also eine direkte Summe $Ra \oplus Ra_1 \oplus L_2 \subseteq R$ mit $L_2 = L_1 \cap l(a_1)$. Im Falle $L_2 \neq 0$ wiederholen wir die Prozedur und erhalten nach dem n-ten Schritt eine direkte Summe $Ra \oplus Ra_1 \oplus \ldots \oplus Ra_n \subseteq R$ mit $0 \neq a_{i+1} \in L_{i+1} = L \cap l(a) \cap l(a_1) \cap \ldots \cap l(a_i)$, $1 \leq i \leq n-1$. Da R keine unendlichen direkten Summen von Linksidealen enthält, muß das Verfahren abbrechen, d.h. für ein $n \in \mathbb{N}$ muß $L_{n+1} = L_n \cap l(a_n) = 0$ werden. Wir behaupten, daß dann $t = a + a_1 + \ldots + a_n$ Nichtnullteiler ist. Denn aus $xt = xa + \ldots + xa_n = 0$ folgt $xa = \ldots = xa_n = 0$, also $l(t)$ $= l(a) \cap \ldots \cap l(a_n)$. Wegen $0 = L_{n+1} = L \cap l(t)$ wird dann $l(t) = 0$, was nach Lemma 2.7b) unsere Behauptung ergibt.

<u>2.8</u> <u>Beweis der Goldie-Sätze</u>: (ii)$\Rightarrow$(i). Sei R semiprim. Zunächst haben wir für die Menge S aller Nichtnullteiler von R die Ore-Bedingung zu verifizieren. Seien dazu $s \in S$ und $a \in R$ gegeben. Wir behaupten, daß das Linksideal $L = \{x \in R \mid xa \in Rs\}$ wesentlich ist. Für den Test sei ein $0 \neq y \in R$ vorgelegt. Im Falle $ya = 0$ ist $Ry \subseteq L$ und wir sind fertig. Andernfalls ist $Rya \cap Rs \neq 0$, denn Rs ist wesentlich nach 2.7b). Ist etwa $0 \neq rya \in Rs$, so ist $0 \neq ry \in L \cap Ry$. Das beweist die Wesentlichkeit von L. Aus 2.7c) folgt nun $S \cap L \neq \emptyset$. Das bedeutet $Sa \cap Rs \neq \emptyset$. Die Ore-Bedingung ist also erfüllt. Daher existiert $S^{-1}R = Q(R) =. Q$.

Als nächstes zeigen wir, daß jedes Linksideal L von Q ein Komplement (s.u.) hat. Nach Zorn gibt es ein Linksideal L' von Q, das maximal ist bezüglich $L \cap L' = 0$. Die Summe $L + L'$ ist jedenfalls wesentlich in Q, denn wäre $P \subseteq Q$ ein Linksideal $\neq 0$ mit $P \cap (L+L') = 0$, so könnte man L' zu $L' + P$ vergrößern. Weiter ist $(L+L') \cap R$ wesentlich in R, denn zu dem "Testelement" $0 \neq r \in R$ gibt es $s^{-1}a \in S^{-1}R = Q$ mit $0 \neq s^{-1}ar \in L+L'$ $(s \in S,\ a \in R)$, so daß $0 \neq ar \in (L+L') \cap R$. Wir können deshalb 2.7c) anwenden, wonach es ein $t \in S \cap (L+L')$ gibt. In Q ist dies t invertierbar, so daß $1 \in L+L'$ folgt. Also ist $Q = L \oplus L'$, d.h. L' ist ein Komplement von L. - Die damit bewiesene Tatsache, daß jedes Linksideal von Q ein Komplement besitzt, ist in wohlbekannter Weise äquivalent dazu, daß Q halbeinfach artinsch ist.

Sei nun R sogar prim. Wir haben zu zeigen, daß der halbeinfache artinsche Ring $Q = Q(R)$ dann sogar einfach ist. Sind I, J Ideale von Q mit $I \cap J = 0$, $I \neq 0$, so sind $I' = I \cap R$ und $J' = J \cap R$ Ideale von R mit $I' \cap J' = 0$ und $I' \neq 0$, da R wesentlicher R-Untermodul von Q ist (2.7). Da R prim ist, folgt $J' = 0$, also $J = 0$. Folglich ist R prim und artinsch, also einfach.

<u>2.9</u> <u>Beweis der Goldie-Sätze:</u> (i)$\Rightarrow$(ii). S sei die Menge der Nichtnullteiler von R, und $Q = S^{-1}R$ existiere und sei halbeinfach artinsch. Nach 1.3 ist $N = \sqrt{0}$ ein nilpotentes Ideal. Der Rechtsannullator A von N ist ein wesentliches Linksideal in R, denn zu jedem "Testelement" $r \in R$ gibt es ein n, so daß $N^n r \neq 0$, aber $N^{n+1}r = 0$ und folglich $0 \neq N^n r \subseteq A \cap Rr$. Da R wesentlicher Untermodul von Q ist, ist A sogar wesentlich in Q. Erst recht ist $S^{-1}A$ wesentliches Linksideal von Q, was nur mit $S^{-1}A = Q$ möglich ist. Insbesondere liegt $1 = s^{-1}a$ in $S^{-1}A$ mit einem $a \in A$, das offenbar kein Nullteiler sein kann. Daraus folgt $N = 0$, d.h. R ist semiprim. - Im verbleibenden Fall "$Q(R)$ einfach" beweisen wir etwas schärfer das

<u>Lemma</u>: Sei R ein (nicht notwendig noetherscher) Ring. Sei Q ein Quotientenring von R nach irgend einer Oreschen Teilmenge S. Ist Q einfach, so ist R prim.

Beweis: Seien I, J Ideale von R mit $IJ = 0$. Der Rechtsannullator J' von I in R ist ein Ideal J', das J umfaßt, weshalb wir nur den Fall $J' = J$ zu betrachten brauchen. Aus $as \in J$ mit $s \in S$ folgt dann $a \in J$. Nach 2.5 ist $S^{-1}J$ ein Ideal von Q, also entweder $= 0$ oder $= Q$. Der letzte Fall kann nicht auftreten, denn sonst wäre $1 = s^{-1}a \in S^{-1}J$, $s \in S$, $a \in J$, so daß J einen Nichtnullteiler enthielte, im Widerspruch zu $IJ = 0$. Demnach ist $S^{-1}J = 0$ und $J = 0$. Also ist R prim. Q.E.D.

2.10 Satz: *Ein noetherscher Ring R und eine Oresche Teilmenge S von R seien gegeben. Dann ist $\operatorname{Spec} S^{-1}R$ in natürlicher Weise in $\operatorname{Spec} R$ eingebettet. Die Einbettung ist gegeben durch $P \mapsto P \cap R$. Ihr Bild besteht aus den $p \in \operatorname{Spec} R$ mit $p \cap S = \emptyset$. Die Umkehrabbildung ist $p \mapsto S^{-1}p$.*

Überdies wird aus dem Beweis hervorgehen, daß die totalen Quotientenringe der Restklassenringe dabei in natürlicher Weise isomorph sind:

$$Q(S^{-1}R/P) \cong Q(R/P \cap R).$$

Beweis: a) Zunächst haben wir zu zeigen, daß $P \mapsto P \cap R$ Primideale in Primideale überführt. Sei $\bar{S}$ das Bild von S in $S^{-1}R/P$. Indem wir zum Restklassenring $S^{-1}R/P = \bar{S}^{-1}(R/R \cap P)$ übergehen, können wir uns auf den Fall $P = 0$ zurückziehen. Wir nehmen also an, daß $S^{-1}R$ ein Primring ist und müssen beweisen, daß auch R prim ist. Da $S^{-1}R$ noethersch ist (2.4), hat $S^{-1}R$ einen einfachen artinschen Quotientenring $Q(S^{-1}R)$ (2.6). Wenn wir zeigen, daß $Q(S^{-1}R)$ auch ein Quotientenring von $S^{-1}R$ ist, sind wir fertig. Denn aus dem Satz 2.9 folgt dann, daß R prim ist.

Ein Element $x \in Q(S^{-1}R)$ hat die Gestalt $x = (s^{-1}a)^{-1}\,t^{-1}b = a^{-1}st^{-1}b$ mit $s,t \in S$, a, $b \in R$. Dabei ist $s^{-1}a$ Nichtnullteiler in $S^{-1}R$, also a Nichtnullteiler in R (wenn z.B. $ya = 0$, so $yss^{-1}a = 0$). Unter Ausnutzung der Ore-Bedingung für S schreiben wir $st^{-1} = r^{-1}c$ mit $c \in R$ und $r \in S$ (insbesondere Nichtnullteiler). Nun wird

$$x = a^{-1}st^{-1}b = a^{-1}r^{-1}cb = (ra)^{-1}cb$$

mit einem Nichtnullteiler ra von R. Folglich ist $Q(S^{-1}R) = T^{-1}R$ mit der Halbgruppe T der in $Q(S^{-1}R)$ invertierbaren Elemente von R.

b) Sei $p \in \operatorname{Spec} R$ mit $p \cap S = \emptyset$ gegeben. Wie wir wissen (2.5), ist p genau dann von der Form $p = I \cap R$, I Ideal von $S^{-1}R$, wenn das Bild $\bar{S}$ von S in R/p aus Nichtnullteilern besteht. Ein solches I ist dann nach 2.5 eindeutig bestimmt als $I = S^{-1}p$, und es ist automatisch prim (vgl. 2.8, letzter Absatz). Es genügt also zu zeigen, daß $\overline{S}$ aus Nichtnullteilern besteht. Dies erledigen wir mit folgendem Lemma.

2.11 Lemma: Der totale Quotientenring $Q = Q(R)$ eines Ringes R existiere und sei einfach artinsch. Eine multiplikative Halbgruppe S in R mit $0 \notin S$ genüge der Ore-Bedingung (2.2). Dann besteht S aus Nichtnullteilern, ist also bereits Oresche Teilmenge von R (m.a.W. $S^{-1}R$ existiert).

Beweis: In dem Matrizenring Q ist jeder Nullteiler "beidseitiger" Nullteiler. Wenn der Satz falsch wäre, gäbe es daher ein $s \in S$ mit nicht verschwindendem Linksannullator $l_Q(s) \neq 0$ und Rechtsannullator $r_Q(s) \neq 0$. Angenommen, dies sei der Fall, und $r_Q(s)$ sei maximaler Annullator dieser Gestalt. O.E. können wir dann auch $l_Q(s) = l_Q(s^2)$ erreichen. (Dies ist sogar automatisch der Fall). Sei $0 \neq a \in Q$ mit $as = 0$. Durch "Wegmultiplizieren des Nenners" erreicht man o.E. $0 \neq a \in R$. Nach 2.9 ist R prim, also $s^2xa \neq 0$ mit passendem $x \in R$ (1.1), da $s^2 \neq 0$ nach Voraussetzung über S. Wenden wir die Ore-Bedingung auf s und $a' := s^2xa$ an, so erhalten wir $ta' = bs$ mit $t \in S$ und $b \in R$. Wegen $as = 0$ ist $ta's = 0 = bs^2$, also $b \in l_R(s^2) \subseteq l_Q(s)$ und somit $bs = 0 = ta' = (ts)sxa$. Wie man sieht, annulliert sxa zwar ts von rechts, aber nicht s, denn $s^2xa \neq 0$. Wegen $r_Q(ts) \supseteq r_Q(s)$ widerspricht das der Maximalität des Rechtsannullators $r_Q(s)$. Also war der Satz doch richtig. Q.E.D.

2.12 Korollar: Ein Ideal I in einem noetherschen Ring R sei gegeben. Sei $\psi : R \to Q(R/\sqrt{I})$ (2.6!) der kanonische Homomorphismus in den totalen Quotientenring von $R/\sqrt{I}$. Dann entsprechen die Primideale P von $Q(R/\sqrt{I})$ bijektiv den minimalen I umfassenden Primidealen von R vermöge $P \mapsto \psi^{-1}(P)$.

Dies ist eine leicht Anwendung des Satzes 2.10.

§ 3 Herzen und rationale Ideale

3.1 Sei R ein Ring. Mit $Z(R)$ bezeichnen wir stets das Zentrum von R.

Definition: Das Herz eines Primideals $P \in \operatorname{Spec} R$ ist das Zentrum

$$H(P) := Z(Q(R/P))$$

des totalen Quotientenkörpers $Q(R/P)$, falls dieser existiert.

Ist z.B. R noethersch, so hat jedes Primideal ein Herz (2.6). Wenn das Herz $H(P)$ existiert, so ist es ein Körper. Denn $Q := Q(R/P)$ ist ein Primring, so daß für jedes $0 \neq z \in H(P)$ und $0 \neq q \in Q$ gelten muß: $qzQ = qQz \neq 0$ (1.1), also $qz \neq 0$ und ebenso $zq \neq 0$, d.h. z ist Nichtnullteiler. Wie man sich leicht überlegt, sind alle Nichtnullteiler von Q invertierbar. Folglich ist $H(P)$ ein Körper.

3.2 Einen R-Modul M fassen wir als Rechtsmodul über dem Gegenring $(\operatorname{End}_R M)^{op}$ seines Endomorphismenringes $\operatorname{End}_R M$ auf.

Satz [55], [ ]: Sei $P \in \operatorname{Priv} R$ (1.2) ein primitives Ideal des Ringes R, etwa $P = \operatorname{Ann}_R M$ der Annullator des einfachen Moduls M. Sei $E := (\operatorname{End}_R M)^{op}$ der Gegenring des Endomorphismenschiefkörpers (Schur). Wenn das Herz $H(P)$ existiert, gibt es eine natürliche Einbettung $\phi : H(P) \hookrightarrow Z(E)$. Sie ist dadurch gekennzeichnet, daß für beliebiges $m \in M$ und $z \in H(P)$

$$azm = am\,\phi(z)$$

gilt, falls $a \in R/P$ und $az \in R/P$.

Beweis: Wir brauchen nur den Fall $P = 0$ zu betrachten. Unter den Elementen $q = s^{-1}r \in Q(R)$ $(s,r \in R)$ sind die im Zentrum $Z(Q(R))$ $(= H(P))$ gelegenen gekennzeichnet durch die Identität $sxr = rxs$, für alle $x \in R$. Denn für zentrale q ist $sxr = sxsq = sqxs = rxs$, und umgekehrt folgt aus der Identität $sr = rs$, also auch $qx = s^{-1}rx = xrs^{-1} = xs^{-1}r = xq$.

Sei nun $z := s^{-1}r \in Z(Q(R))$ vorgegeben, außerdem $n \in M$. Dann sind sn und rn notwendig E-linear abhängig; denn sonst gäbe es nach dem Dichtesatz (von Jacobson-Chevalley [37]) ein $x \in R$ mit $xsn = n$ und $xrn = 0$, so daß $rn = rxsn = sxrn = 0$ nach der obigen Bemerkung, im Widerspruch zur angenommenen Unabhängigkeit. - Wählen wir nun $n \in M$ mit $sn \neq 0$ (beachte : $s \notin P = 0$!), so wird $rn = sn\lambda$ mit $\lambda \in E$. Dieses λ liegt sogar schon im Zentrum von E! Um das einzusehen schreiben wir zunächst ein beliebiges $m \in M = Rsn$ als $m = xsn$. Dann errechnet man $rm = rxsn = sxrn = sxsn\lambda = sm\lambda$. Die Gleichung (✱) $rm = sm\lambda$ gilt also identisch in $m \in M$. Sei $\mu \in E$ beliebig. Auf n und $n\mu$ angewendet, ergibt (✱)

$$sn\mu\lambda = r(n\mu) = (rn)\mu = sn\lambda\mu$$

und deshalb $\mu\lambda = \lambda\mu$. Tatsächlich liegt also λ in Z(E). Dieses λ hängt nur von z (und nicht etwa von r und s) ab! Man braucht sich nämlich nur davon zu überzeugen, daß sich bei "Erweiterung" des Bruches $z = s^{-1}r$ zu $z = (us)^{-1}ur$ mit einem Nichtnullteiler u (vgl. 2.2(✱)) kein anderes λ ergibt. Sei etwa $urm = usm\lambda'$ mit $\lambda' \in E$. Da nach (✱) auch $urm = usm\lambda$ und für geeignetes $m \in M$ $usm \neq 0$ gilt, erhält man $\lambda = \lambda'$. - Man rechnet nun mühelos nach, daß $\phi(z) .= \lambda$ einen Homomorphismus definiert. Die behauptete Eigenschaft von ϕ folgt aus (✱) und bestimmt trivialer Weise ϕ eindeutig. Wegen 3.1 ist ϕ injektiv. Qed.

<u>3.3</u> Ist speziell R = A eine Algebra über einem Körper K, so ist das Herz H(P) eines Primideals P von A eine Körpererweiterung von K.

<u>Definition</u>: Ein Ideal P von A heißt <u>K-rational</u>, falls es 1. prim ist und falls 2. das Herz H(P) existiert und = K ist. <u>Die Menge der K-rationalen Ideale</u> von A bezeichnen wir mit $Rat_K A$. Wenn über den Körper K kein Zweifel entstehen kann, sprechen wir kürzer von "rationalen Idealen" und von Rat A.

Satz: Sei A eine noethersche, abzählbar-dimensionale Algebra über dem über-abzählbaren, algebraisch abgeschlossenen Körper K. Dann gilt Priv $A \subseteq$ Rat A, d.h. jedes primitive Ideal ist rational.

Beweis: Nach Goldie existiert $H(P)$. Sei M ein einfacher Modul mit Annullator P. Die natürliche Einbettung von $H(P)$ in $(\mathrm{End}_A M)^{op}$ (3.2) ist offenbar K-linear. Deshalb ergibt sich $H(P) = K$ aus dem folgenden Lemma. Qed.

Lemma: Sei A abzählbar-dimensionale Algebra über dem über-abzählbaren, algebraisch abgeschlossenen Körper K. Sei M ein einfacher A-Modul. Dann ist $\mathrm{End}_A M = K$.

Beweis (indirekt): Anderen Falls enthält der Schiefkörper $E := \mathrm{End}_A M$ ein Element x, das transzendent über K ist. Dann enthält E die über-abzählbare K-linear-unabhängige Teilmenge $\{(x-\alpha)^{-1} \mid \alpha \in K\}$. Da M homomorphes Bild von A ist, folgt $[A:K] \geq [M:K] = [M:E]\,[E:K] \geq [E:K] > \aleph_0$. Das widerspricht der Voraussetzung $[A:K] \leq \aleph_0$. Qed.

3.4 Erläuterung: Der Satz 3.3 ist insbesondere auf den (uns später einzig interessierenden) Fall anwendbar, daß $A = U(\mathfrak{g})$ Einhüllende einer Lie-Algebra $\mathfrak{g}$ und $K = \mathbb{C}$ ist. Selbst nach Erweiterung des Grundkörpers $\mathbb{C}$ zu einem algebraisch abgeschlossenen Oberkörper bleibt der Satz anwendbar. Im Falle einer auflösbaren Lie Algebra $\mathfrak{g}$ wird sich auch die Umkehrung des Satzes als richtig erweisen: Dort gilt nicht nur Priv $A \subseteq$ Rat A, sondern sogar Priv $A =$ Rat A.

Diese Interpretation der primitiven Ideale als der rationalen wird uns einen zweiten Weg eröffnen, das volle Spektrum Spec A mittels des (mit ganz anderen Methoden zu untersuchenden) primitiven Spektrums Priv A zu beschreiben. Man erinnere sich an den ersten Weg, der auf den lokal-abgeschlossenen Idealen und ihrer Topologie beruht. Der zweite wird statt dessen die rationalen Ideale und ihr funktorielles Verhalten bei

Grundkörper-Erweiterungen benutzen. Diese Methode erweist sich zwar als die kompliziertere, aber auch als die ergiebigere: Über die "Punkte" $P \in \operatorname{Spec} A$ hinaus liefert sie auch eine Beschreibung der Herzen $H(P)$. Die Nützlichkeit dieser Zusatzinformationen ist in der kommutativen Algebra alt bekannt (als eine der Grundideen der algebraischen Geometrie) und wird sich auch bei nicht-kommutativen Algebren bewähren (vgl. 3.5 - 3.10 und §14).

<u>3.5</u> Wir beginnen damit, das Verhalten des Spektrums einer Algebra bei Erweiterung des Grundkörpers zu beschreiben. Wichtiges Hilfsmittel sind dabei die Herzen (siehe b)), weshalb wir ihr Verhalten mit berücksichtigen (siehe c).

Satz: Sei A *eine noethersche Algebra über dem Körper* k. *Sei* $K|k$ *eine Körpererweiterung. Wir identifizieren die Unteralgebra* $A \otimes 1$ *in* $A \otimes_k K$ *mit* A.

a) $P \longmapsto P \cap A$ *definiert eine Abbildung* π_K: $\operatorname{Spec} A \otimes_k K \longrightarrow \operatorname{Spec} A$.

b) *Die "Faser"* $\pi_K^{-1} p = \{P \mid P \cap A = p\}$ *über einem Primideal* $p \in \operatorname{Spec} A$ *wird beschrieben durch eine natürliche Bijektion* $\pi_K^{-1} p \xrightarrow{\sim} \operatorname{Spec} H(p) \otimes_k K$ *mit dem Spektrum des "erweiterten Herzens"* $H(p) \otimes_k K$.

c) *Das Herz* $\breve{H}(P)$ *eines jeden* $P \in \pi_K^{-1} p$ *existiert und ist gleich dem Restklassenkörper* $H(P) = Q(H(p) \otimes_k K/\underline{P}) = H(\underline{P})$ *des Primideals* $\underline{P}$ *von* $H(p) \otimes_k K$, *das* P *nach* b) *zugeordnet ist.*

Beweis: a) Seien I, J zwei Ideale von A mit $IJ \subseteq P \cap A$, aber $I \nsubseteq P \cap A$. Dann sind $I \otimes K$, $J \otimes K$ Ideale von $A \otimes_k K$ mit Produkt $\subseteq P$, aber $I \otimes K \nsubseteq P$. Es folgt $J \otimes K \subseteq P$ und daher $J \subseteq P$. Mit P ist also auch $P \cap A$ prim.

b) Die Primideale $P \in \pi_K^{-1} p$ entsprechen bijektiv den Primidealen von $A/p \otimes_k K$, die $A/p \setminus 0$ nicht treffen, so daß es genügt, den Fall $p = 0$ zu betrachten. Die Menge S der Nichtnullteiler von A ist Oresch in A (2.6) und deshalb auch in der Algebra $A \otimes_k K$, wie man leicht aus der

Tatsache schließt, daß es sich um eine zentrale Erweiterung von A handelt. Die Primideale $P \in \pi_K^{-1} 0$ erfüllen auch $P \cap S = \emptyset$, und die P mit dieser letzten Eigenschaft entsprechen bijektiv den Primidealen von $S^{-1}(A \otimes_k K) = Q(A) \otimes_k K$ nach Satz 2.10. Zwar kann dieser Satz nicht direkt angewendet werden, da $A \otimes_k K$ nicht noethersch zu sein braucht. Aber für die endlich erzeugten Teil-Erweiterungen $K' \subseteq K$ von k ist er anwendbar, und daraus folgt das Resultat im allgemeinen Fall durch Übergang zur Vereinigung K dieser K'.

Da Q(A) einfach ist (2.6) und folglich jedes Primideal von $Q(A) \otimes_k K$ mit Q(A) - also erst recht mit A - Durchschnitt 0 hat, ergibt sich aus der obigen Überlegung, daß Spec $Q(A) \otimes_k K$ zur "Faser" $\pi_K^{-1} 0$ in Bijektion steht (vermöge $P \longmapsto P \cap (A \otimes_k K)$). Um b) zu beweisen, genügt es deshalb, den Fall $A = Q(A)$ einer einfach artinschen Algebra A zu betrachten, (wobei man beachte, daß sich beim Übergang von A zu Q(A) am Herz nichts ändert). Die Behauptung lautet dann: Spec $A \otimes_k K \cong$ Spec $H \otimes_k K$ (kanonisch) mit $H .= H(p) = H(0) = Z(A)$ und folgt - indem man $A \otimes_k K = A \otimes_H (H \otimes_k K)$ schreibt - aus dem wohlbekannten

<u>Lemma</u> (Bourbaki [6]): Seien A, B Algebren über dem Körper H. Ist A zentral einfach (d.h. Z(A) = H, und A ist einfach), so hat jedes Ideal $J \triangleleft A \otimes_H B$ die Form $J = A \otimes_H I$ mit $I \triangleleft C$.

c) Für endlich erzeugte $K|k$ ist mit A auch $A \otimes_k K$ noethersch. Daß H(P) existiert, folgt deshalb für endlich erzeugte $K|k$ aus 2.6 und für beliebige durch Übergang zu einem induktiven Limes. Mit der Gleichung $Q(Q(A) \otimes_k K/S^{-1}P) = Q(A \otimes_k K/P)$, die 2.10 zunächst für endlich ergeugte $K|k$ liefert, verfährt man entsprechend. Sie ergibt $H(P) = H(S^{-1}P)$ und erlaubt deshalb, wie in b) o.E. zunächst $p = 0$ und dann $A = Q(A)$ $(=S^{-1}A)$ anzunehmen. Nach der Vorschrift in b) is das P zugeordnete Primideal $\underline{P} \triangleleft H \otimes_k K$ gegeben durch $P = A \otimes_H \underline{P}$ ($H = Z(A)$ wie dort). Damit erhält man

$$Q(A \otimes_k K/P) \cong Q(A \otimes_H (H \otimes_k K)/\underline{P}) \cong Q(A \otimes_H L) \quad \text{(kanonisch)}$$

mit dem Körper $L .= Q((H \otimes_k K)/\underline{P})$. Die Behauptung lautet jetzt $L = Z(Q(A \otimes_H L))$ und wird - für den inzwischen erreichten Spezialfall - mit dem übernächsten Lemma 3.7 bewiesen. Qed.

3.6 Lemma: Seien E ein Schiefkörper und X eine mit E kommutierende Unbestimmte. $E(X) .= Q(E[X])$ bezeichne den Ring der "rationalen Funktionen". Dann ist $Z(E(X)) = (Z(E))(X)$.

Beweis: Seien $P, Q \in E[X]$ Polynome $\neq 0$, so daß $R = PQ^{-1}$ im Zentrum $Z(E(X))$ liegt. Der "Bruch" PQ^{-1} sei "gekürzt", d.h. grad Q sei minimal mit $R = PQ^{-1}$, und der höchste Koeffizient von Q sei 1. Wir zeigen, daß P und Q in $Z(E[X])$ liegen. Dann sind wir fertig, denn $Z(E[X]) = (Z(E))[X]$ ist klar.

Sei D eine innere Derivation mit einem Element $d \in E$, d.h. D bilde $P' \in E(X)$ ab auf $dP' - P'd$. Aus $QQ^{-1} = 1$ errechnet man $D(Q) = -Q^{-1}D(Q)Q^{-1}$, so daß

$$D(PQ^{-1}) = D(P)Q^{-1} - PQ^{-1}D(Q)Q^{-1} = 0,$$

letzteres wegen $PQ^{-1} \in Z(E(X))$. Wäre nun $D(Q) \neq 0$, so ergäbe sich

$$PQ^{-1} = D(P)D(Q)^{-1}$$

mit einem Nenner $D(Q)$, der echt kleineren Grad hat als Q, ein Widerspruch. Es folgt $D(Q) = D(P) = 0$. Da d beliebig war, ist das die Behauptung. Qed.

3.7 Lemma: Sei A einfache artinsche Algebra mit Zentrum H. Sei $K|H$ eine Körpererweiterung. Dann gilt $Z(Q(A \otimes_H K)) = K$.

Beweis: Wir haben nicht mehr hervor gehoben, daß $Q(A \otimes_H K)$ existiert, denn das ist klar nach den Überlegungen in 3.5. Zunächst können wir uns auf den Fall eines Schiefkörpers A beschränken. Denn im allgemeinen Fall ist $A = M_n(E)$ Matrixring über einem Schiefkörper

E, und man hat

$$Q(A \otimes_H K) = Q(M_n(H) \otimes_H E \otimes_H K) = Q(M_n(E \otimes_H K)) = M_n(Q(E \otimes_H K)),$$

so daß $Z(Q(A \otimes_H K)) = Z(Q(E \otimes_H K))$ ist.

Der Teil " $\supseteq K$ " der Behauptung ist trivial. Wir beweisen den anderen. Nach Zorn gibt es einen Unterkörper K', $H \subseteq K' \subseteq K$, der maximal ist bezüglich der behaupteten Gleichheit. Wir zeigen $K = K'$.

Angenommen, $K \neq K'$, etwa $a \in K \setminus K'$. Sei $L := K'(a)$. Ist a transzendent über K', so folgt $Z(Q(A \otimes_H L)) = Z(Q(A \otimes_H K')(a)) \overset{!}{=} Z(Q(A \otimes_H K'))(a) = K'(a) = L$, im Widerspruch zur Maximalität von K. Ist a algebraisch über K', so ist $Q(A \otimes_H K') \otimes_{K'} L$ einfach nach dem Lemma in 3.5 und artinsch, da seine Dimension als linker $Q(A \otimes_H K')$ Vektorraum $=[L:K']$, also endlich, ist. Da für einfache artinsche Ringe R schon $R = Q(R)$ ist, hat man $Q(A \otimes_H L) = Q(A \otimes_H K') \otimes_{K'} L$. Damit ergibt sich $Z(Q(A \otimes_H L)) = Z(Q(A \otimes_H K') \otimes_{K'} L) = Z(Q(A \otimes_H K')) \otimes_{K'} L = K' \otimes_{K'} L = L$, was der Wahl von K' widerspricht. Qed.

Hiermit ist auch der Beweis des Satzes 3.5 vollständig.

3.8 Wir kehren zurück zu der noetherschen k-Algebra A des Satzes 3.5 und zum Verhalten ihrer Primideale bei Grundkörpererweiterungen. Beschränken wir uns auf die rationalen Ideale, so läßt die in 3.5 angegebene Beschreibung die folgende, einfachere Interpretation zu. - Seien $p \in \operatorname{Spec} A$, $K|k$ eine Körpererweiterung und $\pi_K^{-1} p \longrightarrow \operatorname{Spec} H(p) \otimes_k K$ die Bijektion, welche die Faser über p (in $\operatorname{Spec} A \otimes_k K$) nach 3.5b) beschreibt. Bei dieser Bijektion entsprechen wegen c) die K-rationalen Ideale auf der linken Seite genau den K-rationalen Idealen auf der rechten. Die letzteren aber sind offensichtlich umkehrbar eindeutig gegeben durch die k-Algebra-Homomorphismen $\phi : H(p) \longrightarrow K$ - durch die Zuordnung $\phi \longmapsto \ker(\phi \otimes id_K)$. - Indem man diese Überlegung auf alle Fasern $\pi_K^{-1} p$, $p \in \operatorname{Spec} A$, gleichzeitig anwendet, erhält man das

<u>Korollar</u> zu 3.5: <u>Es gibt eine natürliche Bijektion</u>

$$\mathrm{Rat}_K A \otimes_k K \xrightarrow{\sim} \coprod_{p \in \mathrm{Spec}\, A} \mathrm{Hom}_k(H(p),K)$$

<u>von der Menge der</u> K-<u>rationalen Ideale in die disjunkte Vereinigung der Mengen</u> $\mathrm{Hom}_k(H(p),K)$ <u>aller</u> k-<u>Homomorphismen von</u> $H(p)$ <u>in</u> K.

Die Umkehrabbildung ordnet einem Paar (p,i), $p \in \mathrm{Spec}\, A$, $i \in \mathrm{Hom}_k(H(p),K)$, den Kern des zusammengesetzten Homomorphismus

$$A \longrightarrow Q(A/p) \otimes_k K = Q(A/p) \otimes_{H(p)} (H(p) \otimes_k K) \xrightarrow{1 \otimes (i \otimes 1)} Q(A/p) \otimes_{H(p)} K$$

zu.

<u>3.9</u> Weiterhin sei A noethersche k-Algebra. Ist $K \to K'$ ein Morphismus von Körpererweiterung von k, und ist P ein K-rationales Ideal von $A \otimes_k K$, so ist $P \otimes_K K'$ K'-rational in $A \otimes_k K \otimes_K K' = A \otimes_k K'$. Das liefert eine Abbildung $\mathrm{Rat}_K A \otimes_k K \longrightarrow \mathrm{Rat}_{K'} A \otimes_k K'$. Dadurch wird die Zuordnung $K \longmapsto \mathrm{Rat}_K A \otimes_k K =: \underline{R}_A(K)$ zu einem Funktor gemacht, dem "<u>Funktor</u> $\underline{R}_A$ <u>der rationalen Ideale</u>" von der Kategorie der Körpererweiterungen K von k in die Mengen. In Hinblick auf spätere Anwendungen beschränken wir den Definitionsbereich von $\underline{R}_A$ auf algebraisch abgeschlossene Erweiterungskörper K.

<u>Korollar</u>: <u>Die Bijektion in</u> 3.8 <u>liefert einen Isomorphismus von Funktoren</u>

$$\underline{R}_A \xrightarrow{\sim} \coprod_{p \in \mathrm{Spec}\, A} \mathrm{Hom}_k(H(p), ?\ ).$$

Man hat nur nach zu prüfen, daß die Bijektion in 3.8 sich funktoriell in K verhält. Dies folgt unmittelbar aus ihrer Konstruktion.

Der Funktor $\underline{R}_A$ ist demnach direkte Summe gewisser Unterfunktoren $\underline{R}_p \xrightarrow{\sim} \mathrm{Hom}_k(H(p),?)$. Nach Konstruktion ist klar, daß diese $\underline{R}_p$ jeweils die rationalen Ideale "über" einem festen $p \in \mathrm{Spec}\, A$ beschreiben. Sie lassen sich aber auch durch innere Eigenschaften des Funktors $\underline{R}_A$ kennzeichnen. Weil sich nämlich je zwei Körpererweiterungen von $H(p)$ gemeinsam in eine dritte einbetten lassen, ist der Funktor $\mathrm{Hom}_k(H(p),?)$

zusammenhängend, d.h. nicht disjunkte Summe zweier nicht leerer Unterfunktoren. Daraus folgt, daß die Unterfunktoren $\underline{R}_p$ von $\underline{R}_A$ gerade die maximalen zusammenhängenden, die sogenannten Zusammenhangskomponenten von $\underline{R}_A$, sind. Daher entsprechen die $p \in \operatorname{Spec} A$ bijektiv den Zusammenhangskomponenten des Funktors $\underline{R}_A$ (vermöge $p \mapsto \underline{R}_p$). Dies ist die angekündigte Beschreibung von Spec A durch die rationalen Ideale. Im Falle Char k = 0 ist auch das Herz $H(p)$ durch den Funktor $\underline{R}_p \cong \operatorname{Hom}_k(H(p),?)$ eindeutig - bis auf k-Isomorphie bestimmt, wie man sich leicht klar macht.

3.10 Um die Topologie auf Spec A zu beschreiben, muß man über die bloßen Mengen $\underline{R}_A(K) = \operatorname{Rat} A \otimes_k K$ hinaus noch ihre (von $\operatorname{Spec} A \otimes_k K$ induzierte) Topologie kennen:

Satz : Sei A noethersche Algebra über dem vollkommenen Körper k. Für "große" algebraisch abgeschlossene Erweiterungen $K|k$ ist die Abbildung

$$\sigma : \operatorname{Rat} A \otimes_k K \longrightarrow \operatorname{Spec} A, \qquad P \longmapsto P \cap A,$$

surjektiv, und Spec A trägt die Identifizierungstopologie bezüglich σ. (D.h. eine Menge $F \subseteq \operatorname{Spec} A$ ist genau dann abgeschlossen, wenn $\sigma^{-1}F$ es ist).

Beweis: Die Abbildung σ faktorisiert sich durch die natürliche Bijektion $\operatorname{Rat} A \otimes_k K \longrightarrow \coprod \operatorname{Hom}_k(H(p),K)$ (3.8). Offensichtlich liegt p genau dann im Bild von σ, wenn $\operatorname{Hom}_k(H(p),K) \neq \emptyset$ ist. Wir setzen für den Rest dieser Nummer 3.10 voraus, daß der Transzendenzgrad von K über k unendlich ist und größer als der eines jeden $H(p)$, $p \in \operatorname{Spec} A$. Dann ist insbesondere σ surjektiv (Steinitz!).

Trivialer Weise ist σ stetig. Sei $F \subseteq \operatorname{Spec} A$ eine Teilmenge mit abgeschlossenem Urbild $\sigma^{-1}F$. Zu zeigen bleibt, daß dann F abgeschlossen, d.h. daß $F = V(I)$ ist mit $I. = \bigcap F$ (vgl. 1.2(2)). Klar ist $F \subseteq V(I)$. Sei umgekehrt $p \in V(I)$ gegeben, etwa $p = \sigma P$ mit

$P \in \mathrm{Rat}\, A \otimes_k K$. Wegen $P \supseteq p \supseteq I$ hat man dann auch $P \supseteq I \otimes_k K$, d.h. $P \in V(I \otimes_k K)$. Daraus können wir $p = \sigma P \in F$ schließen, falls wir $V(I \otimes_k K) = \sigma^{-1}F$ wissen. Diese noch zu beweisende Gleichung ist wegen der Abgeschlossenheit von $\sigma^{-1}F$ äquivalent zu $\sqrt{I \otimes_k K} = \bigcap \sigma^{-1}F$. Die schärfere Behauptung $\bigcap \sigma^{-1}F = I \otimes_k K$ führen wir durch die Gleichungskette

$$\bigcap \sigma^{-1}F = \bigcap_{p \in F} \bigcap \sigma^{-1}p \overset{!}{=} \bigcap_{p \in F} (p \otimes_k K) = \left(\bigcap_{p \in F} p\right) \otimes_k K = I \otimes_k K$$

auf das folgende Lemma zurück.

<u>Lemma</u>: Für jedes Primideal p von A gilt $\bigcap \sigma^{-1}p = p \otimes_k K$.

<u>Beweis</u>: Selbstverständlich kann man sich auf den Fall $p = 0$ beschränken, so daß $\bigcap \sigma^{-1}0 = 0$ zu zeigen ist für prime A.

1. <u>Fall</u>: A ist ein Körper. Sei $a = a_1 \otimes y_1 + \ldots + a_n \otimes y_n$ ein typisches Element $\neq 0$ von $A \otimes_k K$. Sei $K' = k(y_1, \ldots, y_n)$. Da $A \otimes_k K'$ semiprim ist (denn K' k ist separabel), gibt es ein Primideal P' in $A \otimes_k K'$, das a nicht enthält. Wir setzen die Inklusion $K' \hookrightarrow K$ fort zu einer k-Einbettung $Q(A \otimes_k K'/P') \longrightarrow K$ (Steinitz!) und schränken sie auf A ein zu $\phi : A \longrightarrow K$. Dann ist der Kern der Abbildung $\phi \otimes \mathrm{id}$: $A \otimes_k K \longrightarrow K$ ein K-rationales Ideal, welches a nicht enthält. Das beweist $\bigcap \mathrm{Rat}\, A \otimes_k K = 0$. Aber $\mathrm{Rat}\, A \otimes_k K = \sigma^{-1}0$, da A einfach ist.

2. <u>Fall</u>: A ist einfach artinsch mit Zentrum $H .= H(0) = Z(A)$. Dann ist $A \otimes_k K = A \otimes_H (H \otimes_k K)$, und $\underline{P} \longmapsto A \otimes_H \underline{P}$ ist eine Bijektion von $\mathrm{Rat}\, H \otimes_k K$ auf $\mathrm{Rat}\, A \otimes_k K (=\sigma^{-1}0)$. (Vgl. 3.5: das Lemma sowie b) und c) des Satzes). Da der Durchschnitt der $\underline{P}$ Null ist (1. Fall), gilt das selbe für die $A \otimes_H \underline{P}$.

3. <u>Fall</u>: A ist beliebiger noetherscher Primring. S bezeichne die Menge der Nichtnullteiler von A. Durchläuft P die rationalen Ideale von $A \otimes_k K$ mit $P \cap A = 0$, so durchläuft $S^{-1}P$ die rationalen Ideale von $S^{-1}(A \otimes_k K) = Q(A) \otimes_k K$ (3.5). Der Durchschnitt dieser $S^{-1}P$ ist Null nach dem 2. Fall, und er umfaßt den Durchschnitt der $P \in \sigma^{-1}0$.

Also gilt $\sigma^{-1}0 = 0$. Qed.

3.11 Bemerkung: Ohne dies später zu verwenden, weisen wir darauf hin, daß der Satz 3.5 sich auch auf gewisse nicht-zentrale Basiserweiterungen ausdehnen läßt. Seien A und B noethersche Algebren über dem Körper k, derart daß auch $A \otimes_k B$ noethersch ist. Jedem Primideal $P \in \operatorname{Spec} A \otimes_k B$ ist ein Paar $(p,q) \in \operatorname{Spec} A \times \operatorname{Spec} B$ von Primidealen zugeordnet, wo $p = P \cap A$ und $q = P \cap B$. Die Primideale P "über" einem vorgegebenen solchen Paar (p,q) entsprechen bijektiv den Primidealen $\underline{P}$ von $H(p) \otimes_k H(q)$, und diese Bijektion respektiert die Herzen: $H(P) = H(\underline{P}) = Q(H(p) \otimes_k H(q))/\underline{P}$.

§ 4 Schiefpolynomringe

Nicht-kommutative Ringe werden uns in den kommenden Kapiteln vorwiegend in der Gestalt von "schiefen Polynomringen" (4.3) begegnen. Wenn wir auf diese speziellen Ringe hier etwas genauer eingehen, dient das der Illustration der voraus gegangenen Abschnitte, aber auch als eine wichtige Vorbereitung für die folgenden.

4.1 Schiefpolynomringe werden mittels Derivationen definiert. Wir schicken deshalb einige allgemeine Eigenschaften der Derivationen eines Ringes voraus.

Lemma: Ein Ring R und eine Derivation D von R seien gegeben. Dann gilt

a) $DZ(R) \subseteq Z(R)$, das Zentrum ist D-stabil.

b) $D\sqrt{0} \subseteq \sqrt{0}$ und $DP \subseteq P$ für jedes minimale Primideal P von R, vorausgesetzt, daß R noethersche $\mathbb{Q}$-Algebra ist.

c) Ist S Oresche Teilmenge von R, so gibt es genau eine Fortsetzung von D zu einer Derivation $\tilde{D}$ von $S^{-1}R$.

Beweis: a) Sei $z \in Z(R)$. Durch "Ableiten" der Identität $zr = rz$ ergibt sich $(Dz)r + zDr = (Dr)z + rDz$, also $(Dz)r = rDz$, für alle $r \in R$.

b) Sei $x \in \sqrt{0}$. Wir zeigen $Dx \in \sqrt{0}$, indem wir $(Dx)R$ als nil ausweisen (1.3). Sei also $r \in R$ gegeben. Jedenfalls ist xr nilpotent, etwa $(xr)^n = 0$ für ein $n > 0$. Wir wenden die Leibnizsche Formel,

$$D^n(a_1a_2\dots a_k) = \sum_{n_1+\dots+n_k=n} \frac{n!}{n_1!n_2!\dots n_k!} (D^{n_1}a_1)\dots\dots(D^{n_k}a_k),$$

wo $a_i \in R$, an auf $xrxr\dots xr$ und erhalten damit

$$0 = D^n(xr)^n = n!((Dx)r)^n + \varepsilon$$

mit einem $\varepsilon \in RxR \subseteq \sqrt{0}$. Da ε nilpotent und $n!$ invertierbar ist, folgt daraus, daß $(Dx)r$ nilpotent ist. - Zum Beweis der zweiten

Aussage von b) benötigen wir c).

c) Ist $\tilde{D}$ eine Fortsetzung der angegebenen Art, so ist sie jedenfalls eindeutig bestimmt. Denn auf $s^{-1}s = 1$, mit $s \in S$, angewendet, ergibt sie $\tilde{D}s^{-1} = -s^{-1}(Ds)s^{-1}$. Also bestimmt sich für beliebige $s \in S$, $r \in R$ der Wert von $\tilde{D}(s^{-1}r)$ allein durch D als

$$(*) \qquad \tilde{D}(s^{-1}r) = -s^{-1}(Ds)s^{-1}r + s^{-1}Dr.$$

Umgekehrt behaupten wir, daß diese Gleichung eine Derivation $\tilde{D}$ definiert, welche D auf $S^{-1}R$ fortsetzt. Um zu beweisen, daß die rechte Seite von (*) nur von $s^{-1}r$ abhängt, genügt es - nach Konstruktion des Quotientenringes - einzusehen, daß sie sich nicht ändert, wenn man vom Paar (s,r) zu einem äquivalenten (us,ur) übergeht, d.h. wenn man den Bruch $s^{-1}r$ "erweitert" mit u (2.2(*)). Tatsächlich ist

$$-(us)^{-1}D(us)(us)^{-1}ur + (us)^{-1}D(ur) = -(us)^{-1}\left[D(us)s^{-1}r - D(ur)\right] =$$

$$-s^{-1}u^{-1}\left[(Du)r + u(Ds)s^{-1}r - (Du)r - uDr\right] = -s^{-1}(Ds)s^{-1}r + s^{-1}r.$$

Ebenso rechnet man nach, daß $\tilde{D}$ Derivation wird. Sie setzt natürlich D fort.

b) Für die zweite Behauptung in b) können wir nach der ersten jetzt $R/\sqrt{0}$ statt R betrachten und uns so auf den Fall eines semiprimen R beschränken. Sei Q der halbeinfache artinsche Quotientenring (2.6) von R und $\tilde{D}$ die Fortsetzung von D auf Q. Jedes Ideal I in Q - einem endlichen direkten Produkt einfacher Ringe - wird von einem zentralen Idempotent e erzeugt: $I = eQ = Qe$. Aus $e = e^2$ folgt $\tilde{D}e = 2e\tilde{D}e \in Qe$, so daß $\tilde{D}(eQ) \subseteq Qe$, also $\tilde{D}I \subseteq I$. Ein minimales Primideal P von R hat die Form $P = I \cap R$ mit einem (Prim-)Ideal I von Q. Folglich ist $DP \subseteq \tilde{D}I \cap DR \subseteq I \cap R = P$. Qed.

<u>Bemerkung:</u> In der Notation werden wir in Zukunft nicht mehr unterscheiden zwischen einer Derivation D und ihrer Fortsetzung auf einen Quotientenring. - Für einen anderen Beweis von b), der ohne noethersche Bedingung auskommt, verweisen wir auf [33] .

4.2 Sei k ein Körper. Auf der k-Algebra A operiere eine k-Lie-Algebra $\underline{g}$ durch Derivationen, d.h. ein Homomorphismus

$$\partial : \underline{g} \longrightarrow \mathrm{Der}\, A, \qquad x \longmapsto \partial_x,$$

von $\underline{g}$ in die Lie Algebra Der A der Derivationen von A sei gegeben. Eine (assoziative) Algebra fassen wir bei Bedarf auch als Lie Algebra (nicht notwendig endlicher Dimension) auf, mit dem "Kommutator" $[a,b] .= ab - ba$ als Lie-Produkt. Wie immer bezeichnet $U(\underline{g})$ die einhüllende Algebra von $\underline{g}$.

Satz: Auf dem k-Vektorraum $A \otimes_k U(\underline{g})$ existiert genau eine Algebrastruktur, derart daß die Abbildungen $A \longrightarrow A \otimes U(\underline{g})$, $a \longmapsto a \otimes 1$ und $U(\underline{g}) \longrightarrow A \otimes U(\underline{g})$, $u \longmapsto 1 \otimes u$ Algebrenhomomorphismen sind, und daß $xa = ax + \partial_x a$ für alle $x \in \underline{g}$ und $a \in A$ gilt.

Beweis: Wir betrachten das "semidirekte Produkt" $\underline{h}$ der (i.A. ∞- dimensionalen) Lie Algebra A mit $\underline{g}$, i.e. den Vektorraum $\underline{h} .= A \oplus \underline{g}$, versehen mit der Lie-Multiplikationstafel

$$[x,a] .= \partial_x a, \qquad [x,y] = [x,y], \qquad [a,b] = ab - ba,$$

wo $a, b \in A$; $x,y \in \underline{g}$. Nach Poincaré-Birkhoff-Witt (PBW in Zukunft) ist

$$(*) \qquad U(\underline{h}) \cong U(A) \otimes_k U(\underline{g})$$

mit einem Isomorphismus linker $U(A)$ - Moduln. Wir bezeichnen mit $\bar{\ } : \underline{h} \longrightarrow U(\underline{h})$ die kanonische Einbettung und mit I das jenige Ideal der Unteralgebra $U(A)$, welches von den Elementen der Form $\overline{ab} - \bar{a}\bar{b}$; $a, b \in A$, sowie $\bar{1} - 1$ erzeugt wird. Dann ist $U(A)/I \cong A$. Für jedes $x \in \underline{g}$ errechnet man

$$\bar{x}(\bar{1} - 1) = \bar{x}\,\bar{1} - \bar{x} = \bar{1}\,\bar{x} + \overline{\partial_x 1} - \bar{x} = (\bar{1}-1)\bar{x}$$

sowie - für $a, b \in A$ -

$$\bar{x}(\overline{ab} - \bar{a}\bar{b}) = \overline{ab}\,\bar{x} + \overline{\partial_x(ab)} - (\bar{a}\bar{x} + \overline{\partial_x a})\bar{b}$$

$$= (\overline{ab}-\bar{a}\bar{b})\bar{x} + \overline{(\partial_x a)b + a\partial_x b} - (\overline{\partial_x a})\bar{b}-\bar{a}\overline{\partial_x b} \in I\bar{x} + I.$$

Deshalb ist $U(\underline{h})IU(\underline{h}) = IU(\underline{h})$: Das von I erzeugte Linksideal ist schon Ideal. Unter dem A-Modul-Isomorphismus (✱) ist $IU(\underline{h}) \cong I \otimes_k U(\underline{g})$ und deshalb

$$U(\underline{h})/IU(\underline{h}) \cong U(A)/I \otimes_k U(\underline{g}) \cong A \otimes_k U(\underline{g}). \qquad \text{Qed.}$$

Bezeichnung: Wir schreiben fortan $A[\underline{g}]_\partial$ für die im Lemma beschriebene Algebra mit zugrunde liegendem Vektorraum $A \otimes_k U(\underline{g})$, und wir identifizieren gewöhnlich die Unteralgebren $A \otimes 1$ bzw. $1 \otimes U(\underline{g})$ dieser Algebra mit A bzw. $U(\underline{g})$. - Aus dem Beweis ergibt sich unmittelbar folgende universelle Eigenschaft von $A[\underline{g}]_\partial$. Zu je zwei Algebrahomomorphismen $\phi : A \longrightarrow B$, $\psi : U(\underline{g}) \longrightarrow B$ mit der Eigenschaft

$$\psi(x)\,\phi(a) = \phi(a)\,\psi(x) + \phi(\partial_x a), \quad \forall a \in A, \quad \forall x \in \underline{g},$$

existiert genau ein Algebrahomomorphismus $\chi : A[\underline{g}]_\partial \longrightarrow B$ mit $\phi = \chi|_A$ und $\psi = \chi|_{U(\underline{g})}$.

4.3 Oft wird uns nur der Spezialfall begegnen, daß $\underline{g}$ eindimensional ist. Dann setzen wir $D := \partial_x$ für irgend ein Basiselement $x \in \underline{g}$, schreiben statt $A[\underline{g}]_\partial$ schlichter $A[x]_D$ und nennen dies den ("mittels D verschränkten") Schiefpolynomring über A (in der Unbestimmten x). Im Falle $D = 0$ sprechen wir von dem "unverschränkten" oder "gewöhnlichen Polynomring" und schreiben - wie allgemein üblich - kurz $A[x]$ statt $A[x]_0$. Als A-Linksmodul läßt sich $A[x]_D$ in der Gestalt

$$A[x]_D \cong A[x] = \bigoplus_{n \in \mathbb{N}} Ax^n$$

schreiben. Das rechtfertigt den Namen!

Beispiel: Sei $A = k[y]$ der (gewöhnliche) Polynomring in einer Unbestimmten y. Nehmen wir für D die gewöhnliche Ableitung, $D := \frac{d}{dy}$, so erhalten wir als Schiefpolynomring

$$k[y][x]_D =: \mathbb{A}_1(k)$$

die so genannte (erste) Weyl-Algebra über k. Diese Algebra wird noch eine sehr wichtige Rolle spielen.

4.4. Wir gehen kurz auf das Verhalten von Schiefpolynomringen bei Lokalisierungen des Koeffizientenringes ein.

Satz: In der Situation von 4.2 ist jede Oresche Teilmenge S von A auch Oresch in $A[\mathfrak{g}]_\partial$, und es gilt

$$S^{-1}(A[\mathfrak{g}]_\partial) = (S^{-1}A)[\mathfrak{g}]_\partial .$$

Dabei ist auf der rechten Seite mit ∂ die - gemäß 4.1c) - durch $\partial : \mathfrak{g} \longrightarrow \mathrm{Der}\, A$ definierte Darstellung $\mathfrak{g} \longrightarrow \mathrm{Der}\, S^{-1}A$ gemeint. - Der Beweis ist ein Gegenstück zu den Beispielen 2.3 zum Satz von Ore: Hier verifizieren wir nicht die Oresche Bedingung, sondern konstruieren den Quotientenring (vgl. 2.2). Nach 4.1c) können wir $B := (S^{-1}A)[\mathfrak{g}]_\partial$ bilden und als Erweiterungsring von $A[\mathfrak{g}]_\partial$ auffassen. Ist nun $b = c_1u_1 + \ldots + c_nu_n$, die $c_i \in S^{-1}A$, die $u_i \in U(\mathfrak{g})$ ein typisches Element von

$$B = S^{-1}AU(\mathfrak{g}) \quad (\cong S^{-1}A \otimes U(\mathfrak{g}) \text{ als } S^{-1}A\text{ - Moduln}),$$

so gibt es für die c_i einen "gemeinsamen Nenner" $s \in S$. Dies wurde für den Fall $n = 2$ in 2.2 bemerkt und folgt für beliebige n durch Induktion. Das bedeutet $b = s^{-1}(a_1u_1 + \ldots + a_nu_n)$ mit Elementen $a_1 \in A$ (so daß $s^{-1}a_i = c_i$) und beweist so $B = S^{-1}(A[\mathfrak{g}]_\partial)$. Qed.

4.5 Die folgenden Abschnitte sind dem Studium der Primideale eines Schiefpolynomringes gewidmet, also z.B. den Beziehungen zwischen $\mathrm{Spec}\ A[x]_D$ und $\mathrm{Spec}\ A$.

Satz: A sei noethersche Algebra über dem Körper k mit $\mathrm{Char}\ k = 0$. Eine Lie Algebra $\mathfrak{g}$ operiere auf A, etwa vermöge $\partial : \mathfrak{g} \longrightarrow \mathrm{Der}\ A$. Dann ist $P \longmapsto P \cap A$ eine Surjektion $\pi : \mathrm{Spec}\ A[\mathfrak{g}]_\partial \longrightarrow (\mathrm{Spec}\ A)^{\mathfrak{g}}$ auf die Menge der $\mathfrak{g}$-stabilen Primideale von A, und $p \longmapsto pA[\mathfrak{g}]_\partial$ ist ein

<u>Schnitt von</u> π.

<u>Beweis</u>: Sei $B := A[\mathfrak{g}]_\partial$. Vorweg bemerken wir, daß $U(\mathfrak{g})I \subseteq IU(\mathfrak{g})$ gilt für jedes $\mathfrak{g}$-stabile (i.e. ∂_x-stabile, $\forall x \in \mathfrak{g}$) Ideal I von A und folglich

$$BIB = IB = IU(\mathfrak{g}) \cong I \otimes_k U(\mathfrak{g}) \qquad \text{(vgl. 4.2)}.$$

Insbesondere definiert $I \longmapsto I \otimes_k U(\mathfrak{g})$ eine Injektion des Verbandes der $\mathfrak{g}$-stabilen Ideale von A in den der Ideale von B.

Wir behaupten nun, daß hierbei $(\operatorname{Spec} A)^{\mathfrak{g}}$ in $\operatorname{Spec} B$ abgebildet wird. Es genügt dafür zu zeigen, daß mit A auch B prim ist. (Ersetze A durch A/I !). Wir verifizieren die Bedingung 1.1(3). Nach dem PBW-Theorem schreiben wir zunächst

$$B = AU(\mathfrak{g}) = \bigoplus_n Ax^n$$

wo $n = (n_1,\ldots,n_m) \in \mathbb{N}^m$ die m-Tupel natürlicher Zahlen durchläuft und $x^n := x_1^{n_1}\ldots x_m^{n_m}$ die Monome in einer Basis $x_1,\ldots,x_m$ von $\mathfrak{g}$. Für den Moment nennen wir das m-Tupel n den Exponenten des Monoms x^n und ordnen diese Grade <u>lexikographisch</u>. Sind nun $b, b' \in B$, $\neq 0$, gegeben, etwa $b = ax^n + \ldots$, $b' = a'x^{n'} + \ldots$, wo $0 \neq a, a' \in A$ und $n, n' \in \mathbb{N}^m$, so rechnet man für jedes $d \in A$

$$bdb' = ada'\, x^{n+n'} + \ldots$$

nach, wobei mit ... jeweils Gleider vom Grad $<n$ bzw. $<n'$ bzw. $<n+n'$ gemeint sind. Ist also A prim, so gibt es $d \in A$ mit $ada' \neq 0$ und folglich auch $bdb' \neq 0$. Also ist B prim.

Umgekehrt beweisen wir jetzt, daß mit $P \in \operatorname{Spec} B$ auch $p := P \cap A \in (\operatorname{Spec} A)^{\mathfrak{g}}$ ist. Jedenfalls ist p $\mathfrak{g}$-stabil, so daß wir uns auf den Fall $p = 0$ beschränken können. Da $\sqrt{0}$ nilpotent und $\mathfrak{g}$-stabil ist (1.3 und 4.1), und da für $\mathfrak{g}$-stabile Ideale $I, J \triangleleft A$ stets $IBJB = IJB$ gilt, ist $\sqrt{0}B$ $(= \sqrt{0} \otimes U(\mathfrak{g}))$ ein nilpotentes Ideal in B. Daraus folgt $\sqrt{0}B \subseteq P$ und somit $\sqrt{0} \subseteq P \cap A = p = 0$. Damit haben wir

A schon als semiprim erkannt. Die minimalen Primideale von A, etwa $p_1,\dots,p_n$, sind $\mathfrak{g}$-stabil (4.1), und ihr Produkt $p_1\cdots p_n = 0$ verschwindet. Daraus folgt $Bp_1Bp_2\cdots p_nB = Bp_1p_2\cdots p_nB = 0$. Deshalb ist $Bp_iB \subseteq P$ für ein i. Das ergibt $p_i \subseteq A\cap P = 0$, also $p_i = 0$ und $n = 1$. Qed.

Bemerkung: Nachdem A als semiprim erkannt ist, kann man den Beweis auch so beenden: Man gibt Ideale $I, J \triangleleft A$, $I \neq 0$, mit $IJ = 0$ zum Test vor und nimmt o.E. $I = \{a \mid aJ = 0\}$ und $J = \{a \mid Ia = 0\}$ an. Aus $IJ = 0$ folgt $I\cap J = 0$, aus $ij = 0$ also $(Di)j = -i(Dj) \in I\cap J = 0$ für alle $i\in I$, $j\in J$, $D\in \mathrm{Der}\, A$. Das ergibt die $\mathfrak{g}$-Stabilität der Ideale I und J, so daß IB, JB Ideale sind. Da $IB\cap JB = 0 \subseteq P$ und P prim ist, folgt wegen $IB \not\subseteq P$, daß $JB \subseteq P$, also $J \subseteq P\cap A = 0$ gilt. Also ist P prim.

4.6 Korollar [23]: Sei $\mathfrak{a}$ ein Ideal in der Lie Algebra $\mathfrak{g}$ über dem Körper k, Char k = 0. Jedes Primideal P von $U(\mathfrak{g})$ schneidet $U(\mathfrak{a})$ $(\subseteq U(\mathfrak{g}))$ in einem Primideal, d.h. mit P ist auch $P\cap U(\mathfrak{a})$ prim.

Beweis: Man nimmt in 4.5 speziell $A = U(\mathfrak{a})$ und für ∂ die adjungierte Darstellung von $\mathfrak{g}$, d.h. genauer für ∂_x, $x\in\mathfrak{g}$, die eindeutige Fortsetzung von $\mathrm{ad}\, x|_{\mathfrak{a}} : a \longmapsto [x,a]$ zu einer Derivation von A. Dann gibt es nach 4.2 einen kanonischen Homomorphismus

$$\phi : A[\mathfrak{g}]_\partial \longrightarrow U(\mathfrak{g}).$$

Mit $P\in \mathrm{Spec}\, U(\mathfrak{g})$ ist auch $\phi^{-1}(P)$ Primideal, und die Schnitte mit $A = U(\mathfrak{a})$ stimmen überein: $P\cap A = \phi^{-1}(P)\cap A$. So folgt 4.6 aus 4.5. Qed.

4.7. Im Anschluß an den Satz 4.5 erhebt sich natürlich die Frage, wie die Fasern $\pi^{-1}_p = \{P \mid P\cap A = p\}$ der Surjektion $\pi : \mathrm{Spec}\, A[\mathfrak{g}]_\partial \longrightarrow (\mathrm{Spec}\, A)^{\mathfrak{g}}$ aussehen, insbesondere z.B. über welchen p nur ein einziges P steht. Man braucht die Antwort nur für $p = 0$ zu kennen.

Außerdem kann man sich im noetherschen Fall nach 4.4 (nebst 2.6) auf den Fall eines Matrixringes $A = M_n(E)$ über einem Schiefkörper E zurück ziehen. Wir gehen hier nur auf den Fall eines Schiefkörpers $A = E$ ein. (d.h. $n = 1$).

Satz: Sei D eine Derivation des Schiefkörpers E der Charakteristik 0.

a) Ist D keine innere Derivation, so ist $E[x]_D$ (4.3) einfach.

b) Ist D innere Derivation so ist $E[x]_D \cong E[y]$ ein gewöhnlicher Polynomring, und zwar vermöge $y \longmapsto x-d$, falls $D = [d,?]$. Jedes Ideal $I \lhd E[y]$ wird dann von einem Polynom aus $Z(E)[y]$ ($= Z(E[y])$) erzeugt.

c) Überdies gilt im Falle a) noch $Z(Q(E[x]_D)) = Z(E)^D := \{z \in Z(E) \mid Dz=0\}$.

Beweis: Zunächst muß man wissen, daß jedes Linksideal von $E[x]_D$ von nur einem Element erzeugt wird, daß - wie man sagt - $E[x]_D$ ein linker Hauptidealring ist. Dies beweist man genau wie im kommutativen Fall mit Hilfe des euklidischen Algorithmus.

Nehmen wir nun an, $B := E[x]_D$ sei nicht einfach! Ein nichttriviales Ideal $I \neq B$ in B hat die Form $I = Bb$ mit einem Polynom $b = x^n + a_1x^{n-1} + \ldots + a_n$, $n \geq 1$, die $a_i \in E$. Da I nicht nur Links-, sondern auch Rechtsideal ist, gilt (speziell) $Bb \supseteq bE$, mithin für jedes $e \in E$

$$Bb \ni be = ex^n + (nDe + a_1e)\, x^{n-1} + \ldots ,$$

wobei man für die Berechnung von be gemäß 4.2 die Formel $xe = ex + De$ zur Hilfe nehmen kann. Aus $be \in Bb$ folgt durch Vergleich der Koeffizienten bei x^n die Bedingung $be = eb$, und Vergleichen der x^{n-1}-Koeffizienten ergibt dann

$$nDe + a_1e = ea_1 \quad \text{oder auch} \quad De = [d,e] \quad \text{mit} \quad d := -\tfrac{1}{n}\, a_1.$$

Da dies für alle $e \in E$ gilt, ist D innere Derivation. Das beweist a). Wegen $[x-d,e] = De - [d,e] = 0$ für $e \in E$ folgt der erste Teil von b) unmittelbar aus der Definition der Schiefpolynomringe (4.2).

Um den zweiten zu beweisen, spezialisieren wir die obigen Überlegungen auf den Fall $D = 0$ (und $x = y$). Das Resultat $be = eb$, $\forall e \in E$, dieser Überlegung liefert jetzt

$$0 = be - eb = \sum_{i=1}^{n-1} (a_i y^i e - e a_i y^i) = \Sigma (a_i e - e a_i) y^i$$

und damit $[a_i, e] = 0$, $1 \leq i \leq n$. Das heißt $b \in Z(E)[y]$.

c) Als linker Hauptidealring ist $E[x]_D$ insbesondere noethersch, so daß sein Quotientenschiefkörper existiert. Wir setzen voraus, daß D keine innere Derivation ist und geben $z \in Z(Q(E[x]_D))$ vor. Wie in 3.6 zeigt man, daß z die Gestalt $z = PQ^{-1}$ mit $P,Q \in Z(E[x]_D)$ hat. Für ein $0 \neq z' \in Z(E[x]_D)$ folgt $0 \neq z'E[x]_D = E[x]_D z' = E[x]_D$ nach a) und natürlich $Dz' = xz' - z'x = 0$. Also liegen z', P, Q und z in $Z(E)^D$. Qed.

<u>4.8</u> Die Fallunterscheidung a) - b) des Satzes 4.7 wird so häufig vorkommen, daß sich die Einführung einiger Namen lohnt.

<u>Definition</u>: Sei D eine Derivation der Algebra A. Der Schiefpolynomring $A[x]_D$ heißt <u>zerfallend</u>, wenn D eine <u>innere</u> Derivation von A ist, wenn es also ein $d \in A$ gibt, derart daß $A[x]_D = A[y]$ gewöhnlicher Polynomring in $y = x-d$ ist. (Ein solches d heißt "zerfällendes Element". Es erfüllt $D = [d,?]$). - Der Schiefpolynomring $A[x]_D$ heißt <u>starr</u>, falls jedes Ideal $I \triangleleft A[x]_D$ von $I \cap A$ erzeugt wird, wenn also $I \longmapsto I \cap A$ die Ideale von $A[x]_D$ in Bijektion setzt zu den D-stabilen Idealen von A. Offensichtlich <u>sind dann</u> $(A/I)[x]_D$ <u>und</u> $S^{-1}A[x]_D$ <u>nicht zerfallend</u> für jedes D-stabile Ideal I und jede Oresche Teilmenge S von A.

In dieser Terminologie besagt 4.7, daß Schiefpolynomringe über einem

Schiefkörper entweder zerfallen oder starr sind. Ersteres ist z.B immer dann der Fall, wenn E endliche Dimension über seinem Zentrum $Z(E)$ hat (Theorem von Noether-Skolem). Eine hinreichende Bedingung für den letzteren Fall ist z.B. $DZ(E) \neq 0$: Dann kann D sicher keine innere Derivation sein. Dieses simple Beispiel ordnet sich folgender allgemeineren Tatsache unter.

Satz: Eine $\mathbb{Q}$-Algebra A und eine Derivation D seien gegeben. Gibt es ein zentrales Element, $z \in Z(A)$, mit invertierbarer Ableitung Dz, so ist $A[x]_D$ starr.

Beweis: Ein Ideal I von $A[x]_D$ und ein "Polynom" $f \in I$ seien vorgelegt, etwa $f = a_0 x^n + a_1 x^{n-1} + \ldots + a_n$, $a_i \in A$. Zu zeigen ist, daß die Koeffizienten a_i schon in $I \cap A$ liegen. Dies geschieht durch Induktion nach dem Grad n. Für $n = 0$ ist nichts zu beweisen. Im Falle $n > 0$ verkleinern wir den Grad, in dem wir z "heranklammern"

$$I \ni fz - zf = [f,z] = [a_0,z]x^n + a_0[x^n,z] + [a_1,z]x^{n-1} + \ldots$$

$$= a_0 nDz x^{n-1} + \ldots$$

(bis auf Glieder ... vom Grad $< n-1$). Nach Induktionsvoraussetzung liegt $a_0 nDz$ in I. Wegen der Invertierbarkeit von nDz ist sogar $a_0 \in I$. Daher folgt $f' := f - a_0 x^n = a_1 x^{n-1} + \ldots + a_n \in I$ und damit $a_1, \ldots, a_n \in I$ nach Induktionsvoraussetzung. Qed.

4.9 Beispiel: Die Einhüllende $U(\underline{h})$ der zweidimensionalen nicht abelschen Lie Algebra $\underline{h} = \mathbb{C}x \oplus \mathbb{C}y$ ($[x,y] = y$) kann man als Schiefpolynomring $U(\underline{h}) = A[x]_D$ auffassen mit $A = \mathbb{C}[y]$ und $D = y\frac{d}{dy}$ (wo $\frac{d}{dy}$ die gewöhnliche Ableitung), d.h. $Da = y\frac{da}{dy}$. Die D-stabilen Ideale $J \neq 0$ von A haben die Form $J = y^n A$, $n \in \mathbb{N}$. (Betrachte ein Element $0 \neq f \in J$ minimalen y-Grades!) Das D-stabile Spektrum von A besteht daher aus nur zwei "Punkten": 0 und yA. Das Spektrum von $A[x]_D$ ist die Vereinigung der "Fasern" über diesen beiden Punkten (4.5).

Die Faser über Null ist einelementig: $\{P | P \cap A = 0\} \cong \operatorname{Spec} Q(A)[x]_D = \{0\}$, weil $Q(A) = \mathbb{C}(y)$ ein kommutativer Körper ist, also keine inneren Derivationen hat (4.7). Und über yA liegt (wegen $A/yA = \mathbb{C}$) eine unendliche Faser: $\{P | P \cap A = yA\} \cong \operatorname{Spec}(A/yA)[x]_D = \operatorname{Spec} \mathbb{C}[x]$. – Es erweist sich als nützlich zu wissen, daß <u>jedes Ideal</u> $I \neq 0$ <u>von</u> $U(\underline{h})$ <u>eine Potenz von</u> y <u>enthält.</u> Zunächst beweist man dazu $I \cap A \neq 0$, indem man ein Element $0 \neq f \in I$ minimalen x-Grades mit y "klammert". Als D-stabiles Ideal hat $I \cap A$ dann die Form $y^n A$, $n \in \mathbb{N}$.

<u>4.10</u> Ersetzt man im Beispiel 4.9 die Derivation durch $D := \frac{d}{dy}$, so erhält man die Weyl-Algebra $A[x]_D =: \mathbb{A}_1(\mathbb{C})$ über $\mathbb{C}$ (s.4.3). Man rechnet ähnlich leicht nach, daß dann $(\operatorname{Spec} A)^D = \{0\}$ ist und (nach 4.7)

$$\operatorname{Spec} \mathbb{A}_1(\mathbb{C}) \xleftrightarrow{\sim} \operatorname{Spec} \mathbb{C}(y)[x]_D \overset{!}{=} \{0\}.$$

<u>Definition</u>: Die n-te <u>Weyl-Algebra</u> $\mathbb{A}_n(k)$ über dem Körper k ist das n-fache Tensorprodukt

$$\mathbb{A}_n(k) := \mathbb{A}_1(k) \otimes_k \mathbb{A}_1(k) \otimes_k \dots \otimes_k \mathbb{A}_1(k);$$

die über einer beliebigen kommutativen k-Algebra Z ist

$$\mathbb{A}_n(Z) := \mathbb{A}_n(k) \otimes_k Z \quad (= \mathbb{A}_1(Z) \otimes_Z \dots \otimes_Z \mathbb{A}_1(Z)).$$

Für den Fall $k = \mathbb{C}$ reservieren wir die kurze Schreibweise

$$\mathbb{A}_n := \mathbb{A}_n(\mathbb{C}).$$

Die Algebra $\mathbb{A}_n(Z)$ kann auch durch Erzeugende $x_1, y_1, \dots, x_n, y_n$ mit den Relationen

$$[x_i, y_j] = \delta_{ij}, \quad [x_i, x_j] = [y_i, y_j] = 0, \quad 1 \leq i, \ j \leq n,$$

definiert werden.

Für spätere Anwendungen fassen wir hier einige Eigenschaften der Weyl-Algebren zusammen.

Satz: Sei Z kommutative $\mathbb{Q}$-Algebra

a) Das Zentrum von $\mathbb{A}_n(Z)$ ist $Z(\mathbb{A}_n(Z)) = Z$.

b) Jede Derivation D von $\mathbb{A}_n(Z)$ mit $DZ = 0$ ist innere Derivation.

c) Jedes Ideal I von $\mathbb{A}_n(Z)$ ist zentral (d.h. von $I \cap Z$) erzeugt.

c') Jedes homomorphe Bild von $\mathbb{A}_n(Z)$ hat die Form $\mathbb{A}_n(Z')$, $Z' = Z/J$, $J \triangleleft Z$.

Beweis: a) Sind B, C irgend welche Algebren über einem Körper k so gilt $Z(B \otimes_k C) = Z(B) \otimes_k Z(C)$. Deshalb brauchen wir die Behauptung nur noch im Falle $n = 1$ zu beweisen. Man schreibt $\mathbb{A}_1(Z) = \bigoplus_{(i,j)} Zx^iy^j$ und berechnet die Formeln

$$(*) \qquad [x, x^iy^j] = jx^iy^{j-1} \quad \text{und} \quad [y, x^iy^j] = -ix^{i-1}y^j$$

für $i \geq 0$, $j \geq 0$ (mit der Vereinbarung $0y^{-1} = 0$ usw.). Aus ihnen wird klar, daß $a \in \mathbb{A}_1(Z)$ nur dann mit y kommutiert, wenn es, formal als Polynom in x,y betrachtet, den Grad Null in x hat, und nur dann mit x, wenn sein Grad in y Null ist. Ein Zentrumselement von $\mathbb{A}_1(Z)$ hat deshalb den Gesamtgrad Null, liegt also in Z.

b) Wir führen die Behauptung auf die folgende "Variante" zurück.

b') Ist B eine beliebige Z-Algebra, so ist jede Derivation D von $B \otimes_Z \mathbb{A}_1(Z)$ mit $DB = 0$ eine innere Derivation. - Es gelte nämlich b') und eine Derivation D von $\mathbb{A}_n(Z) = Z \otimes_{\mathbb{Q}} \mathbb{A}_{n-1}(\mathbb{Q}) \otimes_{\mathbb{Q}} A_1(\mathbb{Q})$ sei gegeben. Die Ableitung eines jeden $a \in A .= Z \otimes A_{n-1}(\mathbb{Q}) \otimes 1$ läßt sich eindeutig in der Form $Da = \sum_{i,j} (D_{ij}a)\, x^iy^j$ schreiben mit Koeffizienten $D_{ij}a \in A$. Dadurch wird eine Familie von Derivationen (!) D_{ij} von A definiert, die alle Z annullieren. Indem wir mit Induktion nach n argumentieren, können wir annehmen, daß alle D_{ij} innere Derivationen sind, etwa $D_{ij} = [d_{ij}, ?]$ mit $d_{ij} \in A$. Auf den $2n-2$ kanonischen Erzeugenden der Z-Algebra A können nur endlich viele D_{ij} Werte $\neq 0$ annehmen, und es ist klar, daß die übrigen D_{ij} auf ganz A verschwinden. Daher kann $d_{ij} = 0$ gewählt werden bis auf endlich viele Ausnahmen, so daß $d := \sum_{i,j} d_{ij}x^i y^j$ ein wohl definiertes Element von $\mathbb{A}_n(Z) = A\mathbb{A}_1$ ist. Die Derivation $D' = D - [d,?]$ verschwindet nun auf A, ist also nach b') von der Gestalt $D' = [d',?]$. Damit ist $D = [d + d',?]$ als innere Derivation erkannt.

Um nun b') zu beweisen, schreiben wir wiederum $B \otimes_Z \mathbb{A}_1(Z) = \bigoplus_{(i,j)} Bx^i y^j$, wobei kurz $bx^i y^j$ statt $b \otimes x^i y^j$ gesetzt wird $(b \in B)$. Und (*) gilt unverändert. Danach bedeutet "x (bzw. y) heran zu klammern", daß man partiell nach y (bzw. $-x$) ableitet, d.h. aus (*) folgt

$$(**) \qquad [x,f] = \frac{\partial f}{\partial y} \quad \text{und} \quad [y,f] = -\frac{\partial f}{\partial x}, \quad \forall f \in B \otimes_Z \mathbb{A}_1(Z).$$

Dabei fassen wir f formal als Polynom in x,y auf. Sei nun D eine Derivation, die B annulliert. Sie macht

$$[Dx,y] + [x,Dy] = 0$$

aus der definierenden Relation $[x,y] = 1$. Mit (**) ergibt das

$$\frac{\partial}{\partial x} Dx = \frac{\partial}{\partial y}(-Dy).$$

Dies ist - wie man sich leicht überlegt - genau die Bedingung für die simultane Lösbarkeit der "partiellen Differentialgleichungen"

$$\frac{\partial f}{\partial y} = Dx, \qquad \frac{\partial f}{\partial x} = -Dy$$

durch ein "Polynom" $f \in B \otimes \mathbb{A}_1(Z)$. Sei $D' = [-f,?]$. Dann wird

$$Dx = \frac{\partial f}{\partial y} = [x,f] = D'x$$

und

$$Dy = -\frac{\partial f}{\partial x} = [y,f] = D'y.$$

Daraus folgt $D = D'$ wegen $DB = D'B = 0$. Also ist D innere Derivation.

c) Wir zeigen für jede Algebra B über Z: Die einzigen Ideale von $B \otimes_Z \mathbb{A}_1(Z)$ sind die der Form $I \otimes \mathbb{A}_1(Z)$, wo $I \triangleleft B$. Daraus folgt dann die Behauptung durch Induktion nach n. - Klar ist für ein gegebenes Ideal $J \triangleleft B \otimes \mathbb{A}_1(Z)$, und $I := J \cap B$, daß $I\mathbb{A}_1(Z) := I \otimes \mathbb{A}_1(Z) \subseteq J$ ist. Wir zeigen: Dabei gilt sogar Gleichheit. Ein "Polynom" (s.o.) $f \in J$ sei vorgegeben, etwa $f = \Sigma\, b_{ij} x^i y^j$. Zu zeigen ist, daß die Koeffizienten b_{ij} in I liegen. Als Gewicht von f bezeichnen wir für den Moment das lexikographisch größte Paar (l,m) mit $b_{lm} \neq 0$. Dann ergibt sich

$$\frac{\partial^l}{\partial y^l} \frac{\partial^m}{\partial x^m} f = (-1)^m \, l!m! \, b_{lm} \in B.$$

Nach (✱✱) liegt dieses Element in I, wegen der Invertierbarkeit von $l!m!$ also auch b_{lm}. Deshalb liegt $f' := f - b_{lm} x^l y^m$ in J. Durch Induktion nach dem Gewicht ergibt sich daraus $b_{ij} \in I$ für alle i, j.

c') ist nur eine andere Formulierung von c). Qed.

Bemerkung: Man kann c) auch als einen Spezialfall des Lemmas in 3.5 ansehen, indem man der Überlegung zu Anfang von 4.10 direkt entnimmt, daß $\mathbb{A}_n(\mathbb{Q})$ zentral-einfache $\mathbb{Q}$-Algebra ist. — Mehr Informationen über Weyl-Algebren findet man in [20], [21], und [30].

Chapter II

Residue class algebras of enveloping algebras

§ 5 Prime ideals are completely prime (if the Lie algebra is solvable)

5.1 Statement of the theorem - 5.2 First proof - 5.3 Eigenspaces, eigenvectors, and eigenvalues - 5.4 Second proof - 5.5 The main tool for the second proof - 5.6 Localization with respect to a single element - 5.7 to 5.9 Examples.

§ 6 The semi-centre

6.1 Definition and commutativity of the semi-centre - 6.2, 6.3 Proof of theorem 6.1 - 6.4 Extension-lemma for eigenvalues - 6.5 Relation between the heart of a prime ideal and the semi-centre of its residue class algebra - 6.6 The eigenvalues generate a group of finite rank - 6.7 Description of the semi-centre; Dixmier's primitivity criterions - 6.8 If the semi-centre is equal to the centre, the algebra is locally a Weyl algebra - 6.9 Taylor's lemma - 6.10 Proof of theorem 6.8 - 6.11 The nilpotent case - 6.12 Non-maximal primitive ideals.

§ 7 The centre: After localization all ideals are centrally generated.

7.1 Statement of the theorem (weak form) - 7.2 "Regular" operation of a solvable Lie algebra - 7.3 The commutative case - 7.4 Lemma - 7.5 Statement of the theorem (strong form) - 7.6, 7.7 Proof of theorem 7.5.

§ 8 Structure of envelopes of algebraic solvable Lie algebras

8.1 Some examples and counter-examples - 8.2 Definition of algebraic solvable Lie algebras - 8.3 The Gelfand-Kirillov conjecture. Formulation of the structure theorem - 8.4 Proof.

§ 5 Im auflösbaren Fall sind Primideale vollprim

5.0 Wir erinnern an einige unserer Generalvoraussetzungen (s. Einleitung): Eine "Lie Algebra" $\mathfrak{g}$ ist eine endlich-dimensionale Lie Algebra über dem Körper $\mathbb{C}$, soweit nicht ausdrücklich etwas anderes gesagt wird. Alle Sätze und Beweise dieses Buches bleiben aber richtig, wenn man darin $\mathbb{C}$ durch eine algebraisch-abgeschlossene Erweiterung ersetzt, wovon wir gelegentlich auch Gebrauch machen. Die universelle einhüllende Algebra von $\mathfrak{g}$ bezeichnen wir mit $U(\mathfrak{g})$, manchmal auch kurz mit U. Bekanntlich ist sie noethersch (sogar beidseitig!) und nullteilerfrei. Hauptgegenstand dieses Paragraphen ist der folgende Satz.

5.1 Satz (Dixmier): Ist $\mathfrak{g}$ eine auflösbare Lie Algebra, so sind in $U(\mathfrak{g})$ alle Primideale sogar vollprim.

Für eine nicht auflösbare Lie Algebra $\mathfrak{g}$ kann das niemals zutreffen: Solche $\mathfrak{g}$ besitzen bekanntlich eine irreduzible Darstellung V endlicher Dimension $n > 1$. Aus dem Lemma von Schur folgt $\mathrm{End}_U(V) = \mathbb{C}$ und nach dem Dichtesatz von Jacobson-Chevalley die Surjektivität der kanonischen Abbildung $U = U(\mathfrak{g}) \longrightarrow \mathrm{End}_{\mathbb{C}}(V) = M_n(\mathbb{C})$. Das Annullatorideal von V in U ist danach prim, aber nicht vollprim, denn $U/\mathrm{Ann}\, V \cong M_n(\mathbb{C}) \not\cong \mathbb{C}$ enthält echte Nullteiler.

Unser folgender - erster - Beweis läßt den Satz als eine relativ leichte Anwendung des Kapitels über nicht-kommutative Algebra erscheinen. Wir geben aber noch einen zweiten, vom vorigen Kapitel unabhängigen Beweis, der in der Grundidee auf Dixmier [19] zurückgeht.

5.2 Erster Beweis des Satzes 5.1. Hier (wie noch oft in diesem Buch) nehmen wir Induktion nach der Dimension von $\mathfrak{g}$ vor. Wir führen den Beweis sogar für auflösbare Lie Algebren $\mathfrak{g}$ über einem beliebigen Körper k der Charakteristik Null, die eine Kompositionsreihe

$$0 = \mathfrak{g}_0 \subset \mathfrak{g}_1 \subset \mathfrak{g}_2 \subset \dots \mathfrak{g}_n = \mathfrak{g}$$

von Idealen $\mathfrak{g}_i \triangleleft \mathfrak{g}$ der Dimensionen $\dim \mathfrak{g}_i = i$ besitzen. Im Falle $n = 0$ ist nichts zu zeigen: Dann ist $U(\mathfrak{g}) = k$. Im Falle $n > 0$ wählen wir $x \in \mathfrak{g} \setminus \mathfrak{g}_{n-1}$ und identifizieren $U .= U(\mathfrak{g})$ mit dem Schiefpolynomring $U'[x]_D$, wobei U' die Einhüllende von $\mathfrak{g}' .= \mathfrak{g}_{n-1}$ und D die Einschränkung der inneren Derivation $u \longmapsto [x,u] .= xu - ux$ von U auf U' bezeichnet (PBW-Theorem, vgl. 4.2). Wir geben ein beliebiges Primideal P von U vor. Nach 4.5 ist $P' .= P \cap U'$ Primideal von U', also vollprim, und natürlich ist P' D-stabil. Die Elemente $\neq 0$ von U'/P' bilden eine Oresche Teilmenge S in U'/P' (2.3b)) und daher auch in $U/P'U = U'/P'[x]_D$ (4.4). Dieses S trifft das Bild $\bar{P}$ von P nicht. Nach 2.10 ist $S^{-1}\bar{P}$ ein Primideal in $S^{-1}(U/P'U) = E[x]_D$, dem Schiefpolynomring über dem Schiefkörper $E .= S^{-1}(U'/P')$. Es genügt deshalb nach zu weisen, daß dessen Primideale sämtlich vollprim sind. Für das Nullideal (vgl. 4.5), ist das klar, und falls $E[x]_D$ nicht zerfällt (4.8), sind wir damit fertig (4.7a)). Im zerfallenden Fall ist $E[x]_D = E[z]$ mit zentralen z, und jedes Primideal $p \neq 0$ wird von einem Primpolynom $f \in Z(E)[z]$ erzeugt (4.7c)). Die Restklassenalgebra $E[z]/p = E \otimes_{Z'} Z$ ensteht aus E durch Erweitern des Zentrums $Z' .= Z(E)$ zu $Z .= Z'[z]/\langle f \rangle$, einer endlichen Körpererweiterung von Z. Zu zeigen bleibt also, daß $E \otimes_{Z'} Z$ nullteilerfrei ist. Seien $\psi : U(\mathfrak{g}' \otimes_k Z) = U' \otimes_k Z \longrightarrow E \otimes_{Z'} Z$ der kanonische Homomorphismus und $B .= \operatorname{Im} \psi$ sein Bild. Dann ist offenbar $E \otimes_{Z'} Z (= S^{-1}B)$ Lokalisierung von B, so daß B prim ist nach 2.10. Nach Induktionsvoraussetzung ist B sogar nullteilerfrei, denn die Z-Lie-Algebra $\mathfrak{g}' \otimes_k Z$ besitzt eine Kompositionsreihe. Rückwärts folgt daraus die Nullteilerfreiheit von $E \otimes_{Z'} Z$. Qed.

5.3 Sei $\underline{g}$ eine Lie Algebra. Ein $\underline{g}$-Modul M ist ein $\mathbb{C}$-Vektorraum M zusammen mit einem Lie-Algebra-Homomorphismus $\underline{g} \longrightarrow End_{\mathbb{C}}M$, geschrieben $x \longmapsto [x,?]$, so daß also $[x,[y,m]] = [[x,y],m] + [y,[x,m]]$ gilt ($x,y \in \underline{g}$, $m \in M$). Z.B. fassen wir $U(\underline{g})$ bei Bedarf als $\underline{g}$-Modul auf, vermöge $[x,m] .= xm - mx$. Dann bildet $U^{(j)} .= \mathbb{C} + \underline{g} + \underline{g}^2 + \ldots + \underline{g}^j$ für jedes $j \geq 0$ einen $\underline{g}$ - Untermodul. Diese $U^{(j)}$ schöpfen ganz $U(\underline{g})$ aus und bilden eine (die natürliche) Filtrierung der Algebra $U(\underline{g})$. Daraus erhellt insbesondere, daß jedes Element $u \in U(\underline{g})$ in einem endlichen $\underline{g}$ - Untermodul liegt.

Mit $\underline{g}^*$ bezeichnen wir die Menge der Linearformen, $\lambda : \underline{g} \longrightarrow \mathbb{C}$, auf $\underline{g}$. Zu jedem $\lambda \in \underline{g}^*$ definieren wir seinen Eigenraum M^λ in dem $\underline{g}$-Modul M als

$$M^\lambda .= \{m \in M \mid [x,m] = \lambda(x)m, \quad \forall x \in \underline{g}\}.$$

Ein Eigenwert von $\underline{g}$ in M (oder kurz $\underline{g}$ - Eigenwert) ist eine Linearform $\lambda \in \underline{g}^*$ mit nicht-trivialen Eigenraum, $M^\lambda \neq 0$. Ein Element $m \in M^\lambda$, $m \neq 0$, heißt Eigenvektor von $\underline{g}$ in M zum Eigenwert λ. Oft ist der Eigenwert unwichtig, so daß wir nur von einem Eigenvektor m (von $\underline{g}$ in M) sprechen. Das bedeutet einfach, daß m einen eindimensionalen $\underline{g}$ - Untermodul aufspannt.

Das Tensorprodukt $M \otimes_{\mathbb{C}} N$ zweier $\underline{g}$ - Moduln M, N wird zum $\underline{g}$ - Modul durch

$$[x, m \otimes n] .= [x,m] \otimes n + m \otimes [x,n], \quad x \in \underline{g}, \quad m \in M, \quad n \in N.$$

Sind $a \in M$ und $b \in N$ $\underline{g}$ - Eigenvektoren zum Eigenwert λ bzw. μ, so ist auch $a \otimes b$ ein $\underline{g}$ - Eigenvektor, nämlich zum Eigenwert $\lambda + \mu$.

Lemma: Sei $\underline{h} \triangleleft \underline{g}$ ein Ideal der auflösbaren Lie Algebra $\underline{g}$. Sei M ein endlicher $\underline{g}$ - (und damit auch $\underline{h}$ -) Modul. Jeder Eigenraum M^λ einer Linearform $\lambda \in \underline{h}^*$ ist (sogar) ein $\underline{g}$ - Untermodul von M.

Beweis: Für beliebiges $x \in \underline{g}$ haben wir zu zeigen, daß mit $m \in M^\lambda$ auch $[x,m] \in M^\lambda$ ist. Man hat für jedes $h \in \underline{h}$

$$[y,[x,m]] = [[y,x], m] + [x,[y,m]] = \lambda([y,x])m + [x,\lambda(y)m].$$

Da $\underline{g}$ auflösbar ist, operiert $[\underline{g},\underline{g}]$ nilpotent auf M, woraus $\lambda([\underline{g}, \underline{g}]) = 0$ folgt. Insbesondere gilt $\lambda([y,x]) = 0$, also $[y,[x,m]] = \lambda(y)\,[x,m]$, und das heißt $[x,m] \in M^{\lambda}$. Qed.

5.4 Zweiter Beweis des Satzes 5.1: Reduktion auf das Lemma 5.5.

Sei $I \triangleleft U := U(g)$ ein Ideal, dessen Restklassenalgebra $A := U/I$ echte Nullteiler enthält, etwa $a, b \in A \setminus 0$ mit $ab = 0$. Als Ideal ist I auch $\underline{g}$ - Untermodul von U (5.3), so daß auch A und $A \otimes_{\mathbb{C}} A$ eine $\underline{g}$ - Struktur tragen. Weiter ist die Multiplikationsabbildung $\mu : A \otimes_{\mathbb{C}} A \longrightarrow A$ ein $\underline{g}$ - Modulhomomorphismus:

$$\mu([x,a_1 \otimes a_2]) = [x,a_1]a_2 + a_1[x,a_2] = [x,a_1a_2] = [x, \mu(a_1 \otimes a_2)].$$

Seien M bzw. N die von a bzw. b erzeugten endlich-dimensionalen (5.3) $\underline{g}$ - Untermoduln von A. Wegen $\mu(a \otimes b) = ab = 0$ liegt $a \otimes b$ im Kern L der eingeschränkten Multiplikationsabbildung $M \otimes N \longrightarrow A$. Nach dem Lemma 5.5, auf das wir den Beweis zurück führen wollen, können wir deswegen o.E. a und b als $\underline{g}$ - Eigenvektoren wählen.

Für Eigenvektoren a, b mit $ab = 0$ zeigen wir $aAb = 0$. Das bedeutet dann, daß I nicht prim ist (1.1c)) und beweist den Satz. Jedes $c \in A$ ist Summe von Produkten $x_1x_2...x_n$, die $x_i \in (\underline{g} + I)/I$, so daß man nur $ax_1x_2...x_nb = 0$ verifizieren muß. Das geschieht mittels

$$ax_1x_2...x_nb = x_1ax_2...x_nb - [x_1,a]x_2...x_nb = (x_1 - \gamma)ax_2...x_nb$$

durch Induktion nach n, wobei $\gamma \in \mathbb{C}$. Qed.

5.5 Lemma: M, N seien endliche $\underline{g}$ - Moduln ($\underline{g}$ auflösbare Lie Algebra), und L sei ein Untermodul von $M \otimes_{\mathbb{C}} N$. Enthält L überhaupt ein Element der Form $a \otimes b \neq 0$ (einen "zerlegbaren Tensor"), dann auch eines, bei dem a und b Eigenvektoren sind.

Beweis: durch Induktion nach der Dimension von $\mathfrak{g}$.

1. Schritt: $\dim \mathfrak{g} = 1$. Sei etwa $\mathfrak{g} = \mathbb{C}x$. Sei $M = M_1 \oplus \ldots \oplus M_p$ die Spektralzerlegung von M bezüglich des durch x definierten Endomorphismus $x_M : M \longrightarrow M$. Das bedeutet: Zu jedem i, $1 \leq i \leq p$, gibt es ein $n_i \in \mathbb{N}$, so daß $(x_M - \gamma_i)^{n_i} M_i = 0$ ist, wobei die $\gamma_i \in \mathbb{C}$ die verschiedenen Eigenwerte von x_M durchlaufen. Analog definiert x ein $x_N \in \mathrm{End}_{\mathbb{C}} N$ mit Eigenwerten $\delta_1, \ldots, \delta_q$ und Spektralzerlegung $N = N_1 \oplus \ldots \oplus N_q$. Die γ_i seien lexikographisch nach Real- und Imaginärteil numeriert, d.h.

1) $\mathrm{Re}\, \gamma_i \leq \mathrm{Re}\, \gamma_{i+1}$ und

2) $\mathrm{Im}\, \gamma_i < \mathrm{Im}\, \gamma_{i+1}$, falls $\mathrm{Re}\, \gamma_i = \mathrm{Re}\, \gamma_{i+1}$,

für $1 \leq i < p$, und die δ_i entsprechend! Dann gilt ersichtlich

$$(*) \qquad \gamma_i + \delta_j = \gamma_p + \delta_q \iff i=p,\ j=q.$$

Die Spektralzerlegung von $M \otimes_{\mathbb{C}} N$ bezüglich x hat die Form

$$(**) \qquad M \otimes N = \bigoplus_{\alpha \in \mathbb{C}} Q^{(\alpha)} \quad \text{mit} \quad Q^{(\alpha)} := \bigoplus_{\gamma_i + \delta_j = \alpha} M_i \otimes N_j .$$

Die Projektion $pr^{\alpha} : M \otimes N \longrightarrow Q^{(\alpha)}$ bildet jeden Untermodul, also auch L, in sich ab. Daher berechnet man für $\alpha = \gamma_p + \delta_q$ nach $(**)$ wegen $(*)$

$$L \ni pr^{\alpha}(a \otimes b) = pr^{\alpha}\Big(\sum_{i,j} a_i \otimes b_j\Big) = \sum_{\gamma_i + \delta_j = \alpha} a_i \otimes b_j = a_p \otimes b_q$$

Dabei bezeichnen a_i bzw. b_j die Bilder von a bzw. b unter den Projektionen $M \longrightarrow M_i$ bzw. $N \longrightarrow N_j$. Diese a_i und b_j können o.E. sämtlich $\neq 0$ angenommen werden: Andernfalls hätte man zu Anfang der Überlegung "überflüssige" M_i oder N_j streichen können. Deshalb gilt mit passenden $m, n \in \mathbb{N}$

$$a' := (x_M - \gamma_p)^m a_p \neq 0 = (x_M - \gamma_p)^{m+1} a_p$$

$$b' := (x_N - \delta_q)^n b_q \neq 0 = (x_N - \delta_q)^{n+1} b_q.$$

Dies sind x-(also $\underline{g}$ -) Eigenvektoren. Und $a' \otimes b'$ liegt - wie gewünscht - in L, denn

$$L \ni (x - \gamma_p - \delta_q)^{m+n}(a_p \otimes b_q) = \Big((x_M - \gamma_p) \otimes 1 + 1 \otimes (x_N - \delta_q)\Big)^{m+n}(a_p \otimes b_q) =$$

$$\sum_{i+j=m+n} \binom{m+n}{i} (x_M - \gamma_p)^i a_p \otimes (x_N - \delta_q)^j b_q = \binom{m+n}{m} a' \otimes b'$$

(wo "x" kurz für $[x,?] = x_{M \otimes_{\mathbb{C}} N}$ steht).

2. Schritt: $n := \dim \underline{g} > 1$. Sei $\underline{h} \triangleleft \underline{g}$ ein Ideal der Codimension eins in $\underline{g}$. Auf die $\underline{h}$ - Moduln M,N,L angewendet, liefert uns die Induktionsvoraussetzung einen "zerlegbaren Tensor" $a \otimes b \in L$ mit $\underline{h}$-Eigenvektoren a bzw. b zu Eigenwerten μ bzw. $\nu \in \underline{h}^*$. Nach 5.3 ist $L' := L \cap (M^\mu \otimes_{\mathbb{C}} N^\nu)$ ein $\underline{g}$ - Untermodul von M. Er enthält $a \otimes b \neq 0$. Wir wählen $x \in \underline{g} \setminus \underline{h}$ und wenden den ersten Schritt auf $\mathbb{C}x$, M^μ, N^ν und L' an. So finden wir einen Tensor $0 \neq a' \otimes b' \in L'$ mit $[x,a'] \in \mathbb{C}a'$ und $[x,b'] \in \mathbb{C}b'$. Diese Elemente a', b' sind $\underline{g}$ - Eigenvektoren, erfüllen also alle Forderungen des Lemmas. Qed.

5.6 Um nicht bei den abstrakten Aussagen allgemeiner Sätze stehen zu bleiben, schauen wir uns jetzt die konkreten Verhältnisse bei gewissen speziellen auflösbaren Lie Algebren der Dimensionen 3 und 4 genauer an. Diese Lie Algebren sind so gewählt, daß an ihnen schon alle Phänomene des allgemeinen Falls, auf die es uns ankommt, deutlich sichtbar werden. Deshalb können wir auch später für nicht triviale Beispiele immer wieder auf die selben Lie Algebren zurückgreifen. Die Beispiele werden gelegentlich auch in den Beweisen verwendet werden. Die folgenden drei Nummern sollen den Satz 5.1, die Vollprimheit der Primideale, in Spezialfällen evident machen, vor allem aber Anschauungsmaterial bereit stellen für das Hauptresultat, welches wir als nächstes ansteuern: Daß - und wie - sich im auflösbaren Fall Spec $U(\underline{g})$ durch Spektren kommutativer

Ringe überdecken läßt.

Vorweg verabreden wir, für die "<u>Lokalisierung nach einem einzigen Element</u>" die Schreibweise aus der kommutativen Algebra zu übernehmen. D.h.: Ist R ein Ring, und ist $s \in R$ ein Element, das eine Oresche Teilmenge $S := \{1,s,s^2,\dots\}$ erzeugt, so schreiben wir kurz $R_s := S^{-1}R$ für den Quotientenring. Ist z.B. $R = U(\mathfrak{g})/I$ mit vollprimem I, und ist $s \in R$ ein Eigenvektor von $\mathfrak{g}$ in R, so existiert R_s (vgl. 2.3a)). Das Lokalisieren nach einem Nichtnullteiler $z \in Z(R)$ des Zentrums ist natürlich ohnehin problemlos.

<u>5.7</u> <u>Beispiel</u>: Sei $\mathfrak{g}$ die dreidimensionale nilpotente nicht-kommutative Lie Algebra, also $\mathfrak{g} = \mathbb{C}x \oplus \mathbb{C}y \oplus \mathbb{C}z$ mit $[x,y] = z$ und zentralem z. Als "iterierter" schiefer Polynomring geschrieben, ist dann

$$U(\mathfrak{g}) = \mathbb{C}[z][y][x]_D \quad \text{mit} \quad D = z\frac{\partial}{\partial y} .$$

Da das Zentrum einer Lie Algebra natürlich im Zentrum ihrer Einhüllenden liegt, können wir nach z lokalisieren. Danach erreichen wir durch die Substitution $y' := z^{-1}y$

$$U(\mathfrak{g})_z = \mathbb{C}[z]_z[y'][x]_{\frac{\partial}{\partial y'}} = \mathbb{C}[z]_z \otimes_{\mathbb{C}} \mathbb{A}_1 = \mathbb{A}_1(\mathbb{C}[z,z^{-1}])$$

(4.10). Insbesondere ist $\mathbb{C}[z]_z = Z(U(\mathfrak{g})_z)$ das Zentrum (4.10a)), dessen Spektrum kanonisch homöomorph ist zum Spektrum von $U(\mathfrak{g})_z$ (4.10c)). Letzteres wiederum kann mit dem offenen Unterraum $\{P \mid z \notin P\}$ von $\operatorname{Spec} U(\mathfrak{g})$ identifiziert werden. Sein Komplement $V(z)$ (1.2) ist offensichtlich homöomorph zu

$$V(z) = \operatorname{Spec} U(\mathfrak{g})/zU(\mathfrak{g}) = \operatorname{Spec} U(\mathfrak{g}/\mathbb{C}z) = \operatorname{Spec} \mathbb{C}[x,y] .$$

Damit ist $\operatorname{Spec} U(\mathfrak{g})$ beschrieben als Vereinigung zweier Primspektren kommutativer Ringe.

5.8 Beispiel: $\underline{g} = \mathbb{C}t \oplus \mathbb{C}x \oplus \mathbb{C}y$ mit $[t,x] = -x$, $[t,y] = y$ und $[x,y] = 0$. Wieder schreiben wir $U(\underline{g}) = \mathbb{C}[y][x][t]_D$ als iterierten Schiefpolynomring, wo jetzt $D = [t,?]$. Da x ein $\underline{g}$ - Eigenvektor (und $U(\underline{g})$ nullteilerfrei) ist, können wir nach x lokalisieren und schreiben (4.4):

$$U(\underline{g})_x = \mathbb{C}[y][x]_x[t]_D = \mathbb{C}[z][x]_x[t']_D = \mathbb{C}[z]\otimes_{\mathbb{C}}(\mathbb{A}_1)_x$$

mit den neuen "Unbestimmten" $z .= xy$ und $t' .= x^{-1}t$; denn damit ist $Dz = 0$, also z zentral, und $[x,t'] = x^{-1}[x,t] = 1$. Nach 4.10 sind die Ideale von $\mathbb{C}[z]\otimes_{\mathbb{C}}\mathbb{A}_1$ zentral erzeugt, und es ist klar, daß das selbe erst recht für $\mathbb{C}[z]\otimes_{\mathbb{C}}(\mathbb{A}_1)_x$ gilt (vgl. 2.10). Zusammen ergeben diese Überlegungen: Das Komplement der abgeschlossenen Menge $V(x)$ in Spec $U(\underline{g})$ wird beschrieben durch

$$\text{Spec } U(\underline{g}) \setminus V(x) = \text{Spec } U(\underline{g})_x = \text{Spec } \mathbb{C}[z].$$

Die Menge $V(x)$ selbst ist homöomorph zum Spektrum von $U(\underline{g})/xU(\underline{g}) = U(\underline{g}/\mathbb{C}x)$, wobei $\underline{g}/\mathbb{C}x$ die nicht-abelsche zweidimensionale Lie Algebra ist. Dieses Spektrum wurde schon in 4.9 durch Spec $\mathbb{C}[t]$ und Spec $\mathbb{C}$ überdeckt.

5.9 Beispiel: Sei $\underline{g}$ die "Diamantalgebra" : $\underline{g} = \mathbb{C}t \oplus \mathbb{C}x \oplus \mathbb{C}y \oplus \mathbb{C}z$ mit $[t,x] = -x$, $[t,y] = y$, $[x,y] = z$ und zentralem z. Der abgeschlossene Unterraum $V(z)$ von Spec $U(\underline{g})$ ist homöomorph zu Spec $U(\underline{g}/\mathbb{C}z)$, dem in 5.8 beschriebenen Raum. Zu betrachten bleibt nur sein Complement, das mit Spec $U(\underline{g})_z$ identifiziert wird. Nach bewährtem Rezept schreiben wir $U(\underline{g})_z$ als Schiefpolynomring und wechseln die Unbestimmte y in $y' .= z^{-1}y$, wie in 5.7:

$$U(\underline{g})_z = \mathbb{C}[z]_z\,[y'][x]_{\frac{\partial}{\partial y'}}[t]_D \cong (\mathbb{C}[z]_z \otimes_{\mathbb{C}} \mathbb{A}_1)[t]_D,$$

wo $D = [t,?]$. Nach 4.10 wissen wir, daß D eine innere Derivation der Weyl-Algebra $\mathbb{A}_1(\mathbb{C}[z]_z)$ sein muß. Es ist nicht schwer, ein "zerfällendes Element" zu erraten: $z^{-1}xy$ zum Beispiel. Denn $zt - xy$ kommutiert

mit x, y, z, t, liegt also im Zentrum, und daraus folgt $D = [z^{-1}xy, ?]$.
Mit der neuen Unbestimmten $t' := t - z^{-1}xy$ wird daher

$$U(\mathfrak{g}) = \mathbb{C}[z]_z\,[t'] \otimes_{\mathbb{C}} A_1 = A_1(\mathbb{C}[z,t']_z).$$

Nach 4.10 folgt jetzt

$$\operatorname{Spec} U(\mathfrak{g}) = \operatorname{Spec} \mathbb{C}[z,t']_z.$$

§ 6 Das Semizentrum

6.1 Eine auflösbare Lie Algebra $\mathfrak{g}$ und eine Restklassenalgebra A von $U(\mathfrak{g})$ nach einem Primideal seien gegeben. Das Semizentrum von A (bezüglich $\mathfrak{g}$), abgekürzt Sz(A), ist der $\mathbb{C}$-Vektorraum, der von den $\mathfrak{g}$-Eigenvektoren in A aufgespannt wird. In der Schreibweise von 5.3 ist also

$$Sz(A) \;.= \sum_{\lambda \in \mathfrak{g}^*} A^\lambda$$

die direkte Summe der Eigenräume A^λ von $\mathfrak{g}$ in A. Da das Zentrum von A gerade der Eigenraum zu $\lambda = 0$ ist, gilt $Z(A) \subseteq Sz(A)$. Das Produkt zweier Eigenvektoren der Eigenwerte λ bzw. μ ist wieder ein Eigenvektor - und zwar zum Eigenwert $\lambda + \mu$, d.h. es gilt $A^\lambda A^\mu \subseteq A^{\lambda+\mu}$ für alle $\lambda, \mu \in \mathfrak{g}^*$. Daher ist Sz(A) eine Unteralgebra von A. Aus Teil a) des folgenden Satzes geht insbesondere hervor, daß Sz(A) eine kommutative Unteralgebra ist (Dixmier [19]).

Mit dem Paar $\mathfrak{g}$, A assoziieren wir ein gewisses Ideal $\mathfrak{g}^\wedge \triangleleft \mathfrak{g}$, definiert als der Durchschnitt $\mathfrak{g}^\wedge \;.= \bigcap_\lambda \ker \lambda$ der Kerne aller Eigenwerte λ von $\mathfrak{g}$ in A. Das Bild von $U(\mathfrak{g}^\wedge)$ in A bezeichnen wir mit $A^\wedge$.

Satz: Mit den angegebenen Bezeichungen gilt:

a) $Sz(A) \subseteq Z(A^\wedge) = Sz(A^\wedge)$.

b) $A = A^\wedge[x_1]_{D_1} \cdots [x_r]_{D_r}$, A ist iterierter Schiefpolynomring über $A^\wedge$, wobei $r = [\mathfrak{g} : \mathfrak{g}^\wedge]$, $\mathfrak{g} = \mathfrak{g}^\wedge + \mathbb{C}x_1 + \ldots + \mathbb{C}x_r$ und D_i die von $[x_i, ?]$ induzierte Derivation ist.

In a) ist dabei das Semizentrum von $A^\wedge$ bezüglich $\mathfrak{g}^\wedge$ gemeint. - Der wesentliche Schritt des Beweises (6.3) ist das folgende Lemma 6.2.

6.2 Seien $\mathfrak{g}$ und A wie in 6.1 gegeben.

Lemma: Sei $0 \neq \lambda \in \mathfrak{g}^*$ Eigenwert von $\mathfrak{g}$ in A. Setze $\mathfrak{g}' \;.= \ker \lambda$ und A' gleich dem Bild von $U(\mathfrak{g}')$ in A. Dann gilt

a) $Sz(A) \subseteq A'$ und

b) $A = A'[x]_D$ ist Schiefpolynomring in $x \in \mathfrak{g} \setminus \mathfrak{g}'$ mit $D = [x,?]|_{A'}$.

Beweis: b) Jedenfalls hat A die Form $A'[x]_D/I$ mit einem Primideal I, das $S := A' \setminus 0$ nicht trifft. Wir lokalisieren nach S und erhalten so $S^{-1}A = (S^{-1}(A'[x]_D))/S^{-1}I = E[x]_D/S^{-1}I$ mit $E := Q(A')$ (5.1, 2.3b), 4.4, 2.5). Angenommen, $I \neq 0$. Dann ist $S^{-1}I$ ($\supseteq I$) ein nicht triviales Ideal des schiefen Polynomrings $E[x]_D$ über dem Schiefkörper E. Deshalb "zerfällt" $E[x]_D$, wird also zentral über E erzeugt (4.7). Dann ist auch $S^{-1}A = E[z]$ mit zentralem $z \in Z(S^{-1}A)$. Nehmen wir einen $\mathfrak{g}$-Eigenvektor $a \in A^{\lambda}$, so kommutiert a nicht nur mit z, sondern auch mit A', nach Konstruktion von A', und daher mit ganz $S^{-1}A$. Daraus folgt $a \in A \cap Z(S^{-1}A) = Z(A) = A^0$ und $\lambda = 0$, im Widerspruch zu $\lambda \neq 0$. Also war $I = 0$.

a) Sei nun $b \in A$ ein $\mathfrak{g}$-Eigenvektor zu irgend einem Eigenwert $\mu \in \mathfrak{g}^*$. Man überlegt sich leicht, daß dann für jedes $u \in A$ das Produkt bu die Form $u'b$ hat mit passendem $u' \in A$. Ist dabei $u \in A'$, so kann auch $u' \in A'$ genommen werden, und ist $u \neq 0$, so auch $u' \neq 0$. Zu jedem $s \in S = A' \setminus 0$ gibt es deshalb ein $s' \in S$ mit $bs^{-1} = s'^{-1}b$. Diese Überlegung ergibt $bS^{-1}A \subseteq S^{-1}Ab$ und eine analoge $S^{-1}Ab \subseteq bS^{-1}A$, so daß $bS^{-1}A = S^{-1}Ab$ ein Ideal $\neq 0$ in dem einfachen (s.o. und 4.7) Ring $S^{-1}A = Q(A')[x]_D$ ist. Es folgt $bS^{-1}A = S^{-1}A$. Ein Vergleich der Grade in x ergibt, daß dies nur mit $b \in Q(A')$ möglich ist. Damit erhält man $Sz(A) \subseteq A \cap Q(A') = A'$. Qed.

6.3 Beweis des Satzes 6.1

b) Wir wenden Induktion nach $\dim \mathfrak{g}$ an. Für $\mathfrak{g} = 0$ und allgemeiner im Falle $\mathfrak{g} = \mathfrak{g}^{\wedge}$ ist nichts behauptet. Sei nun $r = [\mathfrak{g} : \mathfrak{g}^{\wedge}] > 0$. Wähle eine Basis $\lambda_1, \ldots, \lambda_r$ von $\mathfrak{g}^{\wedge\perp} := \{\lambda \in \mathfrak{g}^* | \lambda(\mathfrak{g}^{\wedge}) = 0\}$. Wähle $x_1, \ldots, x_r \in \mathfrak{g}$, so daß $\lambda_i(x_j) = \delta_{ij}$. Wir setzen $\mathfrak{g}' := \ker \lambda_r = \mathfrak{g}^{\wedge} + \mathbb{C}x_1 + \ldots + \mathbb{C}x_{r-1}$ und A' gleich dem Bild von $U(\mathfrak{g}')$ in A, wie im Lemma 6.2. Dann ist einerseits $A = A'[x_r]_{D_r}$ nach 6.2 und anderererseits $A' = A'^{\wedge}[x_1]_{D_1} \cdots [x_{r-1}]_{D_{r-1}}$ nach Induktionsvoraussetzung, wobei $\underline{g}'^{\wedge}$ und $A'^{\wedge}$ analog zu $\underline{g}^{\wedge}$ und $A^{\wedge}$ definiert sind. Aus dem unten angegebenen "Fortsetzungslemma" 6.4 und aus $Sz(A) \subseteq A'$ (6.2) ersieht man nun, daß die Eigenwerte $\lambda' \in \underline{g}'^{*}$ von $\underline{g}'$ in A' genau die Einschränkungen von Eigenwerten $\lambda \in \underline{g}^{*}$ von $\underline{g}$ in A sind. Daraus folgt $\underline{g}'^{\wedge} = \underline{g}^{\wedge}$, $A'^{\wedge} = A^{\wedge}$ und daher $A = A^{\wedge}[x_1]_{D_1} \cdots [x_r]_{D_r}$.

a) In der obigen Überlegung setzen wir nun $A^{(i)}$ gleich dem Bild von $U(\ker \lambda_i)$ in A, so daß $A = A^{(i)}[x_i]_{D_i}$ nach 6.2 ($\forall 1 \leq i \leq r$). Nun erhalten wir

$$Sz(A) \subseteq \bigcap_{1 \leq i \leq r} A^{(i)} = A^{\wedge},$$

ersteres nach 6.2a) und letzteres nach dem schon bewiesenen Teil b) des Satzes. Hieraus folgt unmittelbar $Sz(A) \subseteq Sz(A^{\wedge})$, die erste Hälfte der Behauptung, da jeder $\underline{g}$-Eigenvektor trivialer Weise auch $\underline{g}^{\wedge}$-Eigenvektor ist. - Um die zweite Hälfte, $Sz(A^{\wedge}) = Z(A^{\wedge})$, zu beweisen, geben wir einen Eigenwert $\lambda^{\wedge} \in \underline{g}^{\wedge *}$ von $\underline{g}^{\wedge}$ in $A^{\wedge}$ vor. Da $\underline{g}^{\wedge} \triangleleft \underline{g}$ Ideal und $A^{\wedge}$ eine Summe endlich-dimensionaler $\underline{g}$-Untermoduln ist, gibt es nach 6.4 (s.u.) einen Eigenwert $\lambda \in \underline{g}^{*}$ von $\underline{g}$ in $A^{\wedge}$, der auf $\underline{g}^{\wedge}$ mit $\lambda^{\wedge}$ übereinstimmt. Aber nach Konstruktion ist $\lambda(\underline{g}^{\wedge}) = 0$, so daß $\lambda^{\wedge} = \lambda|_{\underline{g}^{\wedge}} = 0$. Das beweist $Sz(A^{\wedge}) = (A^{\wedge})^{0} = Z(A^{\wedge})$. Qed.

<u>6.4</u> <u>Lemma</u> (Fortsetzung von Eigenwerten): <u>Eine auflösbare Lie Algebra</u> $\underline{g}$, <u>ein endlich-dimensionaler</u> $\underline{g}$<u>-Modul</u> M <u>und ein Ideal</u> $\underline{a} \triangleleft \underline{g}$ <u>seien gegeben</u>. <u>Zu jedem Eigenwert</u> α <u>von</u> $\underline{a}$ <u>in</u> M <u>gibt es einen Eigenwert</u> λ <u>von</u> $\underline{g}$ <u>in</u> M, <u>der</u> α <u>fortsetzt</u>. <u>Das heißt</u> $\alpha = \lambda|_{\underline{a}}$.

<u>Beweis:</u> Wir wissen schon, daß der $\underline{a}$-Eigenraum $M^{\alpha}(\neq 0)$ zu α ein $\underline{g}$-Untermodul von M ist (5.3). Da $\underline{g}$ auflösbar ist, gibt es einen $\underline{g}$-Eigenvekotr in M^{α}. Der zugehörige Eigenwert $\lambda \in \underline{g}^{*}$ setzt α fort. Qed.

6.5 Sei wieder $\underline{g}$ auflösbar, und $A = U(\underline{g})/I$ mit einem Primideal I. Die Nützlichkeit des Semizentrums $Sz(A)$ für unsere Ziele ergibt sich auch aus der folgenden Beschreibung des Herzens (3.1) $H(I) .= Z(Q(A))$ mittels $Sz(A)$.

Lemma: a) *Zu jedem $\underline{g}$-Eigenvektor $e \in Q(A)$ gibt es $\underline{g}$-Eigenvektoren $a, b \in A$, so daß $e = b^{-1}a$.*

b) *Insbesondere ist $H(I) = Z(Q(A)) \subseteq Q(Sz(A))$.*

Beweis: a) Setze $I .= \{b \in A \mid be \in A\}$. Das ist offensichtlich ein Linksideal $\neq 0$ in A. Ist λ der zu e gehörige Eigenwert, so hat man

$$bx_1 \ldots x_n e = bx_1 \ldots x_{n-1} e x_n + \lambda(x_n)\, bx_1 \ldots x_{n-1} e$$

für jedes Monom $x_1 \ldots x_n$ von Elementen x_i aus dem Bild von $\underline{g}$ in A. Mittels Induktion ergibt sich daraus, daß I auch Rechtsideal in A ist. Folglich enthält I einen $\underline{g}$-Eigenvektor b. - Teil b) der Behauptung folgt direkt aus a). Qed.

6.6 Sei M ein (über $\mathbb{C}$) endlicher $\underline{g}$-Modul mit der Kompositionsreihe

$$0 = M \subset M_1 \subset M_2 \subset \ldots \subset M_m = M$$

von $\underline{g}$-Untermoduln M_i. Das soll heißen, daß die M_i/M_{i-1} sämtlich einfache $\underline{g}$-Moduln sind. Diese "Kompositionsfaktoren" M_i/M_{i-1} sind nach Jordan-Hölder bis auf die Reihenfolge (und Isomorphie) eindeutig bestimmt. Ist $\underline{g}$ auflösbar, so sind sie alle eindimensional, also durch Linearformen $\lambda_i \in \underline{g}^*$ gegeben. Diese eindeutig bestimmten m Linearformen $\lambda_1, \ldots, \lambda_m$ heißen die *Jordan-Hölder-Werte* von $\underline{g}$ in M. Sie brauchen nicht alle verschieden zu sein. - Ist N ein zweiter endlicher $\underline{g}$-Modul mit Jordan-Hölder-Werten $\mu_1, \ldots, \mu_n \in \underline{g}^*$, so hat $M \otimes_{\mathbb{C}} N$ als Jordan-Hölder-Werte die mn Summen $\lambda_i + \mu_j$. - Spezielle Jordan-Hölder-Werte von $\underline{g}$ in M sind die *$\underline{g}$-Eigenwerte.*

Speziell seien jetzt $\lambda_1, \ldots, \lambda_r$ die Jordan-Hölder-Werte von $\underline{g}$ in $\underline{g}$. Das n-fache Tensorprodukt $\underline{g} \otimes \underline{g} \otimes \ldots \otimes \underline{g}$ hat dann die n-

gliedrigen Summen der λ_i als Jordan-Hölder-Werte. Darunter befinden sich alle Jordan-Hölder-Werte von $\mathfrak{g}$ in $\mathfrak{g}^n$, dem Bild von $\mathfrak{g}\otimes\ldots\otimes\mathfrak{g}$ in $U(\mathfrak{g})$. Daraus folgt, daß insbesondere alle $\mathfrak{g}$-Eigenwerte λ in $U(\mathfrak{g})$ die Form $\lambda = n_1\lambda_1 + \ldots + n_r\lambda_r$ haben mit natürlichen n_i. Dieser Sachverhalt vererbt sich auf alle Restklassenalgebren A von $U(\mathfrak{g})$. D.h. : Die Eigenwerte von $\mathfrak{g}$ in A liegen sämtlich in der endlich erzeugten Untergruppe $\mathbb{Z}\lambda_1 + \ldots + \mathbb{Z}\lambda_r$ von $\mathfrak{g}^*$.

Sei Λ (oder $\Lambda^{\mathfrak{g}}(A)$) die Untergruppe von $\mathfrak{g}^*$, welche die Eigenwerte von $\mathfrak{g}$ in A erzeugen. Die obige Überlegung zeigt, daß Λ endlich erzeugter $\mathbb{Z}$-Modul ist.

6.7 Sei wieder A eine Restklassenalgebra von $U(\mathfrak{g})$ nach einem Primideal, und $\mathfrak{g}$ sei auflösbar. Wir wollen Einblick in die Struktur des Semizentrums $Sz(A)$ gewinnen. Für einen $\mathfrak{g}$-Eigenvektor $e \in A$ gilt $eA = Ae$, so daß A_e, die "Lokalisierung" von A bezüglich e, existiert (2.3a)). - Sei $\Lambda = \Lambda^{\mathfrak{g}}(A)$ wie in 6.6 definiert, und sei $\lambda_1,\ldots,\lambda_r$ eine $\mathbb{Z}$-Basis von Λ. Dann gibt es Eigenwerte $\mu_1,\ldots,\mu_m$ von $\mathfrak{g}$ in A, so daß

$$\lambda_i = n_{i1}\mu_1 + \ldots + n_{im}\mu_m$$

ist mit passenden $n_{ij} \in \mathbb{Z}$. Zu jedem j fixieren wir einen Eigenvektor $e_j \in A^{\mu_j}$. Wir setzen $e := e_1 e_2 \ldots e_m$ und

$$b_i := e_1^{n_{i1}} e_2^{n_{i2}} \ldots e_m^{n_{im}} \in A_e.$$

Dann ist offensichtlich $b_i \in A_e^{\lambda_i}$, und der Algebrahomomorphismus

$$\phi : Z(A_e) \otimes \mathbb{C}[X_1, X_1^{-1};\ldots; X_r, X_r^{-1}] \longrightarrow Sz(A_e) = Sz(A)_e,$$

der das Zentrum $Z(A_e)$ identisch und X_i auf b_i abbildet, ist ein Isomorphismus. Das Semizentrum $Sz(A)$ geht also bei Lokalisierung nach einem geeigneten Eigenvektor e über in die Gruppenalgebra $Z(A_e)[\Lambda]$ der freien abelschen Gruppe Λ vom endlichen Rang r über dem Ring $Z(A_e)$.

Die damit gewonnene Beschreibung des Semizentrums läßt eine Anwendung zu, die sich in den späteren Kapiteln als äußerst nützlich erweisen wird, nämlich die folgende <u>Kennzeichnung der primitiven Ideale</u>.

<u>Satz</u> (Dixmier): <u>Für ein Primideal</u> I <u>in der Einhüllenden</u> $U = U(\underline{g})$ <u>einer auflösbaren Lie-Algebra</u> $\underline{g}$ <u>sind folgende Aussagen äquivalent</u>:

(i) I <u>ist primitiv</u>.

(ii) I <u>ist rational</u> (d.h. $H(I) := Z(Q(U/I)) = \mathbb{C}$).

(iii) I <u>ist lokal-abgeschlossen</u> (als Punkt des Raumes $\operatorname{Spec} U$).

<u>Beweis</u>: (iii)$\Longrightarrow$(i)$\Longrightarrow$(ii) sind uns schon bekannt, selbst unter viel schwächeren Voraussetzungen (Korollar 1.5 bzw. Satz 3.3). Die eigentliche Aussage des Satzes ist daher (ii)$\Longrightarrow$(iii). Um dies zu beweisen, wählen wir einen $\underline{g}$-Eigenvektor e in $A := U/I$ wie am Anfang dieses Abschnitts 6.7. Als $\underline{g}$-Modul ist A_e dann Vereinigung endlichdimensionaler Teilmoduln, denn dies gilt offenbar für alle $\underline{g}$-Untermoduln $e^{-n}A \subseteq A_e$. Folglich enthält jedes Ideal $0 \neq J \triangleleft A_e$ einen $\underline{g}$-Eigenvektor; mit anderen Worten: Es erfüllt $J \cap Sz(A)_e \neq 0$. Wegen $Z(A_e) \subseteq H(I) = \mathbb{C}$ haben wir andererseits $Sz(A)_e = \mathbb{C}[X_1, X_1^{-1}, \ldots, X_r, X_r^{-1}]$ mit $[g, X_i] = \lambda_i(g)X_i$, $\forall g \in \underline{g}$. Jedes $\underline{g}$-stabile Ideal $\neq 0$ von $Sz(A_e)$ wird durch $\underline{g}$-Eigenvektoren, also durch (invertierbare) Monome $X_1^{n_1} \ldots X_r^{n_r}$ erzeugt. Aus $J \neq 0$ folgt deshalb $1 \in J \cap Sz(A)_e$ und $J = A_e$. Folglich ist A_e eine einfache Algebra!

Das Element e liegt daher in jedem der Primideale $\neq 0$ von A. Für ein Urbild $c \in U$ von e in U bedeutet das: $c \in P$ für jedes Primideal $P \supsetneqq I$. Also ist $\{I\} = V(I) \setminus V(c)$ lokal-abgeschlossen (vgl. die Definition 1.5). Qed.

6.8 Der Satz 6.1 führt die Beschreibung der primen Restklassenalgebra A teilweise auf die von $A^\wedge$ zurück, wobei $Sz(A^\wedge) = Z(A^\wedge)$ gilt, und lenkt daher unser besonderes Interesse auf den Fall $Sz(A) = Z(A)$.

Satz (Borho): Sie $\mathfrak{g}$ auflösbare Lie Algebra. Sei $A = U(\mathfrak{g})/I$ mit einem Primideal I. Angenommen, $Sz(A) = Z(A)$, d.h. $\mathfrak{g}$ operiere auf A ohne Eigenwerte $\neq 0$.

1) Dann gibt es $e \in Z(A)$, so daß $A_e = Z(A)_e \otimes_{\mathbb{C}} \mathbb{A}_n$ ist mit passendem $n \in \mathbb{N}$. Insbesondere ist $Z(A)_e = Z(A_e)$ endlich erzeugte $\mathbb{C}$-Algebra.

2) Ist überdies $\mathfrak{g} \triangleleft \mathfrak{h}$ Ideal in einer auflösbaren Lie Algebra $\mathfrak{h}$, die I stabil läßt, so kann e als $\mathfrak{h}$-Eigenvektor gewählt werden.

3) Ist $\mathfrak{t} \subseteq \mathfrak{h}$ eine Unteralgebra, die auf $\mathfrak{g}$ halbeinfach operiert, so können die Erzeugenden $x_1,\dots,x_n, y_1,\dots, y_n \in \mathbb{A}_n = 1 \otimes \mathbb{A}_n \subseteq A_e$ (4.10) als $\mathfrak{t}$-Eigenvektoren gewählt werden.

Die Voraussetzung $Sz(A) = Z(A)$ ist z.B. bei nilpotenten $\mathfrak{g}$ immer erfüllt, so daß 1) eine wichtige Anwendung im nilpotenten Fall hat (6.11). Die Zusatzbehauptung 2) dient vor allem beweistechnischen Zwecken. Die Nützlichkeit des etwas weniger harmlosen Zusatzes 3) hingegen wird erst im §8 klar werden. – Für den Beweis des obigen Satzes benötigen wir das sogenannte "Lemma von Taylor", das wir deshalb vorausschicken.

6.9 Ein Endomorphismus $D : B \longrightarrow B$ des Vektorraums B heißt lokal nilpotent, wenn zu jedem $b \in B$ ein $n \in \mathbb{N}$ existiert, so daß $D^n b = 0$ ist. – Ist z.B. $\mathfrak{g}$ eine nilpotente Lie-Algebra und $D = [x,?]$ die durch ein $x \in \mathfrak{g}$ definierte innere Derivation von $U(\mathfrak{g})$, dann ist D lokal nilpotent.

Taylor-Lemma: Sei B eine $\mathbb{C}$-Algebra mit einer lokal-nilpotenten Derivation D. Es gebe ein $z \in Z(B)$ mit $Dz = 1$. Sei $\bar{\ } : B \longrightarrow B/Bz$ der kanonische Homomorphismus. Dann ist B isomorph einem Polynomring *in einer Unbestimmten* y *vermöge* $\phi : B \xrightarrow{\sim} \bar{B}[y]$,

$$(*) \qquad \phi(b) := \bar{b} + y\,\overline{Db} + \frac{1}{2!}\,y^2\,\overline{D^2 b} + \frac{1}{3!}\,y^3\,\overline{D^3 y} + \dots .$$

Der Isomorphismus ϕ *hat die Eigenschaft* $\phi D = \frac{d}{dy}\,\phi$.

Beispiel: Im Falle $B = \mathbb{C}[x]$ kann man $D = \frac{d}{dx}$ und $z = x$ wählen. Dann ist $\bar{b}$ der "Wert des Polynoms $b \in B$ an der Stelle 0", und $(*)$ ist offenbar die Taylorsche Entwicklung von b im üblichen Sinne.

Beweis des Taylor-Lemmas: ϕ ist eine wohldefinierte $\mathbb{C}$-lineare Abbildung, da die Summe $(*)$ abbricht. Sie ist multiplikativ : Für $a, b \in B$ gilt

$$\phi(a)\phi(b) = (\Sigma \frac{1}{\nu!}\,y^\nu\,\overline{D^\nu a}\,)(\Sigma \frac{1}{\mu!}\,y^\mu\,\overline{D^\mu b}\,) = \sum_n y^n \sum_{\nu=0}^{n} \frac{1}{\nu!}\,\frac{1}{(n-\nu)!}\,\overline{D^\nu a}\,\overline{D^{n-\nu} b}$$

$$= \Sigma\,\frac{1}{n!}\,y^n\,\overline{\sum_{0 \leq \nu \leq n} \binom{n}{\nu} D^\nu a\, D^{n-\nu} b} = \Sigma\,\frac{1}{n!}\,y^n\,\overline{D^n(ab)} = \phi(ab).$$

Die Formel $\phi\,(Da) = \frac{d}{dy}\,\phi(a)$, $\forall a \in B$, ist trivial. Um schließlich zu sehen, daß ϕ Isomorphismus ist, geben wir eine Umkehrabbildung ψ an durch

$$\psi(y) := z \quad \text{und} \quad \psi(\bar{b}) := \Sigma\,\frac{1}{n!}\,(-z)^n\,D^n b, \quad \forall b \in B.$$

Wegen $Dz = 1$ ist ψ wohldefiniert, wie folgende Rechnung zeigt:

$$\Sigma\,\frac{1}{n!}(-z)^n\,D^n(bz) = \Sigma\frac{1}{n!}\,(-z)^n \sum_{\nu=0}^{n} \binom{n}{\nu}\,D^\nu b\,D^{n-\nu} z =$$

$$\Sigma\,\frac{1}{n!}\,(-z)^n\,((D^n b)z + nD^{n-1} b) = 0$$

für alle $b \in B$. Schließlich verifiziert man $\psi\phi = id_B$ und $\phi\psi = id_{\bar{B}[y]}$ mit ähnlichen Rechnungen. Qed.

Korollar: Für den mittels D verschränkten Schiefpolynomring über B gilt

$$B[x]_D \cong (\bar{B}[y]\,[x]_{\frac{d}{dy}} \cong \bar{B} \otimes_{\mathbb{C}} \mathbb{C}[y]\,[x]_{\frac{d}{dy}} =)\quad \bar{B} \otimes \mathbb{A}_1 .$$

6.10 Beweis des Satzes 6.8 durch Induktion nach dim $\underline{g}$. Für $\underline{g} = 0$ ist nichts zu beweisen ($n = 0$ und $e = 1$). Sei nun $\underline{g}' \triangleleft \underline{g}$ ein $\underline{h}$-Untermodul der Codimension eins in $\underline{g}$. Seien A' das Bild von $U(\underline{g}')$ in A und $Z' := Z(A')$. Mit dem Fortsetzungslemma (6.4) folgt aus $Sz(A) = Z(A)$ auch $Sz(A') = Z(A')$. Nach Induktionsvoraussetzung gibt es daher einen $\underline{h}$-Eigenvektor $e' \in Z'$, so daß $A'_{e'} = Z'_{e'} \otimes A_{n'}$ ist mit passendem $n' \in \mathbb{N}$ und "Weyl-Algebra-Erzeugenden" $x_1,\ldots,x_{n'},y_1,\ldots,y_{n'}$, die Eigenvektoren unter der Operation von $\underline{t}$ sind. - Sei $x \in \underline{g} \setminus \underline{g}'$, und sei $D = [x,?]$ die von x auf A' induzierte Derivation. Nach dem PBW-Theorem ist $A_{e'}$ homomorphes Bild von $A'_{e'}[x]_D$. Man beachte, daß stets $De' = 0$ ist, denn als $\underline{h}$-Eigenvektor ist e' auch $\underline{g}$-Eigenvektor, also $e' \in Sz(A) = Z(A)$. Zwei Fälle sind zu unterscheiden, von denen der erste fast trivial ist.

1. Fall $DZ' = 0$. Dann ist auch $DZ'_{e'} = 0$. Als Derivation der Weyl-Algebra $A'_{e'}$, die auf dem Zentrum $Z'_{e'}$ verschwindet, muß D innere Derivation sein (4.10), etwa $D = [d,?]$, $d \in A'_{e'}$. Dann ist $A_{e'} = A'_{e'}[z]$ zentral erzeugt über $A'_{e'}$, nämlich durch das Bild z von $x - d$. Daher ist

$$A_{e'} = A'_{e'}[z] = Z'_{e'}[z] \otimes A_{n'} = Z(A)_e \otimes A_n$$

mit $e = e'$, $n = n'$ und Zentrum $Z(A)_e = Z'_{e'}[z]$, welches (mit $Z'_{e'}$) wieder endlich erzeugt ist. Für diesen Fall ist der Beweis damit beendet.

2 Fall: $DZ' \neq 0$. Als Zentrum ist Z' D-stabil (sogar $\underline{h}$-stabil, 4.1). Wir zeigen, daß D lokal-nilpotent operiert auf Z' und damit auch auf $Z'_{e'}$, (wie oben gezeigt, ist $De' = 0$). Jedes Element $z \in Z'$ ist nämlich in einem endlich-dimensionalen $\underline{g}$-Untermodul $M \subseteq Z'$ gelegen, und würde D auf M nicht nilpotent operieren, so gäbe es einen D-Eigenvektor $a \in M$ mit Eigenwert $\neq 0$. Dieses a wäre aber schon ein $\underline{g}$-Eigenvektor (wegen $[\underline{g}',Z'] = 0$, $\underline{g} = \underline{g}' + \mathbb{C}x$ und $D = [x,?]$) zu einem Eigenwert $\neq 0$, im Widerspruch zu $Sz(A) = Z(A)$. Tatsächlich

operiert D also lokal-nilpotent auf $Z'_{e'}$.

Bevor wir das Taylor-Lemma anwenden, treffen wir noch eine Reihe von Vorbereitungen. Zunächst eine "Variante" von 4.10b):

<u>Lemma</u>: Sei $A = Z \otimes_{\mathbb{C}} \mathbb{A}_n$ eine Weyl-Algebra über der kommutativen $\mathbb{C}$-Algebra Z. Zu jeder Derivation D von A gibt es ein Element $d \in A$, so daß für $\tilde{D} .= D - [d,?]$ gilt: $\tilde{D}(1 \otimes \mathbb{A}_n) = 0$ und $\tilde{D}|_{Z \otimes 1} = D|_{Z \otimes 1}$.

Das letztere gilt natürlich automatisch. Zum Beweis des Lemmas <u>definieren</u> wir $\tilde{D}$ durch $\tilde{D}(z \otimes a) = (Dz) \otimes a$. Das ist eine Derivation von A. Da $D - \tilde{D}$ auf $Z \otimes 1$ verschwindet, ist $D - \tilde{D} = [d,?]$ mit passendem $d \in A$ (4.10b)). Das <u>beweist</u> das Lemma.

Dieses Lemma liefert uns ein $d \in A'_{e'}$, so daß mit $\tilde{D} .= D - [d,?]$ und $\tilde{x} .= x - d$

$$A'_{e'}[x]_D = A'_{e'}[\tilde{x}]_{\tilde{D}} = Z'_{e'}[\tilde{x}]_{\tilde{D}} \otimes \mathbb{A}_{n'} = Z'_{e'}[\tilde{x}]_D \otimes \mathbb{A}_{n'}$$

wird. Wir brauchen nur noch die Unteralgebra $Z'_{e'}[\tilde{x}]_D$ näher zu betrachten (wobei D kurz für die Restriktion von D steht). Wir behaupten, daß DZ' ein $\underline{h}$-Untermodul von Z' ist: Da $\underline{g}$ nämlich Ideal in $\underline{h}$ ist, ergibt sich

$$[\underline{h},DZ'] = [\underline{h},[x,Z']] \subseteq [[\underline{h},x],Z'] + [x,[\underline{h},Z']] \subseteq$$
$$[g,Z'] + [x,Z'] = DZ',$$

aus $\underline{g} = \underline{g}' + \mathbb{C}x$ und $[\underline{g}',Z'] = 0$. - Da $\underline{h}$ auflösbar vorausgesetzt ist, gibt es einen $\underline{h}$-Eigenvektor $0 \neq v \in DZ'$. Dieses v ist insbesondere ein $\underline{g}$-Eigenvektor, so daß $v \in Sz(A) = Z(A)$ und deshalb $Dv = 0$. - Weiter ist auch $V .= \{u \in Z' \mid Du \in \mathbb{C}v\}$ ein $\underline{h}$-Untermodul, denn aus $u \in V$ folgt

$$D[\underline{h},u] = [x,[\underline{h},u]] \subseteq [[x,\underline{h}],u] + [\underline{h},[x,u]] \subseteq [\underline{g},u] + [\underline{h},v]$$
$$\subseteq [\underline{g}' + \mathbb{C}x,u] + \mathbb{C}v = \mathbb{C}Du + \mathbb{C}v = \mathbb{C}v.$$

Insbesondere ist V $\underline{t}$-stabil. Nach Voraussetzung wirkt $\underline{t}$ halbeinfach auf $\underline{g}$, also auch auf $U(\underline{g})$ und auf A und insbesondere auf V.

Das heißt: Der Verktorraum V wird von $\underline{t}$-Eigenvektoren aufgespannt. Auf Grund dieser Überlegung können wir unser v in der Gestalt $v = Du$ annehmen mit einem $\underline{t}$-Eigenvektor $u \in Z'$.

Jetzt nehmen wir $e .= e'v \in Z'$ als den $\underline{h}$-Eigenvektor, von dem im Satz die Rede ist, so daß $A'_e = (A'_{e'})_v$, und innerhalb Z'_e setzen wir $y .= y_n .= v^{-1}u$. Dann ist $Dy = v^{-1}Du = 1$. Da D lokal-nilpotent auf Z'_e operiert ($De = 0$), ist das Taylor-Lemma anwendbar. Es liefert uns

$$Z'_e[\tilde{x}]_D \cong (Z'_e/\langle y\rangle)[Y][\tilde{x}]_{\frac{d}{dy}} \cong (Z'_e/\langle y\rangle) \otimes \mathbb{A}_1),$$

also

$$A'_e[x]_D = Z'_e[\tilde{x}]_D \otimes \mathbb{A}_{n'} = Z \otimes \mathbb{A}_n$$

mit $n .= n' + 1$ und endlich erzeugtem $Z .= Z(A'_e[x]_D) \cong Z'_e/\langle y\rangle$. Jetzt ist klar, daß jedes Ideal $\neq 0$ von $A'_e[x]_D$ mit A'_e Durchschnitt $\neq 0$ hat (4.10 c)). Insbesondere kann A_e kein "echtes" homomorphes Bild von $A'_e[x]_D$ sein, d.h. wir haben

$$A_e = A'_e[x]_D = Z(A_e) \otimes \mathbb{A}_n.$$

Damit sind 1.) und 2.) des Satzes bewiesen. Außerdem ist $y_n = y$ schon ein $\underline{t}$-Eigenvektor. Um 3.) zu beweisen, brauchen wir uns nurmehr zu überlegen, daß wir auch das $\tilde{x} = x - d$ unserer obigen Überlegung als einen $\underline{t}$-Eigenvektor wählen konnten. Da $\underline{t}$ halbeinfach auf $\underline{g}$ operiert, konnten wir jedenfalls x ($\in \underline{g} \setminus \underline{g}'$) ohne Einschränkung als $\underline{t}$-Eigenvektor annehmen, etwa zum Eigenwert $\lambda \in \underline{t}^*$. Das Element $d \in A'_{e'}$ war dann irgendwie zu wählen, so daß nur

$$(*) \qquad [d,w] = Dw = [x,w] \qquad (\forall w \in 1 \otimes \mathbb{A}_{n'} \subseteq A'_{e'})$$

gilt für alle Elemente w der Weyl-Unter-Algebra, welche $y_1,\dots,y_{n'}$ und $x_1,\dots,x_{n'}$ erzeugen. Da $M .= A'_{e'}$ ein halbeinfacher $\underline{t}$-Modul ist, besitzt d eine eindeutige Darstellung

$$d = \sum_{\alpha \in \underline{t}^*} d^\alpha$$

mit $\underline{t}$-Eigenvektoren $d^\alpha \in M^\alpha$ zum Eigenwert α. - Sei nun

$w \in \{y_1,\dots,y_{n'},x_1,\dots,x_{n'}\}$ eines der $2n'$ Erzeugenden. Nach Induktionsvoraussetzung ist w ein $\underline{t}$-Eigenvektor, etwa $w \in M^{\mu}$. Dann liegen xw, wx und somit auch $[x,w]$ in $M^{\lambda+\mu}$, und ebenso $[d^{\alpha},w] \in M^{\alpha+\mu}$. Das ergibt einerseits nach (✱)

$$[d-d^{\lambda},w] = [x-d^{\lambda},w] = [x,w] - [d^{\lambda},w] \in M^{\lambda+\mu},$$

andererseits aber

$$[d-d^{\lambda},w] = [\sum_{\alpha\neq\lambda} d^{\alpha},w] = \sum_{\alpha\neq\lambda} [d^{\alpha},w] \in \sum_{\alpha\neq\lambda} M^{\alpha+\mu},$$

was nur möglich ist, falls

$$d[d-d^{\lambda},w] = 0 = [x-d^{\lambda},w].$$

Wir sehen also: Genügt d der Bedingung (✱), so auch d^{λ}. Deshalb konnten wir o.E. $d=d^{\lambda}$ schon selbst als $\underline{t}$-Eigenvektor wählen, und zwar zum selben Eigenwert $\lambda \in \underline{t}^*$ wie x, so daß $\tilde{x} = x-d$ ein $\underline{t}$-Eigenwert wird, wie wir es haben wollten. Es ist klar, daß die übrigen Teile des Beweises durch diese besondere Wahl von $\tilde{x}$ nicht gestört werden. Auf diese Weise erhält man am Ende der obigen Überlegung auch $\tilde{x} =. x_n$ als $\underline{t}$-Eigenvektor. Qed.

<u>6.11</u> Ist speziell $\underline{g}$ <u>nilpotent</u>, so operiert $\underline{g}$- lokal-nilpotent auf $U(\underline{g})$ und daher auf jeder Restklassenalgebra $A = U(\underline{g})/I$. Insbesondere ist die Voraussetzung $Sz(A) = Z(A)$ unseres Satzes (6.8) für jedes Primideal I erfüllt, so daß für passendes $z \in Z(A)$ die Lokalisierung A_z eine Weyl-Algebra ist. Als Anwendung erhalten wir eine Kennzeichnung der primitiven Ideale unter den Primidealen [18].

<u>Korollar</u> (Dixmier): <u>Sei $\underline{g}$ nilpotente Lie Algebra, und sei I ein Primideal von $U(\underline{g})$. Setze $A = U(\underline{g})/I$. Folgende Aussagen sind äquivalent</u>.

(i) I <u>ist primitiv</u>.

(ii) $Z(A) = \mathbb{C}$.

(iii) $A \cong \mathbb{A}_n$ <u>für passendes</u> n.

(iv) I <u>ist maximal</u>.

Beweis: Nach 6.8 haben wir $A_z = Z \otimes A_n$ mit passendem $z \in Z(A) \setminus 0$ und $n \in \mathbb{N}$ und mit der endlich-erzeugten kommutativen $\mathbb{C}$-Algebra $Z := Z(A)_z$. - Aus $Z(A) = \mathbb{C}$ folgt $z \in \mathbb{C}$ und damit $A = A_z = A_n$ nach der angegebenen Formel. Also gilt (ii)$\Longrightarrow$(iii). Da A_n einfach ist (4.10) gilt (iii)$\Longrightarrow$(iv), und (iv)$\Longrightarrow$(i) ist trivial. - Sei schließlich I primitiv, d.h. A habe einen treuen einfachen A-Modul M. Wegen $Z(A) \subseteq \mathrm{End}_A M$ gilt dann $Z(A) = \mathbb{C}$ (Lemma 3.3). Das beweist (i)$\Longrightarrow$(ii). Qed.

Bemerkung:

Im nilpotenten Fall war der Satz 6.8,1.), schon länger bekannt [50]. Man beachte aber, daß die Voraussetzung $Sz(A) = Z(A)$ keinesfalls die Nilpotenz der auflösbaren Lie Algebra $\mathfrak{g}$ (oder ihres Bildes $\mathfrak{g}$ in A) impliziert.

Beispiel: Seien $\mathfrak{g} = \mathbb{C}t + \mathbb{C}x + \mathbb{C}y + \mathbb{C}z$ die Diamantalgebra (5.9) und $A = U(\mathfrak{g})$. In den Bezeichnungen von 5.9 lautete das Ergebnis der dortigen Rechnung

$$Z(A)_z = \mathbb{C}[z,t']_z \quad \text{mit} \quad t' = t - z^{-1}xy$$

und

$$A_z = Z(A)_z\,[y][x]_{\frac{\partial}{\partial y}} = Z(A)_z \otimes A_1 .$$

Ein Eigenvektor von $\mathfrak{g}$ in A_z ist insbesondere einer von $\mathfrak{g}' := \mathbb{C}x + \mathbb{C}y + \mathbb{C}z$ und muß deshalb offensichtlich in $Z(A)_z$ liegen. Es folgt

$$Sz(A) = Z(A).$$

6.12 Keine der drei Kennzeichnungen primitiver Ideale von Satz 6.11 bleibt im auflösbaren Fall erhalten. Wir haben in 6.7 gezeigt, wie man (ii) und (iv) abzuschwächen hat, um auch im auflösbaren Fall Kennzeichnungen der primitiven Ideale zu erhalten. Eine Beschreibung der Struktur der Restklassenalgebren, die ähnlich präzise ist wie (iii), werden wir allerdings nicht mehr für beliebige auflösbare $\mathfrak{g}$ erhalten, sondern nur noch für die sogenannten algebraischen (8.3).

Wir wollen hier nur etwas näher auf eine Frage von R. Baer eingehen, und zeigen, daß im auflösbaren Fall die Kennzeichnung durch (iii), die Maximalität, nicht bestehen bleibt. Wir behaupten genauer:

Jede nicht-nilpotente Lie Algebra $\underline{g}$ hat in ihrer Einhüllendenden ein nicht-maximales primitives Ideal.

Im nicht-auflösbaren Fall besitzt $\underline{g}$ immer eine einfache Restklassenalgebra, und im auflösbaren nicht-nilpotenten Fall stets eine zweidimensionale nicht-abelsche - nach dem unten stehenden Lemma. Danach brauchen wir unsere Behauptung nur für einfache Lie Algebren zu belegen, sowie für $\underline{g} = \mathbb{C}x \oplus \mathbb{C}y$ mit $[x,y] = y$! Im letzteren Fall ist das Nullideal primitiv, aber nicht maximal (4.9 und 6.7). - Sei nun $\underline{g}$ einfach! Sei Z das Zentrum von $U(\underline{g})$, und sei $J := U(\underline{g})\underline{g}$. Nach [22], Theorem 1, Korollar 2 ist $U(\underline{g})(Z \cap J)$ primitiv und echt in J enthalten.

Damit ist unsere Behauptung bewiesen bis auf das

Lemma: Jede auflösbare nicht-nilpotente Lie Algebra $\underline{g}$ besitzt eine Restklassenalgebra der Gestalt $\mathbb{C}x \oplus \mathbb{C}y$ mit $[x,y] = y$.

Beweis: Wir können ohne Einschränkung annehmen, daß jede echte Restklassenalgebra von $\underline{g}$ nilpotent ist, doch müssen wir dann zeigen, daß $\underline{g}$ die angegebene zweidimensionale Lie Algebra ist.

Das Zentrum $\underline{c}$ von $\underline{g}$ ist sicher null, denn sonst wäre mit $\underline{g}/\underline{c}$ auch $\underline{g}$ nilpotent. Es seien nun $\underline{a} \subseteq \underline{b}$ zwei Ideale von $\underline{g}$ mit $\dim \underline{a} = 1$, $\dim \underline{b} = 2$. Da $\underline{g}/\underline{a}$ nilpotent ist, ist $\underline{b}/\underline{a}$ zentral in $\underline{g}/\underline{a}$, d.h. es ist $[y,b] \in \underline{a}$, $\forall y \in \underline{g}$, $\forall b \in \underline{b}$. Insbesondere können wir eine Abbildung $\chi : [\underline{g},\underline{g}] \longrightarrow \underline{a}$ mittels $\chi(x) := [x,b] \in \underline{a}$ definieren, wobei $b \in \underline{b} \setminus \underline{a}$ fest gewählt sei. Für beliebige $y \in \underline{g}$ erhalten wir somit $[y, \chi(x)] = [y,[x,b]] = [[y,x],b] + [x[y,b]] = [[y,x], b] = \chi([y,x])$, denn $[y,b]$ liegt in $\underline{a}$, und jedes $x \in [\underline{g}, \underline{g}]$ verschwindet auf der eindimensionalen Darstellung $\underline{a}$ von $\underline{g}$. Mit anderen Worten, χ ist ein $\underline{g}$-Modulhomomorphismus. Dieser ist $\neq 0$, denn sonst wäre $\underline{b}$ zentral. Folglich ist $[\underline{g}, \underline{g}]/\ker \chi$ isomorph zu $\underline{a}$, einem nicht-trivialen $\underline{g}$-Modul. Dies hat zur Folge daß $\underline{g}/\ker \chi$ nicht nilpotent, daß also $\ker \chi = 0$ und $\dim [\underline{g}, \underline{g}] = 1$ ist.

Es sei $0 \neq \lambda \in \underline{g}^*$ der Eigenwert von $\underline{g}$ zum Eigenraum $[\underline{g}, \underline{g}]$. Es sei ferner $x \in \underline{g}$, derart daß $\lambda(x) = 1$, also daß $[x,y] = y$, $\forall y \in [\underline{g},\underline{g}]$. Aus $u,v \in \ker \lambda$ folgt $[u,v] = [x,[u,v]] = [[x,u],v] + [u,[x,v]] = -\lambda(v)[x,u] + \lambda(u)[x,v] = 0$. Folglich ist das Ideal $\ker \lambda$ kommutativ, und der Durchschnitt $\underline{d} = \ker \lambda \cap \ker[x,?]$ ist wegen $[\underline{g},\underline{d}] = [\ker \lambda, \underline{d}] + [\mathbb{C}x, \underline{d}] = 0$ zentral in $\underline{g}$. Dies ist nur mit $\underline{d} = \ker \lambda \cap \ker[x,?] = 0$ möglich. Da die Klammerung mit x $\underline{g}$ auf den eindimensionelen Raum $[\underline{g}, \underline{g}]$ projiziert, erhalten wir so $[\underline{g}, \underline{g}] = \ker\lambda$ und folglich $\underline{g} = \mathbb{C}x \oplus \mathbb{C}y$ mit $0 \neq y \in [\underline{g}, \underline{g}]$. Qed.

Die Ideen dieser Überlegung sind teilweise von Loupias [44] inspiriert.

§7 Das Zentrum: Potenzsteigerung durch Lokalisieren

7.1 Wir haben bereits angekündigt (5.6), daß es möglich ist, das Spektrum Spec $U(\underline{g})$ der Einhüllenden einer auflösbaren Lie Algebra durch Spektren kommutativer Ringe zu "überdecken". Was dies genauer bedeuten soll, formulieren wir jetzt in dem folgenden Satz.

Satz: *Eine auflösbare Lie Algebra $\underline{g}$ und eine Restklassenalgebra A von $U(\underline{g})$ nach einem Primideal seien gegeben. Dann gibt es einen $\underline{g}$-Eigenvektor $e \in A$, so daß die Ideale $I \triangleleft A_e$ in Bijektion stehen zu den Idealen $J \triangleleft Z(A_e)$ des Zentrums vermöge $I \longmapsto I \cap Z(A_e)$ und $J \longmapsto JA_e$. Insbesondere ist* Spec $A_e \cong$ Spec $Z(A_e)$.

Dieses Resultat hat unabhängig von den Autoren - und etwa gleichzeitig - auch Mc Connell [46] erkannt. Den Beweis geben wir gleich für eine allgemeinere und ausführlichere Fassung, aber erst in 7.5 nach einigen Vorbereitungen. Zuvor bemerken wir, daß die in 6.7 gegebene Kennzeichnung der primitiven Ideale selbstverständlich auch aus diesem tiefer liegenden Theorem folgt. Eine weitere Anwendung werden wir erst im § 16 vorführen.

7.2. Eine auflösbare Lie Algebra $\underline{h}$ operiere durch Derivationen auf der noetherschen Algebra A. In der Folge werden wir kurz sagen, daß die gegebene Operation *regelmäßig* sei, falls sie den folgenden Bedingungen a) - c) genügt.

a) Der Invariantenring $A^{\underline{h}} := \{a \in A \mid \forall h \in \underline{h},\ [h,a] = 0\}$ ist endlich erzeugte Unteralgebra des Zentrums $Z(A)$, und A ist freier $A^{\underline{h}}$-Modul.

b) Ist $\phi : A^{\underline{h}} \longrightarrow R$ ein beliebiger Homomorphismus in den kommutativen Ring R, so gilt $(A \otimes_{A^{\underline{h}}} R)^{\underline{h}} = 1 \otimes R = R$, und jedes $\underline{h}$-stabile

Ideal $J \triangleleft A \otimes_{A^{\underline{h}}} R$ hat die Gestalt $J = A \otimes_{A^{\underline{h}}} (J \cap R)$.

c) Ist überdies R nullteilerfrei, so auch $A \otimes_{A^{\underline{h}}} R$, und der totale Quotientenring $Q(A \otimes_{A^{\underline{h}}} R)$ hat den Invariantenring

$$(Q(A \otimes_{A^{\underline{h}}} R))^{\underline{h}} = Q(R).$$

Bemerkung: In c) liegt der Ton auf der Gleichung am Schluß. Die Existenz des Quotientenrings folgt automatisch aus der Nullteilerfreiheit, nämlich mit 2.3b), falls R endlich erzeugte $\mathbb{C}$-Algebra ist (denn dann ist mit $A \otimes_{\mathbb{C}} R$ auch $A \otimes_{A^{\underline{h}}} R$ noethersch), und im allgemeinen Fall aus einem Limesargument, indem man R als Vereinigung seiner endlich erzeugten Unteralgebren ansieht.

7.3 Wir geben zunächst eine "kommutative Version" von 7.1 an.

Satz: Die auflösbare Lie Algebra $\underline{h}$ operiere durch Derivationen auf der kommutativen, nullteilerfreien Algebra A. Ferner sei A durch einen endlich-dimensionalen $\underline{h}$-stabilen $\mathbb{C}$-Unterraum V erzeugt. Dann gibt es einen $\underline{h}$-Eigenvektor $e \in A$, so daß $\underline{h}$ auf A_e regelmäßig operiert.

Beweis: Wir nehmen ein Ideal $\underline{k} \triangleleft \underline{h}$ und zeigen durch Induktion nach $\dim \underline{k}$, daß $\underline{k}$ auf A_e regelmäßig operiert, falls man den $\underline{h}$-Eigenvektor e - in Abhängigkeit von $\underline{k}$ - geeignet gewählt hat. Diese Behauptung, die den Satz einschließt (Fall $\underline{k} = \underline{h}$), führen wir im Schritt 1 auf eindimensionale $\underline{k}$ zurück (Induktionsschluß). Den Fall $\dim \underline{k} = 1$ erledigen wir dann in den Schritten 2 bis 4 (Induktionsverankerung).

1. Schritt: Sei $\underline{k}'$ ein Ideal in $\underline{h}$ mit $0 \neq \underline{k}' \subsetneq \underline{k}$. Nach Induktionsvoraussetzung gibt es einen $\underline{h}$-Eigenvektor $e' \in A$, so daß $\underline{k}'$ auf $A_{e'}$ regelmäßig operiert. Der Invariantenring $B := (A_{e'})^{\underline{k}'}$ ist - wie A - endlich erzeugt und Vereinigung endlich-dimensionaler $\underline{h}$-Untermoduln, und B ist ein $\underline{h}/\underline{k}'$ - Modul. Erneute Ausnutzung der Induktionshypothese liefert uns einen $\underline{h}/\underline{k}'$ -Eigenvektor $c \in B$, so daß

$\underline{k}/\underline{k}'$ auf B_c regelmäßig operiert. Dieses c hat die Form $c = e'^{-n}e''$ mit $n \in \mathbb{N}$ und einen $\underline{h}$-Eigenvektor $e'' \in A$. Wie behaupten, daß $e := e'e''$ die gewünschten Eigenschaften hat!

Denn $A_e = (A_{e'})_c$ ist frei über B_c, und B_c ist frei über

$$(B_c)^{\underline{k}/\underline{k}'} = ((A_{e'})^{\underline{k}'} \otimes_B B_c)^{\underline{k}/\underline{k}'} = ((A_{e'} \otimes_B B_c)^{\underline{k}'})^{\underline{k}/\underline{k}'} = (A_e)^{\underline{k}} .$$

(Die mittlere Gleichheit gilt wegen 7.3b)). Folglich ist A_e frei über $(A_e)^{\underline{k}}$, was a) beweist. Eine ähnliche Rechnung ergibt für jeden Homomorphismus $\phi : C := (A_e)^{\underline{k}} \longrightarrow R$ die in b) behauptete Gleichung

$$(A_e \otimes_C R)^{\underline{k}} = ((A_{e'} \otimes_B (B_c \otimes_C R))^{\underline{k}'})^{\underline{k}/\underline{k}'} = (B_c \otimes_C R)^{\underline{k}/\underline{k}'} = R.$$

Die Ideale von R entsprechen bijektiv den $\underline{k}$-stabilen Idealen von $B_c \otimes_C R$, und die Ideale von $B_c \otimes_C R$ stehen wiederum in Bijektion zu den $\underline{k}'$-stabilen Idealen von $A_e \otimes_C R = A_{e'} \otimes_B (B_c \otimes_C R)$, wobei die $\underline{k}$-stabilen hier den $\underline{k}$-stabilen dort entsprechen. Das beweist b). Schließlich folgt c) so:

$$(Q(A_e \otimes_C R))^{\underline{k}} = ((Q(A_{e'} \otimes_B (B_c \otimes_C R)))^{\underline{k}'})^{\underline{k}/\underline{k}'} = (Q(B_c \otimes_C R))^{\underline{k}/\underline{k}'} = Q(R).$$

Damit haben wir den Beweis auf den Fall $\dim \underline{k} = 1$ heruntergespielt.

2. <u>Schritt</u>: Es sei $\underline{k} = \mathbb{C}D$ mit einer <u>lokal-nilpotenten</u> Derivation $D \in \operatorname{Der} A$. Im Falle $DA = 0$ ist man fertig. Sei also $DA \neq 0$. Es gilt $[h,D] = \delta(h)D$ für alle $h \in \underline{h}$ und ein geeignetes $\delta \in \underline{h}^*$. Daraus folgt $[h,DA] \subseteq D[h,A] + \delta(D)DA \subseteq DA$, so daß DA $\underline{h}$-Untermodul von A ist. Es gibt daher einen $\underline{h}$-Eigenvektor $v = Du \in DA$, $u \in A$. Dieses v wird automatisch von D annulliert, so daß man in A_v mit $y = v^{-1}u$ jetzt $Dy = 1$ hat. Damit wird das Taylor-Lemma anwendbar (6.9). Es liefert $A_v = B[y]$ mit endlich erzeugtem $B = (A_v)^D = A_v/A_v y$ und $D = \frac{d}{dy}$. Schließlich überzeugt man sich leicht von der Regelmäßigkeit der Operation von $\mathbb{C}\frac{d}{dy}$ auf $B[y]$.

3. <u>Schritt</u>: $\underline{k} = \mathbb{C}D$ mit einer <u>halbeinfachen</u> Derivation D von A, d.h. A sei direkte Summe seiner D-Eigenräume. Als Algebra läßt sich

A durch endlich viele D-Eigenvektoren $a_1,\dots,a_n$ ($\in V$) erzeugen. Die zugehörigen Eigenwerte $\alpha_1,\dots,\alpha_n \in \mathbb{C}$ erzeugen in $\mathbb{C}$ die additive Halbgruppe aller D-Eigenwerte. Nach dem Fortsetzungslemma (6.4) gibt es $\underline{h}$-Eigenvektoren $e_1,\dots,e_n \in A$, deren zugehörige Eigenwerte $\lambda_1,\dots,\lambda_n \in \underline{h}^*$ "die α_i fortsetzen", d.h. $\lambda_i(D) = \alpha_i$ erfüllen. Aus den α_i kombinieren wir uns $\mathbb{Z}$-linear eine Basis $\varepsilon_1,\dots,\varepsilon_r$ der Gruppe $\sum_{i=1}^{n} \mathbb{Z}\alpha_i$, etwa $\varepsilon_j = \sum_{i=1}^{n} n_{ji}\alpha_i$, $1 \leq j \leq r$, und setzen $y_j := \prod_i e_i^{n_{ji}} \in A_e$ in der Lokalisierung von A bezüglich $e := e_1 e_2 \dots e_n$. Wie in 6.7 erhält A_e dann die Form

$$A_e = (A_e)^D \, [y_1, y_1^{-1}, \dots, y_r, y_r^{-1}]$$

einer Polynomalgebra über dem Invariantenring $(A_e)^D$ als Koeffizientenring, welche nach den "Unbestimmten" $y_1,\dots,y_r$ lokalisiert wurde. Dabei ist $(A_e)^D$ endlich erzeugt (nämlich homomorphes Bild von A_e unter $y_i \longmapsto 1$), und es gilt $Dy_i = \varepsilon_i y_i$, $1 \leq i \leq r$.

Zu beweisen bleibt noch die Regelmäßigkeit der Operation von $\mathbb{C}D$ auf A_e. Die Freiheit von A_e über $B := (A_e)^D$, also a), ist klar und der erste Teil von b) ebenso, da man $A_e \otimes_B R = R[y_1, y_1^{-1} \dots, y_r, y_r^{-1}]$ hat. Für den zweiten Teil von b) genügt die Beobachtung, daß jedes D-stabile Ideal $J \triangleleft R[y_1,\dots,y_r^{-1}]$ direkte Summe seiner D-Eigenräume $J \cap (Ry_1^{\nu_1} \dots y_r^{\nu_r}) = (J \cap R) y_1^{\nu_1} \dots y_r^{\nu_r}$ ist. Um c) zu beweisen, zeigt man zunächst wie in 6.5, daß jedes Element $z \in (Q(R[y_1,\dots,y_r^{-1}]))^D$ die Gestalt $z = b^{-1}a$ mit D-Eigenvektoren $a,b \in R[y_1,\dots,y_r^{-1}]$ hat. Als Eigenvektoren haben a,b notwendig die Gestalt $a = a_o y_1^{\mu_1} \dots y_r^{\mu_r}$, $b = b_o\, y_1^{\nu_1} \dots y_r^{\nu_r}$ mit a_o, $b_o \in R$, und wegen $b^{-1}a = z$ haben sie gleiche Eigenwerte, $\sum_i \mu_i \varepsilon_i = \sum_i \nu_i \varepsilon_i$. Daraus folgt $\mu_i = \nu_i$ und damit $z = b_o^{-1} a_o \in Q(R)$. Das war zu zeigen.

4. __Schritt__: Sei jetzt $\underline{k} = \mathbb{C}D$ mit einer Derivation D von A, die __weder halbeinfach noch lokal-nilpotent ist.__ Jedes Element $h \in \underline{h}$ induziert einen Endomorphismus des (A erzeugenden) Vektorraums V, für

den wir h_V schreiben. Insbesondere betrachten wir D_V und seine Jordan-Zerlegung $D_V = S + N$ in einen halbeinfachen Endomorphismus S und einen nilpotenten N mit $SN = NS$. Wegen der Voraussetzung über D sind weder S noch N gleich Null. Schon aus $S \neq 0$ folgt nach dem unten stehenden Lemma (7.4), daß alle Endomorphismen h_V, $h \in \underline{h}$, mit D_V kommutieren, also auch mit den Polynomen S und N in D_V, d.h.

$$[h_V, D_V] = [h_V, S] \; (.= h_V S - S h_V) = [h_V, N] = 0, \quad \forall h \in \underline{h}.$$

Sei nun $\tilde{\underline{h}}$ die Unter-Lie-Algebra von End V, welche S, N und $\underline{h}_V = \{h_V \mid h \in \underline{h}\}$ erzeugen. Jedes $x \in \tilde{\underline{h}}$ definiert eine Derivation der symmetrischen Algebra $S(V)$ von V, nämlich seine eindeutige Fortsetzung. Seien D_n, S_n und N_n die von D, S und N induzierten Endomorphismen von $S_n(V) = \mathbb{C} + V + V^2 + \ldots + V^n$. Man sieht leicht ein, daß S_n bzw. N_n die halbeinfache bzw. nilpotente Komponente in der Jordan-Zerlegung von D_n ist. Folglich ist jeder D_n-stabile Teilraum von $S_n(V)$ auch S_n-stabil bzw. N_n-stabil. Allgemeiner gilt, daß <u>jeder $\underline{h}$-stabile Unterraum</u> $I \subseteq S(V)$ <u>sogar $\tilde{\underline{h}}$-stabil ist</u>. Indem wir A in der Form $A = \mathbb{C}[V]/I$ schreiben mit einem $\underline{h}$-stabilen Ideal I, liefert uns dieses Argument eine Fortsetzung der Operation von $\underline{h}$ auf A zu einer Operation von $\tilde{\underline{h}}$ auf A. Nun können wir Schritt zwei des Beweises auf $\tilde{\underline{h}}$ und $\underline{k}' .= \mathbb{C}N \subsetneq \tilde{\underline{h}}$ anwenden und danach Schritt 1 auf das Ideal $\tilde{\underline{k}} .= \mathbb{C}N + \mathbb{C}S \triangleleft \tilde{\underline{h}}$. Als Ergebnis erhalten wir so einen $\tilde{\underline{h}}$-Eigenvektor $e \in A$, so daß $\tilde{\underline{k}}$ auf A_e regelmäßig operiert, und es bleibt lediglich zu überprüfen, daß sich die Regelmäßigkeit auf die Operation von $\underline{k} = \mathbb{C}D \subseteq \tilde{\underline{k}}$ vererbt.

Zunächst gilt $B .= (A_e)^{\underline{k}} = (A_e)^{\tilde{\underline{k}}}$, da N und S offensichtlich auf jedem endlich-dimensionalen Teilraum von A die Jordan-Zerlegung der Einschränkung von D induzieren. Ebenso sieht man b) ein: $(A_e \otimes_B R)^{\underline{k}} = (A_e \otimes_B R)^{\tilde{\underline{k}}} = R$, und die $\underline{k}$-stabilen Ideale von $A_e \otimes_B R$ fallen mit den $\tilde{\underline{k}}$-stabilen zusammen. Für nullteilerfreie R schließlich gilt $(Q(A_e \otimes_B R))^{\underline{k}} = (Q(A_e \otimes_B R))^{\tilde{\underline{k}}} = R$, wenn man beachtet, daß alle <u>k</u>- bzw. $\tilde{k}$-Invarianten des Quotientenkörpers dargestellt werden können als Quotienten von <u>k</u> - bzw. $\tilde{k}$-Eigenvektoren.

Das macht den Beweis des Satzes 7.3 vollständig. Qed.

Weitere, ähnliche Informationen über "regelmäßige Operationen" im kommutativen Fall findet man in 16.6.

<u>7.4</u> <u>Lemma</u>: <u>Es seien</u> D <u>und</u> H <u>Endomorphismen des endlich-dimensionalen komplexen Vektorraums</u> V <u>mit</u> $HD - DH =. [H,D] = \lambda D$, $0 \neq \lambda \in \mathbb{C}$. <u>Dann ist</u> D <u>nilpotent</u>.

<u>Beweis</u>: Ist $\sqrt{0}$ das Radikal der von D erzeugten kommutativen Unteralgebra $R .= \mathbb{C}[D] \subseteq \mathrm{End}_{\mathbb{C}}V$ und sind $e_1,\dots,e_s$ ihre primitiven Idempotente, so hat man $R = \sqrt{0} \oplus \mathbb{C}e_1 \oplus\dots\oplus \mathbb{C}e_s$. Wegen $[H,D] \in \mathbb{C}D$ ist R stabil unter $[H,?]$. Insbesondere kommutieren die e_i mit den $[H,e_i]$, so daß

$$[H,e_i] = [H,e_i^2] = 2e_i\,[H,e_i] = 2e_i 2e_i\,[H,e_i] = 4e_i\,[H,e_i].$$

Daraus folgt zuerst $2e_i\,[H,e_i] = 0$ und dann $[H,e_i] = 0$. Also hat man

$$[H,R] = [H, \sqrt{0}] \subseteq \sqrt{0},$$

letzteres nach 4.1b). Deshalb ist $D = \lambda^{-1}\,[H,D] \in \lambda^{-1}\sqrt{0} = \sqrt{0}$ nilpotent. Qed.

<u>7.5</u> Wir beweisen nun 7.1 in der folgenden, schärferen und allgemeineren Gestalt.

<u>Satz</u>: <u>Seien</u> <u>g</u> <u>ein Ideal der auflösbaren Lie Algebra</u> <u>h</u> <u>und</u> A <u>die Restklassen-Algebra von</u> U(<u>g</u>) <u>nach einem</u> <u>h-stabilen Primideal</u>. <u>Dann existiert ein</u> <u>h-Eigenvektor</u> $e \in A$, <u>derart daß</u> <u>h</u> <u>auf</u> A_e <u>regelmäßig operiert</u>.

<u>Beispiel</u> 1. Setze <u>h</u> = <u>g</u>. Dann ist $(A_e)^{\underline{h}} = Z(A_e)$. Nimm speziell $\Phi = \mathrm{id}_R$, also $R = Z(A_e)$. Dann ergeben die Teilaussagen a) und b) der "Regelmäßigkeit" (7.2) den Satz 7.1, und c) gibt an, wie

man, falls $A = U(\underline{g})/I$ ist, das Herz des Primideals I mit Hilfe von e berechnet:

$$H(I) = Z(Q(A)) = Z(Q(A_e)) \overset{!}{=} Q(Z(A_e)).$$

<u>Beispiel</u> 2. Auch Satz 7.3 ist als Spezialfall des Satzes 7.5 anzusehen: Die auflösbare Liealgebra $\underline{k}$ operiere auf der kommutativen, nullteilerfreien $\mathbb{C}$-Algebra A und lasse einen endlich-dimensionalen, A erzeugenden Unterraum $\underline{g} \subseteq A$ stabil. Setze $\underline{h} = \underline{g} \oplus \underline{k}$ gleich dem semidirekten Produkt von $\underline{g}$ mit $\underline{k}$, wobei auf $\underline{g}$ die Klammern gleich null gesetzt werden. Dann fallen in der Restklassenalgebra A von $U(\underline{g})$ die $\underline{h}$-Eigenvektoren mit den $\underline{k}$-Eigenvektoren zusammen, die $\underline{h}$-stabilen Ideale mit den $\underline{k}$-stabilen und $(A_e)^{\underline{h}}$ mit $(A_e)^{\underline{k}}$.

<u>7.6</u> <u>Beweis des Satzes</u> 7.5 <u>im Spezialfall</u> $Z(A) = Sz(A)$. In diesem Falle wissen wir dank 6.8, daß wir nach Lokalisieren bezüglich eines geeigneten $\underline{h}$-Eigenvektor $e' \in Z(A)$ eine Weyl-Algebra $A_{e'} = \mathbb{A}_n \otimes_{\mathbb{C}} Z(A)_{e'}$ vor uns haben. Das Zentrum $Z(A)_{e'}$ erbt von $A_{e'}$ die Eigenschaften, als Algebra endlich erzeugt und als $\underline{h}$-Modul (4.1) Vereinigung endlich-dimensionaler Teilmoduln zu sein. Laut 7.3 operiert $\underline{h}$ daher regelmäßig auf $Z := (Z(A)_{e'})_{e''}$, falls man den $\underline{h}$-Eigenvektor $e'' \in Z(A)_{e'}$ günstig wählt. Dies e" hat die Form $e'' = e'^{-n}c$, $c \in Z(A)$. Wir setzen $e = e'c$, so daß $Z = Z(A)_{e'c} = Z(A)_e$ wird, und testen die Regelmäßigkeitsbedingungen a), b), c) (7.2) für die Algebra $A_e = \mathbb{A}_n \otimes_{\mathbb{C}} Z$.

Sie ist frei über Z, und Z ist frei über $Z^{\underline{h}} = (A_e)^{\underline{h}} =: B$ (als Moduln). Das ergibt a). Die Gleichungen in b) bzw. c) rechnet man mit Hilfe von 4.10 bzw 3.5 c) (!) nach:

$$(A_e \otimes_B R)^{\underline{h}} = (Z(\mathbb{A}_n \otimes_{\mathbb{C}} Z \otimes_B R))^{\underline{h}} = (Z \otimes_B R)^{\underline{h}} = R,$$

$$Z(Q(A_e \otimes_B R)) = Z(Q(A_e \otimes_B Q(R))) \overset{!}{=} Q(Z(A_e) \otimes_B Q(R)) = Q(Z \otimes_B R),$$

$$(Q(A_e \otimes_B R))^{\underline{h}} = (Q(Z(A_e \otimes_B R)))^{\underline{h}} = (Q(Z \otimes_B R))^{\underline{h}} = Q(R),$$

wobei immer wieder die Regelmäßigkeit der Wirkung von $\underline{h}$ auf Z auszunutzen ist. Daß schließlich die $\underline{h}$-stabilen Ideale von $A_e \otimes_B R = A_e \otimes_{\mathbb{C}} (Z \otimes_B R)$ bijektiv den Idealen von R entsprechen, ergibt sich mit der selben Regelmäßigkeit aus einer Eigenschaft der Weyl-Algebren, diesmal aus 4.10 c). Qed.

7.7 Beweis des Satzes 7.6 im allgemeinen Fall durch Induktion nach der Dimension von $\underline{g}$. Der Fall $Sz(A) = Z(A)$ (7.6) dient uns als Induktionsverankerung. Sei jetzt $Sz(A) \neq Z(A)$! Es gebe also einen Eigenwert $\lambda \neq 0$ von $\underline{g}$ in A. Wir setzen $\underline{g}' := \ker \lambda$ und A' gleich dem Bild von $U(\underline{g}')$ in A. Mit Hilfe des Fortsetzungslemmas (6.4) beschaffen wir uns einen $\underline{h}$-Eigenvektor $a \in A$, dessen Eigenwert $\mu \in \underline{h}^*$ auf $\underline{g}$ mit λ übereinstimmt. Als Durchschnitt von $\underline{g}$ mit $\ker \mu$ ist $\underline{g}'$ ein Ideal in $\underline{h}$, und daher bleibt A' stabil unter $\underline{h}$. Die Induktionsvoraussetzung garantiert uns jetzt, daß bei geeigneter Wahl eines $\underline{h}$-Eigenvektors $e' \in A'$ die Operation von $\underline{h}$ auf $A'_{e'}$ regelmäßig wird.

Behauptung: Der $\underline{h}$-Eigenvektor $e := ae'$ löst die gestellte Aufgabe, d.h. $\underline{h}$ operiert regelmäßig auf A_e!

Das ABC der Regelmäßigkeit (7.2) zu verifizieren, ist nun schon fast eine Routineangelegenheit. Die nützlichen Lemmata, mit denen wir aus früheren Paragraphen wohlversorgt sind, werden uns dabei fast jegliche Rechnung ersparen. - Dem Lemma 6.2 entnehmen wir zweierlei. Erstens ist $A = A'[x]_D$ Schiefpolynomring über A', wobei $x \in \underline{g} \setminus \underline{g}'$ und $D \in \operatorname{Der} A$ das Klammern mit x ist. Ohne Einschränkung ist $\lambda(x) = 1$, also

$$Da = [x,a] = a.$$

Und zweitens gilt $Sz(A) \subseteq A'$, woraus erst folgt, daß a und e in A' liegen, und dann, daß der ganze Invariantenring $(A_e)^{\underline{h}} \subseteq (A_e)^{\underline{g}} = Z(A_e) \subseteq Sz(A)_e \subseteq A'_e$ in A'_e enthalten ist. Daraus folgt

$$B := (A_e)^{\underline{h}} = (A'_e)^{\underline{h}}.$$

Ferner macht man sich klar, daß die Regelmäßigkeit der Operation von $\underline{h}$ auf $A'_{e'}$ durch das Lokalisieren bezüglich a nicht zerstört wird, daß also $\underline{h}$ auch auf $(A'_{e'})_a = A'_e$ regelmäßig operiert. Das a) der Regelmäßigkeit ist damit schon klar: $A_e = A'_e[x]_D$ ist freier Modul über A'_e, und A'_e ist frei über B.

Für den ersten Teil von b) brauchen wir nur einzusehen, daß $(A_e \otimes_B R)^{\underline{h}}$ in $A'_e \otimes_B R$ enthalten ist, denn dann wird $(A_e \otimes_B R)^{\underline{h}} = (A'_e \otimes_B R)^{\underline{h}} = R$ folgen. Da R kommutativ ist, erhalten wir die gewünschte Einsicht so:

$$(A_e \otimes_B R)^{\underline{h}} \subseteq (A_e \otimes_B R)^{\underline{g}} = Z(A_e \otimes_B R)$$

$$\subseteq (A_e \otimes_B R)^{[a,?]} = ((A'_e \otimes_B R)[x]_D)^{[a,?]} \overset{!}{=} A'_e \otimes_B R.$$

Für die letzte Gleichung haben wir uns nur an die Wahl von a zu erinnern, die einerseits $a \in Z(A'_e)$ bewirkt, andererseits aber

$$[a, a_o x^n + a_1 x^{n-1} + \ldots + a_n] = na\, a_o x^{n-1} + \ldots \quad , (\forall n \in \mathbb{N}, \forall a_i \in A'_e).$$

Wegen der Invertierbarkeit von na kann die rechte Seite für kein Polynom $a_o x^n + \ldots$ vom Grad $n > 0$ verschwinden. - Der Schiefpolynomring $A_e = A'_e[x]_D$ ist nach 4.8 starr, so daß seine Ideale bijektiv den D-stabilen ($\Longrightarrow \underline{g}$-stabilen) Idealen von A'_e entsprechen. Daraus folgt in gewohnter Weise der zweite Teil von b).

Im Punkt c) der Regelmäßigkeit ist $A'_e \otimes_B R$ nullteilerfrei (Induktionsvoraussetzung, s.o.) und deshalb auch $A_e \otimes_B R = (A'_e \otimes_B R)[x]_D$. Aus 4.7 c) folgt mit $E := Q(A'_e \otimes_B R)$, daß

$$(Q(A_e \otimes_B R))^{\underline{h}} \subseteq Z(Q(A_e \otimes_B R)) = Z(Q(E[x]_D)) \overset{!}{=} (Z(E))^D \subseteq E$$

gilt und damit

$$(Q(A_e \otimes R))^{\underline{h}} = (Q(A'_e \otimes_B R))^{\underline{h}} = Q(R).$$

Das ist c). Qed.

§ 8 Struktur der Einhüllenden algebraischer auflösbarer Lie Algebren

8.1 Zum Abschluß dieses Kapitels wenden wir uns noch einmal dem Problem, zu, die Struktur der primen Restklassenalgebren $A = U(\underline{g})/I$ explizit zu beschreiben, etwa nach dem Vorbild der Sätze 6.8 und 6.11. Dabei setzen wir $\underline{g}$ weiterhin als auflösbar voraus. Die folgenden Betrachtungen knüpfen unmittelbar an §6 an und sind unabhängig vom § 7 gehalten.

Solche primen Restklassenalgebren A sind im Falle $Sz(A) = Z(A)$ - bis auf endliche Lokalisierung des Zentrums - Weyl-Algebren $\mathbb{A}_n(Z)$, wie sich in 6.8 herausgestellt hat. Dasselbe hatten wir schon in den Beispielen 5.7 und 5.9 gefunden, in welchen übrigens $Sz(A) = Z(A)$ erfüllt ist. Nicht immer erhält man auf diese Weise Weyl-Algebren, z.B. in 4.9 nicht. (Dort ist $Z(A) = \mathbb{C}$, aber A nicht einfach und daher keine Weyl-Algebra). Aber nach Lokalisieren mit einem nicht-zentralen Element erhielten wir in den Beispielen 4.9 und 5.8 eine Lokalisierung einer Weyl-Algebra $\mathbb{A}_1(Z)$.

Diese Beispiele geben Anlaß zu der Frage, ob man stets

(*) $\qquad Q(A) \cong Q(\mathbb{A}_n(Z))$

hat mit passendem $n \in \mathbb{N}$ und kommutativem Z. Kann - so lautet die Frage - der totale Quotientenring von A stets durch Lokalisieren aus einer Weyl-Algebra hergestellt werden? Die Antwort ist abermals nein. Es gibt Gegenbeispiele mit Lie Algebren $\underline{g}$ der Dimension drei (nämlich $\underline{g} = \mathbb{C}t + \mathbb{C}x + \mathbb{C}y$ mit $[x,y] = 0$, $[t,x] = 1$ und $[t,y] = \alpha y$, $\alpha \in \mathbb{C} \setminus \mathbb{Q}$ bei $A = U(\underline{g})$; siehe [34]). Damit $Q(A)$ die Form (*) annimmt, wird man also von der Lie Algebra eine gewisse "Regelmäßigkeit" verlangen müssen!

8.2 Eine Lie Algebra heißt <u>algebraisch</u>, wenn sie die Lie Algebra einer linearen (= affinen algebraischen) Gruppe ist. Wir geben gleich für den auflösbaren Fall eine innere Kennzeichnung dieser Lie Algebren an. Wer sich auf diese äquivalente Definition stützt, braucht für das Verständnis dieses Paragraphen nichts über algebraische Gruppen zu wissen.

Eine zusammenhängende lineare Gruppe G ist genau dann auflösbar, wenn ihre Lie Algebra es ist ([14], IV,§4, 2.5). Ist dies der Fall, so ist G semi-direkts Produkt eines unipotenten Normalteilers N mit einem Torus $S \subseteq G$ ([14], IV, §4, 3.4 und § 2, 3.5). Daraus ergibt sich eine Darstellung von $\underline{g}$.= Lie G als semi-direktes Produkt eines nilpotenten Ideals $\underline{n}'$.= Lie N mit einer kommutativen Unteralgebra $\underline{s}'$.= Lie S. Ferner wird die Operation von $\underline{s}'$ auf $\underline{g}$ durch die adjungierte Darstellung von S in $\underline{g}$ = Lie G induziert. Folglich ist $\underline{g}$ Summe von eindimensionalen $\underline{s}'$-Moduln ([14], II, 2.5), und für die Gesamtheit $E \subseteq \underline{s}'^*$ der Eigenwerte von $\underline{s}'$ in $\underline{g}$ ist der $\mathbb{Z}$-Rang $[\sum_{\lambda \in E} \mathbb{Z}\lambda : \mathbb{Z}]$ gleich dem $\mathbb{C}$-Rang $[\sum_{\lambda \in E} \mathbb{C}\lambda : \mathbb{C}]$. Letzteres liegt daran, daß diese Eigenwerte $\lambda \in E$ von Charakteren des Torus S induziert werden. Indem man $\underline{s}'^*$ als den Orthogonalraum $\underline{n}' \subseteq \underline{g}^*$ auffaßt, kann man E mit der Menge der Jordan-Hölder-Werte von $\underline{g}$ in $\underline{g}$ identifizieren. Der Durchschnitt $\underline{n}$ der Kerne dieser Jordan-Hölder-Werte ist das größte nilpotente Ideal von $\underline{g}$. Man braucht jetzt nur noch ein Komplement $\underline{s}$ von $\underline{n} \cap \underline{s}'$ in $\underline{s}'$ zu wählen, um folgenden Struktursatz zu erhalten:

Eine auflösbare algebraische Lie algebra $\underline{g}$ hat die Gestalt $\underline{g} = \underline{n} \oplus \underline{s}$, wobei $\underline{n}$ das größte nilpotente Ideal ist und $\underline{s}$ eine kommutative Unteralgebra, die halbeinfach auf $\underline{n}$ operiert. Ferner ist der $\mathbb{Z}$-Rang $[\sum_{\lambda \in E} \mathbb{Z}\lambda : \mathbb{Z}]$ der Menge E aller Jordan-Hölder-Werte von $\underline{g}$ in $\underline{g}$ gleich dem $\mathbb{C}$-Rang $[\sum_{\lambda \in E} \mathbb{C}\lambda : \mathbb{C}]$.

Man kann zeigen, daß diese Strukturaussage die auflösbaren algebraischen Lie Algebren sogar kennzeichnet, so daß wir sie hier als Definition für auflösbare algebraische Lie Algebren heranziehen können.

<u>8.3</u>   Beispiele wie die in 8.1 aufgezählten führten auf die folgende

   <u>Vermutung</u> (Gelfand-Kirillov [34]): <u>Für jede algebraische Lie</u>

<u>Algebra</u> <u>g</u> <u>hat der Quotientenschiefkörper der Einhüllenden die Form</u>

$$Q(U(\underline{g})) \;\cong\; Q(\mathbb{A}_n(Z))$$

<u>mit einer endlich erzeugten</u> <u>kommutativen</u> $\mathbb{C}$-<u>Algebra</u> Z <u>und passendem</u> n.

   Die Gelfand-Kirillov-Vermutung ist neuerdings von Joseph [39]
im auflösbaren Fall bewiesen worden. Unabhängig von ihm und von einander
- und etwa gleichzeitig - sind McConnell und Borho auf einen allgemeineren und genaueren Struktursatz gestoßen. Nach McConnell bezeichnen wir
mit $\mathbb{A}_1' := \mathbb{C}[y,y^{-1}][x]_{\frac{\partial}{\partial y}}$ die Lokalisierung von $\mathbb{A}_1 = \mathbb{C}[y][x]_{\frac{\partial}{\partial x}}$
bezüglich y (4.4), und mit $\mathbb{A}_r'$ das r-fache Tensorprodukt
$\mathbb{A}_1' \otimes ... \otimes \mathbb{A}_1'$ (über $\mathbb{C}$).

   <u>Satz</u> (McConnell [46]- Borho): <u>Seien</u> <u>g</u> <u>eine auflösbare alge-</u>
<u>braische Lie Algebra und</u> A <u>eine Restklassenalgebra von</u> U(<u>g</u>) <u>nach</u>
<u>einem Primideal.</u> <u>Dann gibt es einen</u> <u>g</u>-<u>Eigenvektor</u> $e \in A$, <u>so daß</u>

$$A_e \;\cong\; Z(A_e) \otimes \mathbb{A}_n \otimes \mathbb{A}_r'$$

<u>ist mit gewissen natürlichen Zahlen</u> n <u>und</u> r.

   Der Beweis wird uns auch einige Informationen über die Deutung der
Daten dieser Tensorprodukt-Zerlegung liefern. Zum Beispiel ist r der
Rang der Untergruppe $\Lambda := \mathbb{Z}E_A$ von $\underline{g}^*$, welche die Menge E_A der Eigenwerte von <u>g</u> in A erzeugt, und dies ist gleichzeitig die Codimension
des in 6.1 eingeführten Ideals $\underline{g}^\wedge := \bigcap_{\lambda \in E_A} \ker \lambda$.

   Lediglich erwähnen wollen wir, daß die natürlichen Zahlen n und
r Isomorphie Invarianten der $\mathbb{C}$-Algebra A_e sind. (r ist nämlich der
Rang der abelschen Gruppe $(A_e)^\times/(A_e)^\times \cap Z(A_e)$ $(\cong \Lambda)$, wobei $(A_e)^\times$
die Gruppe der invertierbaren Elemente bezeichnet, und n+r ist die
Krull-Dimension von $Z(A_e)^{-1}A_e \;=\; Q(Z(A_e)) \otimes \mathbb{A}_n \otimes \mathbb{A}_r'$, vgl. [56]).

<u>8.4</u> <u>Beweis des Satzes</u> 8.3 (nach Borho): Es bezeichne E_A ($\subseteq \underline{g}^*$) die Menge der Eigenwerte von $\underline{g}$ in A. Es ist $E_A \subseteq \sum_{\lambda \in E} \mathbb{Z}\lambda$ (vgl. 8.3 und 6.6). Folglich ist der $\mathbb{Z}$-Rang der von E_A erzeugten Untergruppe $\Lambda \subseteq \underline{g}^*$ gleich de $\mathbb{C}$-Rang, also etwa $\Lambda = \mathbb{Z}\lambda_1 \oplus \ldots \oplus \mathbb{Z}\lambda_r$ und $\mathbb{C}\,\Lambda = \mathbb{C}\lambda_1 \oplus \ldots \oplus \mathbb{C}\lambda_r \subseteq \underline{g}^*$ (8.2).

Setzen wir $\underline{g}^\wedge := \bigcap_{\lambda \in E_A} \ker \lambda = \bigcap_{1 \leq i \leq r} \ker \lambda_i$ (wie in 6.1), schreiben wir $\underline{g} = \underline{n} \oplus \underline{s}$ als semidirektes Produkt wie in 8.2 und wählen wir ein Komplement $\underline{t}$ von $\underline{g}^\wedge \cap \underline{s}$ in $\underline{s}$, so erkennen wir darüber hinaus: <u>$\underline{g}$ ist semidirektes Produkt $\underline{g} = \underline{g}^\wedge \oplus \underline{t}$ des Ideals $\underline{g}^\wedge$ mit einer kommutativen Unteralgebra $\underline{t}$ der Dimension</u> $r = [\Lambda : \mathbb{Z}]$, <u>welche halbeinfach auf $\underline{g}^\wedge$ operiert</u>.

Sei $A^\wedge$ das Bild von $U(\underline{g}^\wedge)$ in A - wie in 6.1. Dann ist $Z(A^\wedge) = Sz(A^\wedge)$, und daher

$$A_e^\wedge = Z(A^\wedge)_e \otimes \mathbb{A}_n$$

für einen passenden $\underline{g}$-Eigenvektor $e \in Z(A^\wedge)$ und $n \in \mathbb{N}$ nach dem Satz 6.8. Die Weyl-Algebra-Erzeugenden $y_1,\ldots,y_n$, $x_1,\ldots,x_n$ der Unteralgebra $1 \otimes \mathbb{A}_n$ wählen wir gemäß 6.8c) als $\underline{t}$-Eigenvektoren. Seien etwa $\alpha_1,\ldots,\alpha_n$, $\beta_1,\ldots,\beta_n \in \underline{t}^*$ die zugehörigen Eigenwerte. Dann gilt einerseits $[x_i,y_i] = x_iy_i - y_ix_i \in A_e^{\alpha_i+\beta_i}$ wegen $x_iy_i \in A_e^{\beta_i} A_e^{\alpha_i} \subseteq A_e^{\beta_i+\alpha_i}$, und andererseits $[x_i,y_i] = 1 \in Z(A_e) \subseteq A_e^0$. Deshalb muß $\alpha_i + \beta_i = 0$ sein, also

$$y_i \in A_e^{\alpha_i}, \quad x_i \in A_e^{-\alpha_i}, \quad 1 \leq i \leq r.$$

Die natürliche Operation von $\underline{g}$ durch Derivationen auf $A_e^\wedge$ werde, auf $\underline{t}$ eingeschränkt, durch $\partial : \underline{t} \longrightarrow \operatorname{Der} A_e^\wedge$ beschrieben. Nach 6.1 ist dann

$$A_e = A_e^\wedge\,[\underline{t}]_\partial = (Z(A_e^\wedge) \otimes \mathbb{A}_n)\,[\underline{t}]_\partial$$

(4.1). Innerhalb A_e ändern wir den Vektorraum $\underline{t}$ ab zu dem Raum $\underline{\tilde{t}}$, dem Bild der linearen Abbildung $t \longmapsto \tilde{t}$,

$$\tilde{t} := t - \sum_{i=1}^{n} \alpha_i(t)\, x_iy_i,$$

von $\underline{t}$ in A_e. Dieses $\tilde{\underline{t}}$ hat nämlich gegenüber $\underline{t}$ den Vorzug, mit den Erzeugenden y_i, x_j, also mit der ganzen Unteralgebra $1 \otimes \mathbb{A}_n \subseteq A_e^\wedge$, zu kommutieren, wie man direkt nachrechnet. Und die "guten" Eigenschaften von $\underline{t}$ übertragen sich auf $\tilde{\underline{t}}$: Wieder gilt $[\tilde{\underline{t}}, \tilde{\underline{t}}] = 0$, $A_e = A_e^\wedge[\tilde{\underline{t}}]_{\tilde{\partial}}$ mit der in nahe liegender Weise aus ∂ entstehenden Operation $\tilde{\partial} : \tilde{\underline{t}} \longrightarrow \mathrm{Der}\ A_e^\wedge$ von $\tilde{\underline{t}}$ auf $A_e^\wedge$. Auf dem Zentrum $Z(A_e^\wedge)$, das ja unter allen Derivationen stabil ist (4.1), stimmen die Operationen von $\tilde{\underline{t}}$ und $\underline{t}$ natürlich überein, da die $x_i y_i$ mit $Z(A_e^\wedge)$ kommutieren. Folglich ist

$$Z(A_e^\wedge)\ [\tilde{\underline{t}}]_{\tilde{\partial}} \cong Z(A_e^\wedge)\ [\underline{t}]_{\partial} ,$$

wobei $\tilde{\partial}$ und ∂ kurz für die jeweilige Einschränkung auf $Z(A_e^\wedge)$ steht, und

(✱) $\quad A_e = (Z(A_e) \otimes \mathbb{A}_n)\ [\underline{t}]_{\partial} = Z(A_e)\ [\tilde{\underline{t}}]_{\tilde{\partial}} \otimes \mathbb{A}_n = Z(A_e)\ [\underline{t}]_{\partial} \otimes \mathbb{A}_n$.

Jetzt bleibt fast nur noch zu bemerken, daß $Z(A^\wedge) = Sz(A)$ ist. Nach 6.1 a) gilt nämlich $Z(A^\wedge) \supseteq Sz(A)$. Andererseits operiert $\underline{t}$ halbeinfach auf $A^\wedge$, so daß insbesondere $Z(A^\wedge)$ durch $\underline{t}$-Eigenvektoren aufgespannt wird. Aber $\underline{t}$-Eigenvektoren sind schon $\underline{g}$-Eigenvektoren, da $\underline{g}^\wedge$ auf $Z(A^\wedge)$ trivial wirkt (und $\underline{g} = \underline{g}^\wedge + \underline{t}$ ist). Das beweist $Z(A^\wedge) \subseteq Sz(A)$ und damit die Gleichheit.

Wir wählen nun einen $\underline{g}$-Eigenvektor $e' \in A$ gemäß 6.7, so daß das Semizentrum, lokalisiert nach e', die dort angegebene "regelmäßige" Gestalt annimmt,

$$Sz(A)_{e'} = Z(A_{e'}) \otimes \mathbb{C}[s_1, s_1^{-1}, \dots, s_r, s_r^{-1}]$$

mit algebraisch-unabhängigen $s_i \in A^{\lambda_i}$, wo $\lambda_1, \dots, \lambda_r \in \underline{g}^*$ eine $\mathbb{Z}$-Basis der Gruppe Λ bilden. Es ist klar, daß wir stets $e = e'$ erreichen können. - Wegen $r = \dim \underline{t}$ bilden die Einschränkungen der λ_i auf $\underline{t}$ eine Basis von $\underline{t}^*$. Mit der dualen Basis $t_1, \dots, t_r$ von $\underline{t}$ hat man dann $[t_i, s_j] = \lambda_j(t_i) s_j = \delta_{ij} s_j$. Mit der Substitution $t_i' := s_j^{-1} t_i$ erhalten wir schließlich

$$[t_i', s_j] = \delta_{ij},\quad [s_i, s_j] = 0 = [t_i', t_j'],\quad 1 \le i, j \le r,$$

also Weyl-Algebra-Erzeugende der Algebra

$$\begin{aligned} Z(A_e)\,[\underline{t}]_\partial &= Sz(A)_e\,[\underline{t}]_\partial \\ &= Z(A_e) \otimes \mathbb{C}[s_1,s_1^{-1},\dots,s_r,s_r^{-1}][t_1']_{\frac{\partial}{\partial s_1}} \cdots [t_r']_{\frac{\partial}{\partial s_r}} \\ &= Z(A_e) \otimes (\mathbb{A}_r)_{s_1 s_2 \dots s_r} = Z(A_e) \otimes \mathbb{A}_r'. \end{aligned}$$

In unser Zwischenresultat (✱) eingetragen, ergibt dies die behauptete Formel

$$A_e \cong Z(A_e) \otimes \mathbb{A}_r' \otimes \mathbb{A}_n. \qquad \text{Qed.}$$

8.5 Für den nicht-algebraischen Fall haben wir hier nur eine grobe Beschreibung der Struktur von A gegeben, nämlich eine Formel der Gestalt

$$A_e = (Z(A_e^\wedge) \otimes \mathbb{A}_n)\,[x_1]_{D_1} \cdots [x_r]_{D_r}$$

mit einem passenden Eigenvektor $e \in A$. Sie entsteht einfach durch Kombinieren von 6.1 mit 6.8. - Einen sehr genauen Struktursatz für den nicht-algebraischen (auflösbaren) Fall findet man bei Mc Connell [46].

Chapter III

Primitive ideals and orbit spaces

§ 9 Polarizations

9.1 Motivation, Definition of polarizations - 9.2, 9.3 Maximal isotropic subspaces with respect to an alternating bilinear form - 9.4 Existence of polarizations - 9.5 Vergne-polarizations give rise to irreducible representations - 9.6, 9.7 Examples - 9.8 A commutator formula - 9.9 Proof of 9.5 - 9.10 An irreducibility lemma.

§ 10 Induced representations

10.1 Motivation - 10.2 On "winding" modules - 10.3 Definition of induced representations - 10.4 Functorial properties of induced representations - 10.5 Example: The diamond algebra - 10.6 Modification of theorem 9.5 - 10.7 Statement of the main theorem on annihilators of induced representations - 10.8 Definition of the Dixmier map - 10.9 Proof of 10.7.

§ 11 Surjectivity of the Dixmier map

11.1 and 11.2 Two functorial properties of the Dixmier map - 11.3 The main lemma - 11.4 Statement and proof of the surjectivity theorem.

§ 12 Orbit spaces

12.1 Algebraic subgroups. Computation of their Lie algebra - 12.2 The algebraic group G associated with a Lie algebra $\underline{g}$ - 12.3 G-stability of the ideals of $U(\underline{g})$ - 12.4 Factorization of the Dixmier map through the orbit space $\underline{g}^*/G$ - 12.5 and 12.6 Examples - 12.7 and 12.8 Appendix: Construction of the algebraic hull of a Lie algebra of endomorphisms.

§ 9 Polarisierungen

9.1 Es sei $\underline{g}$ eine auflösbare Liealgebra (über $\mathbb{C}$). Wir wollen hier mit der Untersuchung der primitiven Ideale in $U(\underline{g})$ beginnen. Ein solches Ideal ist Annullator eines einfachen $\underline{g}$-Moduls, so daß wir zunächst einfache $\underline{g}$-Moduln "entdecken" müssen.

Wir wissen bereits, daß ein endlich-dimensionaler einfacher $\underline{g}$-Modul V die Dimension eins haben muß. Für das Folgende fixieren wir einen eindimensionalen Vektorraum $\mathbb{C}e$ mit ausgezeichnetem Basiselement e. Jeder Linearform $f \in \underline{g}^*$ mit $f([\underline{g},\underline{g}]) = 0$ ist dann durch

$$g \cdot e := f(g)e$$

ein eindimensionaler $\underline{g}$-Modul mit unterliegendem Vektorraum $\mathbb{C}e$ zugeordnet, den wir stets mit $\mathbb{C}_f$ bezeichnen werden. (So oft dies keine Verwirrung stiftet, werden wir den zugrunde liegenden Vektorraum $\mathbb{C}e$ auch vermöge $e \longmapsto 1$ mit $\mathbb{C}$ identifizieren). Es ist klar, daß wir damit "alle" eindimensionalen $\underline{g}$-Moduln beschrieben haben.

Unendlich-dimensionale einfache $\underline{g}$-Moduln werden wir uns verschaffen, indem wir von eindimensionalen Darstellungen gewisser Unteralgebren von $\underline{g}$ ausgehen und die "induzierten" $\underline{g}$-Moduln betrachten, d.h. die durch Tensorieren mit $U(\underline{g})$ entstehenden. Wir wollen - genauer gesagt - Bedingungen ausfindig machen, die für eine gegebene Unteralgebra $\underline{h}$ von $\underline{g}$ und einen gegebenen eindimensionalen $\underline{h}$-Modul $V = \mathbb{C}_{f'}$, $f' \in \underline{h}^*$, die Einfachheit des ("induzierten") $\underline{g}$-Moduls $U(\underline{g}) \otimes_{U(\underline{h})} \mathbb{C}_{f'}$ garantiert. Notwendig ist dafür sicherlich, daß die Darstellung von $\underline{h}$ auf V sich nicht auf eine echt größere Unteralgebra $\underline{k}$, $\underline{h} \subsetneq \underline{k} \subset \underline{g}$, fortsetzen läßt, d.h. daß es keine Linearform $f'' \in \underline{k}^*$ gibt mit $f''([\underline{k},\underline{k}]) = 0$ und $f''|_{\underline{h}} = f'$. Denn andernfalls definiert

$$k_1 k_2 \ldots k_n \otimes e \longmapsto f''(k_1) \ldots f''(k_n)e \ , \qquad k_i \in \underline{k},$$

eine $U(\underline{k})$-lineare Abbildung, welche $C_{f''}$ als echtes homomorphes Bild des $\underline{k}$-Moduls $U(\underline{k}) \otimes_{U(\underline{h})} \mathbb{C}_{f'} =: M$ ausweist. Schon dieser $\underline{k}$-Modul M ist dann nicht einfach, erst recht also der $\underline{g}$-Modul $U(\underline{g}) \otimes_{U(\underline{k})} M$ = $U(\underline{g}) \otimes_{U(\underline{h})} \mathbb{C}_f$, nicht!

Diese Überlegung legt folgendes Vorgehen nahe: Wir gehen von einer Linearform $f \in \underline{g}^*$ aus und suchen maximale Unteralgebren $\underline{h} \subseteq \underline{g}$ mit der Eigenschaft $f([\underline{h},\underline{h}]) = 0$. Die letzte Bedingung, das Verschwinden von f auf $[\underline{h},\underline{h}]$, kann man auch so ausdrücken: Die <u>alternierende</u> <u>Bilinearform</u> $B_f := f([?,?])$ auf $\underline{g}$

$$B_f(x,y) := f([x,y]), \qquad \forall x,y \in \underline{g},$$

ist trivial auf $\underline{h}$. Wir sagen statt dessen auch, $\underline{h}$ sei <u>isotrop</u> (= total isotrop!) für B_f. Wir entnehmen der klassischen Theorie der alternierenden Bilinearformen, daß die maximalen isotropen <u>Unterräume</u> von $\underline{g}$ alle die gleiche Dimension haben, nämlich $\frac{1}{2}(\dim \underline{g} + \dim(\ker B_f))$ ($\in \mathbb{N}$ also!), wobei

$$\ker B_f := \{x \in \underline{g} \mid B_f(x,\underline{g}) = 0\}$$

den "Kern" der Bilinearform bezeichnet. Eine isotrope <u>Unteralgebra</u> dieser Dimension ist daher automatisch maximal isotrop (als Unterraum und erst recht als Unteralgebra).

<u>Definition</u>: Eine Unteralgebra $\underline{h}$ von $\underline{g}$ wird <u>Polarisierung von</u> f genannt, wenn sie als Unterraum von $\underline{g}$ maximal isotrop ist für B_f.

Nach einem kurzen Exkurs über alternierende Bilinearformen wollen wir zeigen, daß Polarisierungen stets existieren.

<u>9.2</u> Gegeben sei eine alternierende Bilinearform B auf dem endlichdimensionalen Vektorraum V. Den "Orthogonalraum bezüglich B" eines Unterraums U von V bezeichnen wir mit

$$U^B := \{x \in \underline{g} \mid B(x,U) = 0\}$$

Man hat dann speziell $\ker B = V^B$ und $\ker(B|_U) = U \cap U^B$.

<u>Lemma</u>: Ist $W \subseteq H$ maximal isotroper Teilraum der Hyperebene H von V, so ist $W + V^B$ maximal isotroper Teilraum von V.

<u>Beweis:</u> Jedenfalls ist $W + V^B$ isotrop. Insbesondere folgt $(H + V^B) \cap H = W$. Im Falle $W + V^B \neq W$ ist $H + V^B = V$. Folglich hat jeder Teilraum $U \subseteq V$, der V^B enthält, die Form $U = (U \cap H) + V^B$. Speziell ergibt sich für einen maximal isotropen Teilraum $U \supseteq W + V^B$ wegen $U \cap H = W$ die Gleichheit $U = W + V^B$, d.h. $W + V^B$ ist selbst schon maximal isotrop.

Im Falle $W + V^B = W$ wenden wir die in 9.1 angegebene Dimensionsformel auf die Hyperebene H und W an, für die sie

$$\dim W = \frac{1}{2} (\dim H + \dim H \cap H^B).$$

besagt. Wegen $V^B \subseteq W \subseteq H$ und $V^B \subseteq H^B$ ist $V^B \subseteq H \cap H^B$, so daß man

$$\dim W = \frac{1}{2} (\dim V - 1 + \dim H \cap H^B) \geq \frac{1}{2} (\dim V + \dim V^B) - \frac{1}{2}$$

erhält. Da $\frac{1}{2} (\dim V + \dim V^B) = \dim V^B + \frac{1}{2} \dim (V/V^B)$ ganz-zahlig ist, folgt die Gleichheit:

$$\dim W = \frac{1}{2} (\dim V + \dim V^B). \qquad \text{Qed.}$$

<u>9.3</u> <u>Bemerkung</u>. Wir erwähnen die folgende Verallgemeinerung des Lemmas 9.2.

<u>Sei</u> U <u>irgend ein Unterraum von</u> V. <u>Ist dann</u> W <u>maximal isotrop</u> (als Unterraum) <u>in</u> U, <u>und ist</u> W' <u>maximal isotrop in</u> U^B, <u>so ist</u> $W + W'$ <u>maximal isotrop in</u> V.

Da diese allgemeinere Aussage später nicht mehr benötigt wird, geben wir nur das Skelett des Beweises: Offensichtlich ist $W + W'$ isotrop. Folglich genügt es, die Gleichheit $\dim (W + W')/V^B = \frac{1}{2}\dim V/V^B$ nachzurechnen. Dies geschieht an Hand des umseitigen Diagramms von Unterräumen.

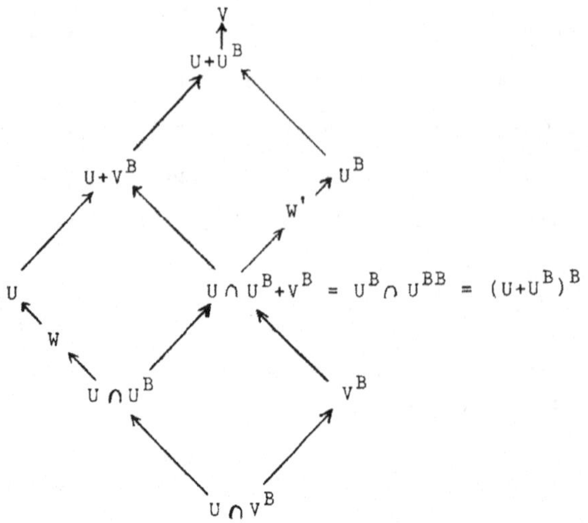

- Die Gleichung $(U \cap U^B) + V^B = U^B \cap U^{BB}$ erhält man durch Einsetzen von $U^{BB} = U + V^B$. Diese wiederum führt man durch Übergang zu V/V^B auf den nicht-entarteten Fall, d.h. $V^B = 0$, zurück, wo man bekanntlich $U^{BB} = U$ hat.

Aus diesem Diagramm ergibt sich mit Hilfe eines wohlbekannten Satzes von Witt über unsere Behauptung hinaus die Existenz einer Basis von V, bestehend aus Vektoren $(g_m)_{m \in M}$, $(e_i)_{i \in I}$ und $(f_i)_{i \in I}$, so daß gilt

a) $B(g_m,e_i) = B(g_m,f_i) = B(e_i,e_j) = B(f_i,f_j) = 0$, $\forall\, m,i,j$ und $B(e_i,f_j) = \delta_{ij}$, und

b) $U = (\bigoplus_{m \in M_1} \mathbb{C} g_m) \oplus (\bigoplus_{i \in I_1} \mathbb{C} e_i) \oplus (\bigoplus_{j \in I_2} (\mathbb{C} e_j \oplus \mathbb{C} f_j))$ für gewisse $M_1 \subseteq M$ und $I_1, I_2 \subseteq I$ mit $I_1 \cap I_2 = \emptyset$.

Insbesondere wird das Objekt (V,U,B) bis auf Isomorphie durch die Invarianten $\dim V$, $\dim U$, $\dim V^B$, $\dim U^B$ und $\dim U \cap V^B$ eindeutig bestimmt.

<u>9.4</u> Kehren wir wieder zu unserer <u>auflösbaren Lie Algebra</u> $\underline{g}$ zurück! Ist $f \in \underline{g}^*$ eine Linearform, so schreiben wir für den Orthogonalraum $\underline{h}^{B_f}$ (9.2) des Unterraums $\underline{h} \subseteq \underline{g}$ bezüglich der Bilinearform B_f (9.1)

auch - etwas handlicher -

$$\mathfrak{h}^{f\perp} \;:=\; \mathfrak{h}^{B_f}.$$

Satz: (Vergne): *Sei* $0 = \mathfrak{g}_0 \triangleleft \mathfrak{g}_1 \triangleleft \mathfrak{g}_2 \cdots \triangleleft \mathfrak{g}_n = \mathfrak{g}$ *eine Kompositionsreihe der Lie Algebra* $\mathfrak{g}$, *bestehend aus Idealen* $\mathfrak{g}_i \triangleleft \mathfrak{g}$ *der Dimensionen* dim $\mathfrak{g}_i = i$, $1 \leq i \leq n$. *Dann ist für jede Linearform* $f \in \mathfrak{g}^*$

$$\mathfrak{p} \;:=\; \sum_{i=1}^{n} \mathfrak{g}_i \cap \mathfrak{g}_i^{f\perp}$$

eine Polarisierung von f [64].

Wir sprechen dann von einer *Vergne-Polarisierung* $\mathfrak{p}$ von f (genauer auch von der $\mathfrak{g}_1,\dots,\mathfrak{g}_n$ *zugeordneten Vergne-Polarisierung*). - Da jede auflösbare Lie Algebra (über $\mathbb{C}$) eine Kompositionsreihe besitzt (Satz von Lie), besagt der Satz insbesondere, *daß jede Linearform eine Polarisierung besitzt*.

Beweis des Satzes: Aus dem Lemma 9.2 folgt mittels Induktion nach n unmittelbar, daß $\mathfrak{p}$ maximal isotrop ist als Unterraum von $\mathfrak{g}$. Zu zeigen bleibt nur, daß dieser Unterraum sogar Unteralgebra ist. Dazu geben wir $x \in \mathfrak{g}_i \cap \mathfrak{g}_i^{f\perp}$ und $y \in \mathfrak{g}_j \cap \mathfrak{g}_j^{f\perp}$ vor, $1 \leq i \leq j \leq n$, und beweisen $[x,y] \in \mathfrak{g}_i \cap \mathfrak{g}_i^{f\perp}$. Klar ist $[x,y] \in \mathfrak{g}_i$, so daß nur die Orthogonalität von $[x,y]$ auf allen $z \in \mathfrak{g}_i$ zu testen bleibt, d.h.

$$f([z,[x,y]]) = f([[z,x],y]) + f([x,[z,y]]) \overset{?}{=} 0.$$

Tatsächlich verschwinden beide Summanden, der erste wegen $[z,x] \in \mathfrak{g}_i \subseteq \mathfrak{g}_j$ und $y \in \mathfrak{g}_j^{f\perp}$, der zweite wegen $x \in \mathfrak{g}_i^{f\perp}$ und $[z,y] \in \mathfrak{g}_i$. Qed.

9.5 Wir können jetzt das Hauptergebnis dieses Paragraphen aussprechen.

Satz (Conze-Vergne): *Eine auflösbare Lie Algebra* $\mathfrak{g}$ *und eine Linearform* $f \in \mathfrak{g}^*$ *seien gegeben. Ist* $\mathfrak{p}$ *eine* Vergne-Polarisierung *von* f, *so wird der* $\mathfrak{g}$*-Modul*

$$M(f,\mathfrak{p}) \;:=\; U(\mathfrak{g}) \otimes_{U(\mathfrak{p})} \mathbb{C}_{f|\mathfrak{p}}$$

einfach [13].

Dem Beweis dieses Satzes wenden wir uns in 9.9 zu. Zunächst verifizieren wir ihn in zwei Beispielen. Dabei wird sich außerdem zeigen, daß nicht alle Polarisierungen Vergne-Polarisierungen zu sein brauchen, und daß der Satz 9.5 nicht für beliebige Polarisierungen richtig ist.

9.6 Beispiel. Sei $\underline{g} = \mathbb{C}x \oplus \mathbb{C}y$, $[x,y] = y$. Der Fall $f(y) = 0$ ergibt $B_f = 0$, $\underline{p} = \underline{g}$ und $M(f,\underline{p}) = \mathbb{C}_f$, ist also trivial.

Deshalb nehmen wir $f(y) \neq 0$ an. Nach einem passenden Basiswechsel ($y \longmapsto \alpha y$, $x \longmapsto x + \beta y$; $\alpha,\beta \in \mathbb{C}$) kann o.E. $f(y) = 1$ und $f(x) = 0$ angenommen werden. Die Lie Algebra $\underline{g}$ hat nur eine Kompositionsreihe : $0 \triangleleft \mathbb{C}y \triangleleft \underline{g}$. Die zugeordnete Vergne-Polarisierung von f ist $\underline{p} = \mathbb{C}y$. Der eindimensionale $\underline{p}$-Modul $\mathbb{C}_{f|\underline{p}} = \mathbb{C}e$ (9.1) wird beschrieben durch $y \cdot e = f(y)e = e$, und der induzierte $\underline{g}$-Modul $M(f,\underline{p})$ mit unterliegendem Vektorraum

$$M(f,\underline{p}) = \bigoplus_{n \geq 0} \mathbb{C}x^n \otimes e \cong \mathbb{C}[x] \otimes_{\mathbb{C}} \mathbb{C}e$$

ist gegeben durch die "Multiplikationsregeln"

$$(*) \qquad \begin{aligned} x\cdot(x^n \otimes e) &= x^{n+1} \otimes e \\ y\cdot(x^n \otimes e) &= (x-1)^n \otimes e . \end{aligned}$$

Die zweite berechnet man mit Hilfe von $yx = (x-1)y$, was $yx^n = (x-1)^n y$ und somit

$$y\cdot(x^n \otimes e) = yx^n \otimes e = (x-1)^n y \otimes e = (x-1)^n \otimes ye = (x-1)^n \otimes e$$

ergibt. Die Regeln $(*)$ lassen die Einfachheit des $\underline{g}$-Moduls $M(f,\underline{p})$ fast evident werden: Jeder $\underline{g}$-Untermodul N hat wegen $x \cdot N \subseteq N$ die Gestalt $N = I \otimes e$ mit einem Ideal $I \triangleleft \mathbb{C}[x]$, welches wegen $yN \subseteq N$ stabil bleibt unter dem Automorphismus $x \longmapsto x-1$ von $\mathbb{C}[x]$, also nur null oder gleich $\mathbb{C}[x]$ sein kann.

Neben der einzigen Vergne-Polarisierung, $\underline{p} = \mathbb{C}y$, gibt es noch weitere Polarisierungen von f; jeder andere eindimensionale Unterraum von $\underline{g}$ ist nämlich eine! Nehmen wir z.B. $\underline{p}' := \mathbb{C}x$, so ergibt sich

$$x \cdot e = f(x)e = 0$$

als Wirkung von x auf $\mathbb{C}_{f|\underline{p}'} = \mathbb{C}e$, und auf

$$M(f,\underline{p}') = U(\underline{g}) \otimes_{U(\underline{p}')} \mathbb{C}_{f|\underline{p}'} = \bigoplus_{n\geq 0} \mathbb{C}y^n \otimes e \cong \mathbb{C}[y] \otimes_{\mathbb{C}} \mathbb{C}e$$

operiert $\underline{g}$ gemäß den Regeln

$$(**) \qquad \begin{aligned} y(y^n \otimes e) &= y^{n+1} \otimes e \\ x(y^n \otimes e) &= ny^n \otimes e, \end{aligned}$$

denn $xy^n \otimes e = y^n(x+n) \otimes e = y^n \otimes xe + y^n n \otimes e = ny^n \otimes e$. Sie machen augenfällig, daß $M(f,\underline{p}')$ <u>nicht</u> <u>einfach</u> ist: Für jedes $n > 0$ ist $\mathbb{C}[y]y^n \otimes e$ ein echter Untermodul. - Dasselbe Ergebnis erhält man mit jeder anderen Polarisierung $\underline{p}' \neq \mathbb{C}y$: Wird $\underline{p}'$ etwa von $x + \alpha y$ aufgespannt, $\alpha \in \mathbb{C}$, so hat man lediglich $(**)$ zu ersetzen durch

$$x(y^n \otimes e) = (\alpha + n)\, y^n \otimes e \; - \; \alpha y^{n+1} \otimes e.$$

<u>9.7</u> <u>Beispiel</u>. Sei $\underline{g} = \mathbb{C}t \oplus \mathbb{C}x \oplus \mathbb{C}y \oplus \mathbb{C}z$ die <u>Diamantalgebra</u> mit

$$[t,x] = -x, [t,y] = y, [x,y] = z$$

und zentralem z (5.9). Wir geben uns eine Linearform $f \in \underline{g}^*$ vor durch

$$f(t) = f(x) = f(y) = 0, \quad f(z) = 1.$$

Man überlegt sich, daß die Diamantalgebra nur zwei Kompositionsreihen zuläßt,

$$0 \triangleleft \mathbb{C}z \triangleleft \mathbb{C}x + \mathbb{C}z \triangleleft \mathbb{C}x + \mathbb{C}y + \mathbb{C}z \triangleleft \underline{g}$$

bzw. $$0 \triangleleft \mathbb{C}z \triangleleft \mathbb{C}y + \mathbb{C}z \triangleleft \mathbb{C}x + \mathbb{C}y + \mathbb{C}z \triangleleft \underline{g}.$$

Die zugeordneten Vergne-Polarisierungen von f sind

$$\underline{p} = \mathbb{C}t + \mathbb{C}x + \mathbb{C}z \qquad \text{bzw.} \quad \underline{p}' = \mathbb{C}t + \mathbb{C}y + \mathbb{C}z.$$

Hier gibt es keine weiteren Polarisierungen von f mehr: Jede Polarisierung enthält ja $\underline{g}^{f|} = \mathbb{C}t + \mathbb{C}z$ und ist folglich stabil unter $ad(t) = [t,?]$, also direkte Summe von Teilräumen der $ad(t)$- Eigenräume $\mathbb{C}t + \mathbb{C}z$, $\mathbb{C}x$ und $\mathbb{C}y$.

Schreiben wir nun e bzw. e' für das ausgezeichnete Basiselement (9.1) von $\mathbb{C}_{f|\underline{p}}$ bzw. $\mathbb{C}_{f|\underline{p}'}$, so erhalten wir

$$M(f,\underline{p}) = U(\underline{g}) \underset{U(\underline{p})}{\otimes} \mathbb{C}e = \bigoplus_{n\geq 0} \mathbb{C}y^n \otimes e \xrightarrow{\sim} \mathbb{C}[y] \otimes_{\mathbb{C}} \mathbb{C}e$$

mit $y(y^n \otimes e) = y^{n+1} \otimes e, \; z(y^n \otimes e) = y^n z \otimes e = y^n \otimes e,$

$x(y^n \otimes e) = y^n x \otimes e + n y^{n-1} z \otimes e = n y^{n-1} \otimes e,$

$t(y^n \otimes e) = y^n t \otimes e + n y^{n-1} y \otimes e = n y^n \otimes e,$

bzw. $M(f,\underline{p}') = U(\underline{g}) \otimes_{U(\underline{p}')} \mathbb{C}e' = \bigoplus_{n \geq 0} \mathbb{C}x^n \otimes e' \xrightarrow{\sim} \mathbb{C}[x] \otimes_{\mathbb{C}} \mathbb{C}e'$

mit $x(x^n \otimes e') = x^{n+1} \otimes e', \; z(x^n \otimes e') = x^n z \otimes e' = x^n \otimes e',$

$y(x^n \otimes e') = x^n y \otimes e' - n x^{n-1} z \otimes e' = -n x^{n-1} \otimes e',$

$t(x^n \otimes e') = x^n t \otimes e' - n x^{n-1} x \otimes e' = -n x^n \otimes e'.$

Beide $\underline{g}$-Moduln $M(f,\underline{p})$ und $M(f,\underline{p}')$ sind offensichtlich <u>einfach</u>, da das Multiplizieren mit x bzw. y den Grad <u>erniedrigt</u>.

<u>9.8</u> Wir wenden uns nun dem Beweis des Satzes 9.5 zu. Zunächst vereinbaren wir einige Abkürzungen, die sich beim Beweis als zweckmäßig erweisen werden. Außerdem stellen wir hier eine "Variante" der Leibniz-Formel bereit.

Für ein r-tupel $(n_1,\ldots,n_r) \in \mathbb{N}^r$ wird kurz n geschrieben. Sind $m, n \in \mathbb{N}^r$, dann steht "$m \leq n$" für "$m_i \leq n_i$, $\forall i = 1,\ldots,n$". Weiter wird

$$\binom{n}{m} := \binom{n_1}{m_1}\binom{n_2}{m_2}\cdots\binom{n_r}{m_r} \quad \text{und} \quad |n| := n_1 + n_2 + \ldots + n_r$$

gesetzt. Sind außerdem $x_1,\ldots,x_r$ Elemente eines Ringes, so bezeichnet x^n das Monom $x_1^{n_1} x_2^{n_2} \cdots x_r^{n_r}$. Für den Beweis des Satzes müssen wir wissen, wie ein solches Monom mit einem weiteren Ringelement z kommutiert:

<u>Lemma</u>: $$zx^n = \sum_{0 \leq m \leq n} \binom{n}{m} x^{n-m} [\ldots[\underbrace{[\ldots[z,x_1],x_1]\ldots,x_1]}_{m_1},\underbrace{x_2],\ldots,x_2]}_{m_2}\ldots,\underbrace{x_r]\ldots,x_r]}_{m_r}.$$

Wir übergehen den Beweis und erläutern die Formel nur am Beispiel $n=(1,1)$:

$$zx_1x_2 = x_1zx_2 + [z,x_1]x_2 = x_1x_2z + x_1[z,x_2] + x_2[z,x_1] + [[z,x_1],x_2].$$

9.9 Beweis des Satzes 9.5. Mittels Induktion nach $\dim \underline{g}$ führen wir den Satz auf ein "Irreduzibilitätskriterium" (9.10) zurück.

Nach Voraussetzung hat die Polarisierung $\underline{p}$ von f die Form $\underline{p} = \sum_i \underline{g}_i \cap \underline{g}_i^{f\perp}$ mit einer passenden Kompositionsreihe von $\underline{g}$:

$$0 = \underline{g}_0 \triangleleft \underline{g}_1 \triangleleft \underline{g}_2 \triangleleft \dots \triangleleft \underline{g}_n = \underline{g}, \qquad [g_i : g_{i-1}] = 1.$$

Im Falle $\underline{g}^{f\perp} = \underline{g}$ (insbesondere bei $\underline{g} = 0$) ist $\underline{p} = \underline{g}$ und $M(f,\underline{p}) = \mathbb{C}_f$ und daher nichts zu zeigen. Im anderen Fall wählen wir j minimal mit $\underline{h} := \underline{g}_j^{f\perp} \neq \underline{g}$. Dann ist $\underline{g}_{j-1}^{f\perp} = \underline{g}$, und daraus schließt man, daß $\underline{h}$ Codimension eins in $\underline{g}$ hat und folgende Situation vorliegt:

(*) $\qquad \underline{g}_j \subseteq \underline{p} \subseteq \underline{g}_j^{f\perp} =: \underline{h} \subset \underline{g} \qquad$ mit $[\underline{g} : \underline{h}] = 1$.

Sei nämlich $\underline{g}_j = \underline{g}_{j-1} + \mathbb{C}x$ mit $x \in \underline{g}_j \setminus \underline{g}_{j-1}$. Zunächst ist $[\underline{g}_j,\underline{g}_j] = [\underline{g}_{j-1}, \underline{g}_j]$ wegen $[x,x] = 0$, und $g_j^{f\perp} = (\mathbb{C}x)^{f\perp}$. Letzteres ergibt $[\underline{g} : \underline{h}] = 1$, und das erstere hat wegen $f([\underline{g}_{j-1},\underline{g}_j]) \subseteq f([g_{j-1}, \underline{g}]) = 0$ die Inklusion $\underline{g}_j \subseteq \underline{h}$ zur Folge, mithin $\underline{g}_j \subseteq \underline{p}$, wie behauptet. Dies ergibt auch, daß $\underline{p}$ orthogonal ist zu $\underline{g}_j$, also die Inklusion $\underline{p} \subseteq \underline{h}$. - Zusätzlich bemerken wir, daß $\underline{h}$ eine Unteralgebra ist, denn allgemein gilt das

Lemma: Ist $\underline{k}$ ein Ideal in $\underline{g}$ und $f \in \underline{g}^*$, so ist $k^{b\perp}$ eine Unteralgebra von $\underline{g}$.

Denn aus $x,y \in k^{f\perp}$ und $k \in \underline{k}$ folgt

$$f([[x,y],k]) = f([[x,k],y]) + f([x,[y,k])\in f([\underline{k},y]) + f([x,\underline{k}]) = 0.$$

Die Induktionsvoraussetzung garantiert uns jetzt, daß $M(f|_{\underline{h}},\underline{p})$ ein einfacher $\underline{h}$-Modul ist. Denn $\underline{p}$ ist auch Vergne-Polarisierung von $f|_{\underline{h}}$, zugeordnet der Kompositionsreihe (mit Wiederholung!) der Ideale $\underline{g}_i \cap \underline{h}$, $1 \leq i \leq n$.

Schreiben wir nun $\underline{h}$ in der Form $\underline{h} = \underline{p} \oplus \mathbb{C}x_1 \oplus \dots \oplus \mathbb{C}x_r$, so erhalten wir nach Poincaré-Birkhoff-Witt - unter Verwendung der in 9.8 (und 9.1) vereinbarten Notation - die folgende Zerlegung von $M(f|_{\underline{h}},\underline{p})$

als Vektorraum:

$$M(f|_{\underline{h}},\underline{p}) = U(\underline{h}) \otimes_{U(\underline{p})} \mathbb{C}_{f|\underline{p}} = \bigoplus_{n \in \mathbb{N}^r} \mathbb{C}x^n \otimes e.$$

Wir behaupten, daß jedes $x^n \otimes e$ - und damit alle Elemente $\neq 0$ des Moduls - $\underline{g}_j$ -Eigenvektoren sind, und zwar zum Eigenwert $f|_{\underline{g}_j}$. Nach der Kommutatorformel 9.8 ist nämlich für jedes $k \in \underline{g}_j$

$$kx^n = x^n k + \sum_{0<m\leq n} x^{n-m} k_{n,m}$$

mit gewissen Koeffizienten $k_{n,m} \in \underline{g}$, von denen wir hier nur zu wissen brauchen, daß sie in $[\underline{h}, \underline{g}_j]$ liegen und damit in $\underline{p}$ und im Kern von f (*). Tatsächlich gilt danach

$$k\cdot(x^n \otimes e) = x^n \otimes ke + \sum_{0<m\leq n} x^{n-m} \otimes k_{n,m} \cdot e$$

$$= x^n \otimes f(k)e + \sum x^{n-m} \otimes f(k_{n,m})\, e = f(k)(x^n \otimes e).$$

Wenn man jetzt noch der Definition (in 9.5) entnimmt, daß

$$M(f,\underline{p}) = U(\underline{g}) \otimes_{U(\underline{h})} M(f|_{\underline{h}},\underline{p})$$

ist, so hat man alle Voraussetzungen des folgenden Lemmas verifiziert (setze $\underline{k} := \underline{g}_j$!), wonach die Einfachheit von $M(f|_{\underline{h}},\underline{p})$ notwendig die Einfachheit von $M(f,\underline{p})$ nach sich zieht. Qed.

<u>9.10</u> Das folgende Resultat geht im wesentlichen auf ein allgemeineres Irreduzibilitätskriterium von Blattner [3] zurück.

<u>Lemma</u>: <u>Ein Ideal $\underline{k} \triangleleft \underline{g}$, eine Linearform $f \in \underline{g}^*$ und ein Modul</u> N <u>über der Unteralgebra (9.9) $\underline{k}^{f\perp} =: h$ seien gegeben. Wir setzen voraus, daß $\underline{k}$ in $\underline{h}$ enthalten ist, und daß $\underline{k}$ auf N halbeinfach operiert mit $f|_{\underline{k}}$ als einzigem Eigenwert. Dann gilt:</u>

a) Jeder $\underline{k}$(!)-Untermodul $M' \neq 0$ von $M := U(\underline{g}) \otimes_{U(\underline{h})} N$ hat nichttrivialen Durchschnitt mit $1 \otimes N$ (d.h. M ist als $\underline{k}$-Modul wesentliche Erweiterung von N).

b) <u>Die $\underline{g}$-Untermoduln von M stehen im Bijektion zu den h-Untermoduln von N vermöge $N' \longrightarrow U(\underline{g}) \otimes_{U(\underline{h})} N'$.</u>

Beim Beweis beschränken wir uns auf den Fall, daß $\underline{h}$ die Codimension eins in $\underline{g}$ hat, denn nur diesen wenden wir tatsächlich an (vgl. 9.9(*) und 10.6). Für den allgemeinen Fall verweisen wir auf Blattner.

Beweis: Aussage b) ist eine leichte Konsequenz von a): Wir identifizieren N mit $1 \otimes N \subseteq M$, nehmen einen $\underline{g}$-Untermodul M' von M her und setzen $N' .= M' \cap N$ und $M_1' .= U(\underline{g}) \otimes_{U(\underline{h})} N'$. Dann ist M'/M_1' ein $\underline{k}$-Untermodul von $U(\underline{g}) \otimes_{U(\underline{h})} (N/N')$, der nach Konstruktion mit N/N' nur die Null gemeinsam hat. Nach a) folgt daraus $M'/M_1' = 0$, also $M' = M_1'$. Das beweist die Surjektivität der Abbildung $N' \longmapsto U(\underline{g}) \otimes_{U(\underline{h})} N'$. Die Injektivität ist klar, da $U(\underline{g})$ nach dem PBW-Theorem frei ist als Rechtsmodul über $U(\underline{h})$.

Beweisen wir jetzt a)! Wir schreiben $\underline{g} = \underline{h} \oplus \mathbb{C}x$ (codim $\underline{h} = 1$ nach obiger Voraussetzung) und haben somit $M = \bigoplus_{n \in \mathbb{N}} x^n \otimes N$ nach dem PBW-Theorem. Da uns hier nur die $\underline{k}$-Modulstruktur von M interessiert, wollen wir die $\underline{g}$-Modulstruktur von M auf $\underline{g}' .= \underline{k} \oplus \mathbb{C}x$ einschränken. Für die eingeschränkte Struktur erhalten wir dann ebenso,

$$M = \bigoplus_{n \in \mathbb{N}} x^n \otimes N \stackrel{!}{=} U(\underline{g}') \otimes_{U(\underline{k})} N.$$

Nach Voraussetzung ist N direkte Summe eindimensionaler $\underline{k}$-Moduln $\cong \mathbb{C}_{f|\underline{k}}$ und folglich M die direkte Summe der zugehörigen induzierten $\underline{g}'$-Moduln ($\cong U(\underline{g}') \otimes_{U(\underline{k})} \mathbb{C}_{f|\underline{k}}$). Diese Überlegung zeigt, daß wir a) nur im Falle $\dim N = 1$ nachzuprüfen haben: Denn zu beweisen haben wir, daß M als $\underline{k}$-Modul eine wesentliche Erweiterung von N ist, und eine direkte Summe wesentlicher Erweiterung ist bekanntlich wesentlich!

Sei also $N = \mathbb{C}e$ eindimensional, und sei $t = x^n \otimes t_0 + x^{n-1} \otimes t_1 \ldots \in M'$ wie oben, $t_i = \alpha_i e$ mit $\alpha_i \in \mathbb{C}$ und ohne Einschränkung $\alpha_0 = 1$. Nach Definition von $\underline{h}$ und $x (\notin \underline{h})$ gibt es ein $y \in \underline{k}$ mit

$$f([y,x]) = 1.$$

Mit diesem Element wird

$$yt = yx^n \otimes e + yx^{n-1} \otimes \alpha_1 e + \ldots = x^n y \otimes e + nx^{n-1}[y,x] \otimes e + \ldots + x^{n-1} y \otimes \alpha_1 e + .$$

$$= x^n \otimes f(y)e + nx^{n-1} \otimes f([y,x])e + x^{n-1} \otimes \alpha_1 f(y)e + \ldots,$$

so daß man in

$$yt - f(y)t = nx^{n-1} \otimes e + \ldots \in M'$$

ein Element des $\underline{k}$-Untermoduls M' von kleinerem Grad als t erhalten hat. Wiederholung der Prozedur liefert nach n Schritten $n! \otimes e \in M'$, also $M' \cap N \neq 0$. Qed.

§ 10 Induzierte Darstellungen

10.1 Sei $\underline{g}$ eine auflösbare Lie Algebra. Im vorigen Paragraphen haben wir uns ein Rezept zur Fabrikation von primitiven Idealen in der Einhüllenden erarbeitet: Man nehme eine Linearform $f \in \underline{g}^*$, bilde eine Vergne-Polarisierung $\underline{p} \subseteq \underline{g}$ von f, betrachte die eindimensionale Darstellung $\mathbb{C}_{f|\underline{p}}$ von $\underline{p}$, tensoriere mit $U(\underline{g})$ und erhalte als Annullator des resultierenden irreduziblen $\underline{g}$-Moduls

(*) $$M(f,\underline{p}) .= U(\underline{g}) \otimes_{U(\underline{p})} \mathbb{C}_{f|\underline{p}}$$

das gewünschte primitive Ideal

(**) $$J(f,\underline{p}) .= \{u \in U(\underline{g}) | \; u\, M(f,\underline{p}) = 0\} \in \text{Priv}\, U(\underline{g})!$$

An diesem Verfahren stört uns, daß $\underline{p}$ einerseits stark von f abhängt (9.4), andererseits aber nicht durch f allein bestimmt ist.

Man könnte hoffen, daß das primitive Ideal $J(f,\underline{p})$ trotzdem nur von f abhängt, doch zeigt schon das Beispiel 9.7 der Diamantalgebra, daß dies nicht zutrifft: Mit den Bezeichnungen von 9.7 hat man

$$J(f,\underline{p}) = \langle z-1,\; tz - xy + 1\rangle \neq \langle z - 1,\; tz - xy\rangle = J(f,\underline{p}'),$$

wobei $\langle\ldots\rangle$ das von ... erzeugte Ideal bezeichnet. [Daß $z-1$ und $tz - xy + 1$ bzw. $z-1$ und $tz - xy$ in $J(f,\underline{p})$ bzw. $J(f,\underline{p}')$ liegen, ist aus 9.7 abzulesen, und daß sie bereits den vollen Annullator erzeugen, folgt aus 5.9, wonach die Restklassenringe von $U(\underline{g})$ nach $\langle z-1, tz-xy+1\rangle$ bzw. $\langle z-1, tz - xy\rangle$ isomorph zu $\mathbb{A}_1$ und daher schon einfach sind (4.10)].

Diese unerwünschte Abhängigkeit von $\underline{p}$ kann man aber beseitigen, wenn man das obige Rezept geschickt abwandelt. Wir werden statt (*) einen "geringfügig" abgeänderten Modul $\tilde{M}(f,\underline{p})$ und dessen Annullator $\tilde{J}(f,\underline{p})$ betrachten, ein immer noch primitives Ideal. Hauptgegenstand dieses Paragraphen ist dann der Nachweis, daß dieses $\tilde{J}(f,\underline{p})$ nur von f abhängt. Die Erkenntnis, daß man auf solche Weise Unabhängigkeit von $\underline{p}$ erreichen und somit eine Abbildung $\underline{g}^* \longrightarrow \text{Priv}\, U(\underline{g})$ konstruieren kann, verdankt man Dixmier.

10.2 Sei $\underline{g}$ eine Lie Algebra. Jede Linearform, die auf $[\underline{g},\underline{g}]$ verschwindet, definiert einen Homomorphismus $x \mapsto x + \lambda(x)$, $\underline{g} \to U(\underline{g})$, von Lie-Algebren. Er läßt sich eindeutig fortsetzen zu einem Algebra-Homomorphismus $\tau_\lambda : U(\underline{g}) \to U(\underline{g})$, den wir die Windung von $U(\underline{g})$ um λ nennen wollen. Wegen $\tau_\lambda \circ \tau_\mu = \tau_{\lambda+\mu}$ und $\tau_0 = \mathrm{id}$ bilden diese Windungen eine Gruppe, und zwar eine Untergruppe von $\mathrm{Aut}\, U(\underline{g})$. Wir wollen jetzt sagen, was es heißt, einen beliebigen $\underline{g}$-Modul N um λ zu "winden": Dem "um λ gewundenen" $\underline{g}$-Modul ${}^\lambda N$ soll derselbe Vektorraum wie N zugrunde liegen, aber die $\underline{g}$-Operation auf ${}^\lambda N$ soll mittels derjenigen auf N definiert sein durch

$$u \times_\lambda n := \tau_\lambda(u)n, \qquad \forall u \in U(\underline{g}), \quad \forall n \in N.$$

10.3 Sei jetzt $\underline{p}$ eine Unteralgebra der Lie Algebra $\underline{g}$ und sei $- : \underline{g} \to \underline{g}/\underline{p}$ der Quotientenraum von $\underline{g}$ nach $\underline{p}$. Jedes Element $y \in \underline{p}$ definiert einen Endomorphismus $\overline{x} \mapsto \overline{[y,x]}$ von $\underline{g}/\underline{p}$, dessen Spur wir mit $\mathrm{Sp}_{\underline{g}/\underline{p}}(y)$ bezeichnen. Um die Linearform $\lambda := \frac{1}{2}\mathrm{Sp}_{\underline{g}/\underline{h}} \in \underline{p}^*$ können wir jetzt nach dem Vorgang von 10.2 $\underline{p}$-Moduln winden.

Definition (Dixmier [19]): Sei N ein $\underline{p}$-Modul. Den durch Winden um $\lambda = \frac{1}{2}\,\mathrm{Sp}_{\underline{g}/\underline{p}}$ und anschließendes Tensorieren mit $U(\underline{g})$ entstehenden $\underline{g}$-Modul

$$\underset{\underline{p}}{\overset{\underline{g}}{\uparrow}} N := U(\underline{g}) \otimes_{U(\underline{p})} {}^\lambda N$$

bezeichnen wir als den (von N) induzierten $\underline{g}$-Modul. Im Falle eines eindimensionalen $\underline{p}$-Moduls $N = \mathbb{C}_{f|\underline{p}}$ (wo $f \in \underline{g}^*$, $f([\underline{p},\underline{p}]) = 0$) verwenden wir für den von N induzierten $\underline{g}$-Modul die besondere Schreibweise

$$\widetilde{M}(f,\underline{p}) := \underset{\underline{p}}{\overset{\underline{g}}{\uparrow}} \mathbb{C}_{f|\underline{p}} = U(\underline{g}) \otimes_{U(\underline{p})} \mathbb{C}_{\tilde{f}}, \quad \text{wo} \quad \tilde{f} := f|_{\underline{p}} + \frac{1}{2}\,\mathrm{Sp}_{\underline{g}/\underline{p}},$$

und sein Annullatorideal in $U(\underline{g})$ bezeichnen wir mit dem Symbol

$$\tilde{J}(f,\underline{p}) := \mathrm{Ann}\, \widetilde{M}(f,\underline{p}) := \{u \in U(\underline{g}) \mid u\, \widetilde{M}(f,\underline{p}) = 0\}$$

(vgl. 10.1 (*), (**)).

Spezialfall: Ist die Operation von $\mathfrak{p}$ auf $\mathfrak{g}/\mathfrak{p}$ nilpotent, so ist $Sp_{\mathfrak{g}/\mathfrak{p}} = 0$, und folglich bleibt das Winden um λ wirkungslos, d.h. man hat dann

$$\frac{\mathfrak{g}}{\mathfrak{p}}\uparrow N = U(\mathfrak{g}) \otimes_{U(\mathfrak{p})} N,$$

$$\widetilde{M}(f,\mathfrak{p}) = M(f,\mathfrak{p}) \quad \text{und} \quad \widetilde{J}(f,\mathfrak{p}) = J(f,\mathfrak{p})$$

(vgl. 10.1). Dieser Fall tritt insbesondere dann ein, wenn $\mathfrak{p}$ ein Ideal in $\mathfrak{g}$ oder wenn $\mathfrak{g}$ selbst schon nilpotent ist.

Schließlich führen wir noch ein letztes Symbol ein, das gleich dazu dienen soll, den Annullator eines induzierten Moduls zu beschreiben. Sei J ein Ideal in $U(\mathfrak{p})$. Als das von J in $U(\mathfrak{p})$ induzierte Ideal bezeichnen wir das größte Ideal von $U(\mathfrak{g})$, das im Linksideal $U(\mathfrak{g})\tau_{\lambda}^{-1}(J)$ enthalten ist (10.2), wobei $\lambda = \frac{1}{2}Sp_{\mathfrak{g}/\mathfrak{p}}$. Symbolish schreiben wir für dieses Ideal

$$\frac{\mathfrak{g}}{\mathfrak{p}}\Uparrow J := \bigcup\{I \triangleleft U(\mathfrak{g}) \mid I \subseteq U(\mathfrak{g})\tau_{-\lambda}(J)\}.$$

10.4 Lemma: Sei $\mathfrak{p}$ eine Unteralgebra der Lie Algebra $\mathfrak{g}$.

a) Für jeden $\mathfrak{p}$-Modul N gilt $\mathrm{Ann}(\frac{\mathfrak{g}}{\mathfrak{p}}\uparrow N) = \frac{\mathfrak{g}}{\mathfrak{p}}\Uparrow(\mathrm{Ann}\, N)$.

b) Ist $\mathfrak{p} \subseteq \mathfrak{h} \subseteq \mathfrak{g}$ eine Kette von Unteralgebren, so hat man die Formeln

$$\frac{\mathfrak{g}}{\mathfrak{p}}\uparrow N = \frac{\mathfrak{g}}{\mathfrak{h}}\uparrow\frac{\mathfrak{h}}{\mathfrak{p}}\uparrow N \quad \text{und} \quad \frac{\mathfrak{g}}{\mathfrak{p}}\Uparrow J = \frac{\mathfrak{g}}{\mathfrak{h}}\Uparrow\frac{\mathfrak{h}}{\mathfrak{p}}\Uparrow J$$

für jeden $\mathfrak{p}$-Modul N und alle Ideale $J \triangleleft U(\mathfrak{p})$.

c) Ist $\mathfrak{k} \subseteq \mathfrak{p}$ ein Ideal von $\mathfrak{g}$ und N ein $\mathfrak{p}/\mathfrak{k}$ - Modul, so wird

$$\frac{\mathfrak{g}}{\mathfrak{p}}\uparrow N \cong \frac{\mathfrak{g}/\mathfrak{k}}{\mathfrak{p}/\mathfrak{k}}\uparrow N,$$

(wo man links N in der offensichtlichen Weise als $\mathfrak{p}$-Modul auffaßt).

d) Sind $\mathfrak{p} \subseteq \mathfrak{h} \subseteq \mathfrak{g}$ wie in b) gegeben und $f \in \mathfrak{g}^*$ mit $f([\mathfrak{p},\mathfrak{p}]) = 0$, so hat man

$$\widetilde{J}(f,\mathfrak{p}) = \frac{\mathfrak{g}}{\mathfrak{h}}\Uparrow\widetilde{J}(f|_{\mathfrak{h}},\mathfrak{p}).$$

Beweis: a) Dies ergibt sich wegen $\mathrm{Ann}\,{}^{\lambda}N = \tau_{\lambda}^{-1}(\mathrm{Ann}\, N)$ aus folgender Aussage: Seien B ein Ring, A ein Unterring, V ein A-

Modul. Ist B frei als rechter A-Modul, so ist $\mathrm{Ann}_B(B\otimes_A V)$ das größte Ideal J von B mit $J \subseteq B(\mathrm{Ann}_A V)$.

Die Inklusion $\mathrm{Ann}_B(B\otimes_A V) \supseteq J$ ist trivial wegen $J(B\otimes_A V) = (JB)(1\otimes_A V \subseteq J(1\otimes_A V) \subseteq (B\,\mathrm{Ann}_A V)(1\otimes_A V) = 0$. Sei $B = \bigoplus_{i\in I} b_i A$ als rechter A-Modul. Die Relation $x \in \mathrm{Ann}_B(B\otimes_A V)$ bedeutet $0 = x(b_i \otimes V) = \sum_j b_i a_{ij} \otimes V = b_i \otimes (\sum_j a_{ij} V)$, $\forall\, i \in I$, wobei $xb_i = \sum_j b_i\, a_{ij}$. Das ist nur bei $a_{ij}\, V = 0$, $\forall\, i,j$, möglich; d.h. $a_{ij} \in \mathrm{Ann}_A V$. Es folgt $xB \subseteq B\,\mathrm{Ann}_A\, V$. Also ist $\mathrm{Ann}_B(B\otimes_A V)$ in $B(\mathrm{Ann}_A\, V)$ enthalten und damit in J.

b) Seien $\lambda := \frac{1}{2}\,\mathrm{Sp}_{\underline{g}/\underline{p}}$, $\mu := \frac{1}{2}\,\mathrm{Sp}_{\underline{h}/\underline{p}}$ und $\nu := \frac{1}{2}\mathrm{Sp}_{\underline{g}/\underline{h}}$. Für jeden $\underline{p}$-Modul M haben wir den $\underline{h}$-Modulisomorphismus

$$U(\underline{h})\otimes_{U(\underline{p})} {}^{\nu|\underline{p}}M \xrightarrow{\ \sim\ } {}^{\nu}(U(\underline{h})\otimes_{U(\underline{p})} M),\quad u\otimes n \longmapsto \tau_\nu(u)\otimes n.$$

Dies liefert wegen $\lambda = \nu|_{\underline{p}} + \mu$ für $M = {}^{\mu}N$ die Isomorphismen

$$U(\underline{h})\otimes_{U(\underline{p})} {}^{\lambda}N = U(\underline{h})\otimes_{U(\underline{p})} {}^{\nu|\underline{p}}({}^{\mu}N) \cong {}^{\nu}(U(\underline{h})\otimes_{U(\underline{p})} {}^{\mu}N)$$

und

$$U(\underline{g})\otimes_{U(\underline{p})} {}^{\lambda}N \xrightarrow{\ \sim\ } U(\underline{g})\otimes_{U(\underline{h})} U(\underline{h})\otimes_{U(\underline{p})} {}^{\lambda}N \xrightarrow{\ \sim\ } U(\underline{g})\otimes_{U(\underline{h})} {}^{\nu}(U(\underline{h})\otimes_{U(\underline{p})} {}^{\mu}N)!$$

Die zweite Hälfte von b) folgt wegen $J = \mathrm{Ann}(U(\underline{p})/J)$ aus der ersten und aus a).

c) ist trivial, und d) folgt unmittelbar aus b). Qed.

10.5 Beispiel: Wir haben in 10.1 bereits angedeutet, was uns das Winden der Moduln um $\frac{1}{2}\mathrm{Sp}_{\underline{g}/\underline{p}}$ nützen soll und demonstrieren dies nun am Beispiel der Diamantalgebra $\underline{g}$. Wie in 10.1 benutzen wir die Notationen des Beispiels 9.7 und setzen $\lambda := \frac{1}{2}\mathrm{Sp}_{\underline{g}/\underline{p}}$, $\lambda' := \frac{1}{2}\mathrm{Sp}_{\underline{g}/\underline{p}'}$. Den Multiplikationstafeln für $\underline{g}$ entnimmt man dann

$$\lambda(t) = \tfrac{1}{2} \quad \text{und} \quad \lambda(x) = \lambda(z) = 0, \text{ bzw.}$$
$$\lambda'(t) = -\tfrac{1}{2} \quad \text{und} \quad \lambda'(y) = \lambda'(z) = 0.$$

Sind e bzw. e' die ausgezeichneten Basiselemente von ${}^{\lambda}\mathbb{C}_{f|\underline{p}}$ bzw. ${}^{\lambda'}\mathbb{C}_{f|\underline{p}'}$, so erhält man für die induzierten Moduln

$$\tilde{M}(f,\underline{p}) = \bigoplus_{n\geq 0} \mathbb{C}y^n \otimes e \quad \text{bzw.} \quad \tilde{M}(f,\underline{p}') = \bigoplus_{n\geq 0} \mathbb{C}x^n \otimes e'$$

die Multiplikationstabellen

$$\begin{array}{lcl} z(y^n\otimes e) = y^n\otimes e & & z(x^n\otimes e') = x^n\otimes e' \\ y(y^n\otimes e) = y^{n+1}\otimes e & & y(x^n\otimes e') = -nx^{n-1}\otimes e' \\ x(y^n\otimes e) = ny^{n-1}\otimes e & \text{bzw.} & x(x^n\otimes e') = x^{n+1}\otimes e' \\ t(y^n\otimes e) = (n+\frac{1}{2})y^n\otimes e & & t(x^n\otimes e') = -(n+\frac{1}{2})x^n\otimes e'. \end{array}$$

Die Wirkung des Elements $tz - xy$ errechnet sich daraus zu

$$(tz-xy)(y^n\otimes e) = [(n+\tfrac{1}{2})-(n+1)](y^n\otimes e) = -\tfrac{1}{2}y^n\otimes e \quad \text{bzw.}$$

$$(tz-xy)(x^n\otimes e') = [(-n-\tfrac{1}{2})-(-n)]\ (x^n\otimes e') = -\tfrac{1}{2}\ x^n\otimes e'.$$

Mit dem in 10.1 angegebenen Argument folgt daraus

$$\tilde{J}(f,\underline{p}) = \langle z-1,\ tz-xy+\tfrac{1}{2}\rangle = \tilde{J}(f,\underline{p}')\ !$$

Da $\underline{p}$ und $\underline{p}'$ die einzigen Polarisierungen von f sind (9.7), haben wir in diesem Spezialfall verifiziert, daß $\tilde{J}(f,\underline{p})$ nur von f abhängt. - Bevor wir dies im allgemeinen Fall beweisen, wollen wir uns vergewissern, daß das Winden um $\frac{1}{2}\,\mathrm{Sp}_{\underline{g}/\underline{h}}$ auch "nichts geschadet hat", d.h. daß $\tilde{J}(f,\underline{p})$ ebenso wie $J(f,\underline{p})$ ein primitives Ideal ist.

<u>10.6</u> <u>Satz</u>: <u>Sei</u> $f\in \underline{g}^*$ <u>eine Linearform auf der auflösbaren Lie Algebra</u> $\underline{g}$. <u>Für jede Vergne-Polarisierung</u> $\underline{p}$ <u>von</u> f <u>ist der</u> $\underline{g}$-<u>Modul</u> $\tilde{M}(f,\underline{p})$ <u>einfach</u>.

Dies ist ein <u>Korollar</u> - zwar nicht zum <u>Satz</u> 9.5, aber zu dessen <u>Beweis</u> in 9.9. Hat man nämlich die Unteralgebren $\underline{k} := \underline{g}_j$ und $\underline{h} := \underline{k}^{f\perp}$ wie zu Anfang von 9.9 gewählt, so daß also $\underline{k} \subseteq \underline{p} \subseteq \underline{h}$ und $[\underline{g} : \underline{h}] = 1$ gelten (vgl. (✱)), so braucht man im weiteren Verlauf des Beweises nur noch zusätzlich die Windungen um $\mu := \frac{1}{2}\mathrm{Sp}_{\underline{g}/\underline{p}}$ bzw. $\nu := \frac{1}{2}\mathrm{Sp}_{\underline{g}/\underline{h}}$ zu berücksichtigen. Nach Induktionshypothese sind dann $\tilde{M}(f|_{\underline{h}},\underline{p})$ und, folglich, ${}^{\nu}\tilde{M}(f|_{\underline{h}},\underline{p})$ einfache $\underline{h}$-Moduln, auf denen jedes $k\in \underline{k}$ durch Multiplikation mit $f(k)$ operiert (denn daran hat das Winden mit μ und ν nichts geändert, da $\mu(\underline{k}) = \nu(\underline{k}) = 0$). Entnimmt man aus 10.4b) noch die Formel

$$\tilde{M}(f,\underline{p}) = U(\underline{g}) \otimes_{U(\underline{h})} \tilde{M}(f|_{\underline{h}},\underline{p}),$$

so schließt man mittels 9.10 auf die Einfachheit von $\tilde{M}(f,\underline{p})$. Qed.

10.7 Satz (Dixmier[19], vgl.[12]): Eine auflösbare Lie Algebra $\underline{g}$, eine Linearform $f \in \underline{g}^*$ und zwei isotrope Unteralgebren $\underline{p}$, $\underline{q}$ von $\underline{g}$ seien gegeben, d.h. es gelte $f([\underline{p}, \underline{p}]) = f([\underline{q}, \underline{q}]) = 0$. Ist $\underline{p}$ sogar eine Polarisierung von f, so sind die nach 10.3 zugeordneten Ideale vergleichbar: Es gilt

$$\tilde{J}(f,\underline{q}) \subseteq \tilde{J}(f, \underline{p}).$$

Den Beweis geben wir in 10.9.

10.8 Korollar (Dixmier [19]): Sind $\underline{p}$ und $\underline{q}$ Polarisierungen von f, so gilt

$$\tilde{J}(f, \underline{q}) = \tilde{J}(f, \underline{p}).$$

Dies folgt durch zweimaliges Anwenden des Satzes.

Korollar: Jeder Linearform $f \in \underline{g}^*$ wird durch die Vorschrift

$$\mathrm{Dix}\ (f) := \tilde{J}(f, \underline{p}),\ \underline{p} \text{ Polarisierung von } f,$$

eindeutig ein primitives Ideal Dix $(f) \in \mathrm{Priv}\ U(\underline{g})$ zugeordnet.

Dies ist lediglich eine Zusammenfassung der drei Hauptresultate der Paragraphen 9 und 10: Nach 9.4 gibt es stets eine Polarisierung $\underline{p}$ von f, nach 10.6 ist $\tilde{J}(f,\underline{p})$ ein primitives Ideal, und nach 10.8 hängt dies nicht von $\underline{p}$ ab. - Dem Studium der hiermit definierten Dixmier-Abbildung Dix : $\underline{g}^* \longrightarrow \mathrm{Priv}\ U(\underline{g})$ sind die noch folgenden Paragraphen dieses Buches zum überwiegenden Teil gewidmet.

Bemerkung zum Beweis des Satzes 10.7. Wir machen darauf aufmerksam, daß der folgende Beweis erheblich kürzer ausfällt, wenn man nicht die Aussage 10.7, sondern direkt das Korollar 10.8 beweisen will. Die "Indizien" 2, 3 und 4 (siehe unten) werden dann nämlich trivial. - Wenn man es also nur auf die Definition der Dixmierschen Abbildung abgesehen hat, wird man sich deshalb mit dem Beweis von 10.8 begnügen. Erst zum Beweis ihrer Stetigkeit (§ 13) werden wir die allgemeinere

Aussage 10.7 benötigen.

10.9 Beweis des Satzes 10.7 (indirekt).

Hiermit erklären wir Lie-Algebren, die gegen den Satz verstoßen, zu Verbrechern! Wenn der Satz falsch ist, gibt es einen Verbrecher $\mathfrak{g}$ minimaler Dimension und zu $\mathfrak{g}$ eine Linearform $f \in \mathfrak{g}^*$, eine Polarisierung $\mathfrak{p}$ von f und eine (für B_f) isotrope Unteralgebra $\mathfrak{q} \subseteq \mathfrak{g}$ maximaler Dimension $\dim \mathfrak{q}$ mit der "verbotenen" Eigenschaft

$$(*) \qquad \tilde{J}(f,\mathfrak{q}) \not\subseteq \tilde{J}(f,\mathfrak{p}).$$

Wir eröffnen unsere Verbrecherjagd mit einer Kette von "Indizien", welche den Kreis der "Verdächtigen" erheblich einschränken werden. Die verbleibenden Hauptverdächtigen haben nur Dimensionen ≤ 4, so daß wir sie einzeln ins "Kreuzverhör" nehmen können. Am Ende werden aber alle ein einwandfreies "Alibi" aufweisen. Damit wird dann der Satz bewiesen sein. - Soweit die Vorschau auf den Gang der Handlung!

(1) Indiz. Ist $\mathfrak{k} \triangleleft \mathfrak{g}$ Ideal und $\mathfrak{k} \subseteq \mathfrak{q} \cap \ker f$, so folgt $\mathfrak{k} = 0$.

Zunächst folgt $\mathfrak{k} \subseteq \mathfrak{g}^{\perp} \subseteq \mathfrak{p}$. (In diesem Beweis schreiben wir kurz $\perp$ statt $\overset{f}{\perp}$ und "isotrop" statt "isotrop für B_f"). Sei $\bar{f} \in (\mathfrak{g}/\mathfrak{k})^*$ die Faktorisierung von f durch $\mathfrak{g}/\mathfrak{k}$. Wäre nun $\mathfrak{k} \neq 0$, so wäre $\mathfrak{g}/\mathfrak{k}$ kein Verbrecher, also

$$\tilde{J}(\bar{f},\mathfrak{q}/\mathfrak{k}) \subseteq \tilde{J}(\bar{f}, \mathfrak{p}/\mathfrak{k}).$$

Nach 10.4 c) würde daraus $\tilde{J}(f,\mathfrak{q}) \subseteq \tilde{J}(f, \mathfrak{p})$ folgen, ein Widerspruch zu $(*)$. Tatsächlich war also $\mathfrak{k} = 0$.

(2) Indiz. Ist $\mathfrak{k} \triangleleft \mathfrak{g}$ und $\mathfrak{k} \not\subseteq \mathfrak{q}$, so ist $\mathfrak{h} := \mathfrak{k} + \mathfrak{q}$ nicht isotrop.

Angenommen, $\mathfrak{h}$ sei isotrop! Sei $\mathfrak{l} \triangleleft \mathfrak{g}$ das größte Ideal $\subseteq \mathfrak{q}$. Ohne Einschränkung ist $\mathfrak{k} \triangleleft \mathfrak{g}$ minimal mit $\mathfrak{l} \subseteq \mathfrak{k} \not\subseteq \mathfrak{q}$, also $1 = [\mathfrak{k}:\mathfrak{l}] = [\mathfrak{h}:\mathfrak{q}]$ und $\mathfrak{k} \cap \mathfrak{q} = \mathfrak{l}$. - Da $\mathfrak{q}$ maximal ist bezüglich $(*)$, gilt $\tilde{J}(f,\mathfrak{h}) \subseteq \tilde{J}(f,\mathfrak{p})$. Da außerdem $\mathfrak{g}$ minimaler Verbrecher ist, würde aus $\mathfrak{g} \neq \mathfrak{h}$ auch $\tilde{J}(f|_{\mathfrak{h}}, \mathfrak{q}) \subseteq \tilde{J}(f|_{\mathfrak{h}}, \mathfrak{h})$ folgen, also $\tilde{J}(f,\mathfrak{q}) \subseteq \tilde{J}(f,\mathfrak{h})$

nach 10.4d). Zusammen widerspräche das (✱). Folglich muß $\underline{g} = \underline{h}$ sein.

Insbesondere ist $\underline{g}$ selbst isotrop, also $\underline{p} = \underline{g}$, und $\underline{q}$ hat Codimension eins, etwa $\underline{g} = \underline{q} \oplus \mathbb{C}y$ mit $y \in \underline{k} \setminus \underline{q}$. Auf der einen Seite haben wir daher $\tilde{M}(f,\underline{p}) = \mathbb{C}_f$ und (mit dem in 10.2 eingeführten Automorphismus τ_{-f} von $U(\underline{g})$)

$$\tilde{J}(f,\underline{p}) = \tilde{J}(f,\underline{g}) = \langle x-f(x) \mid x \in \underline{g} \rangle = \tau_{-f}(U(\underline{g})\underline{g}).$$

Der andere induzierte Modul läßt sich beschreiben durch

$$\tilde{M}(f,\underline{q}) = U(\underline{g}) \otimes_{U(\underline{q})} \mathbb{C}_{\tilde{f}} = \bigoplus_{n \in \mathbb{N}} y^n \otimes e$$

mit $\tilde{f} = \frac{1}{2}\mathrm{Sp}_{\underline{g}/\underline{q}} + f$. Man braucht nur zweierlei über ihn zu wissen: Erstens ist er offensichtlich treuer Modul über dem Unterring $\mathbb{C}[y]$ von $U(\underline{g})$, und zweitens stimmt f mit $\tilde{f}$ auf dem $\underline{g}$-Ideal $\underline{l} = \underline{q} \cap \underline{k}$ überein (10.3, Beispiel). Das letztere hat zur Folge, daß das Ideal

$$I := \tau_{-f}(U(\underline{g})\underline{l}) = \sum_x U(\underline{g})(x-f(x)), x \in \underline{l}$$

sowohl in $\tilde{J}(f,\underline{q})$ als auch in $\tilde{J}(f,\underline{p})$ liegt. Es genügt nun, $I = \tilde{J}(f,\underline{q})$ zu zeigen, um dem gegenwärtig Verdächtigten seine Unschuld zu bescheinigen.

Beweisen müssen wir dazu, daß $\tilde{M}(f,\underline{q})$ treuer $\overline{U}$-Modul ist, wobei $U := U(\underline{g})$ und $\bar{\ } : U \longrightarrow U/I = \overline{U}$ den kanonischen Homomorphismus bezeichne. Dies wird trivial, falls $\underline{q} \triangleleft \underline{g}$ ein Ideal sein sollte, denn dann ist $\underline{l} = \underline{q}$ (s. Anfang der Überlegung) und daher $\overline{U} = \mathbb{C}[\bar{y}] \cong \mathbb{C}[y]$ (kan.). - Sei nun $\underline{q} \ntriangleleft \underline{g}$ kein Ideal!' Dann gibt es $x \in \underline{q}$ mit $[x,y] = y + 1$, $1 \in \underline{l}$. Aus der Isotropie von $\underline{h} = \underline{g}$ entnehmen wir $\underline{l} \cap [\underline{g},\underline{g}] \subseteq \underline{q} \cap \ker f$, also $[\underline{g}, \underline{l}] \subset \underline{l} \cap [\underline{g},\underline{g}] = 0$ nach Indiz ①. Folglich ist $[x,y+1] = [x,y] = y+1$, also $[x,y_1] = y_1$ mit $y_1 := y+1 \in \underline{k} \setminus \underline{l}$. Ferner ist $[\underline{g},\underline{k}] \subseteq (\underline{l} + \mathbb{C}y_1) \cap [\underline{g},\underline{g}] = \underline{l} \cap [\underline{g},\underline{g}] + \mathbb{C}y_1 = \mathbb{C}y_1$, d.h. y_1 ist $\underline{g}$-Eigenvektor, etwa zum Eigenwert $\lambda \in \underline{g}^*$. Nun ist $\underline{q} \cap \ker \lambda$ wegen $[\underline{q} \cap \ker \lambda, \underline{g}] \subseteq [\underline{q} \cap \ker \lambda, \underline{q}] + [\ker \lambda, \mathbb{C}y_1] \subseteq \underline{q} \cap \ker \lambda$ ein $\underline{g}$-Ideal der Codimension 1 in $\underline{q}$. Daraus folgt $\underline{l} = \underline{q} \cap \ker \lambda$, $\underline{q} = \underline{l} \oplus \mathbb{C}x$ und daher $\overline{U} = U(\mathbb{C}\bar{x} \oplus \mathbb{C}\bar{y}_1)$ mit $[\bar{x},\bar{y}_1] = \bar{y}_1$. Aus Beispiel 4.9 geht nun hervor, daß ein $\overline{U}$-Modul treu ist, falls er als $\mathbb{C}[y_1]$-Modul treu ist. Das beweist unsere Behauptung.

(3) Indiz. a) Das Zentrum $\underline{z}$ von $\underline{g}$ liegt in $\underline{q}$, $\underline{z} \subseteq \underline{q}$.
($\underline{z} \subseteq \underline{p}$ gilt ohnehin).
b) Entweder ist $\underline{z} = 0$ oder $\underline{z} = \mathbb{C}z$, $z \in \underline{z}$, mit $f(z)=1$.
c) $\underline{z}$ ist das größte Ideal $\underline{a} \triangleleft \underline{g}$ mit $\underline{a} \subseteq \underline{g}^{\perp}$.

Teil a) geht wegen $\underline{z} \subset \underline{g}^{\perp}$ unmittelbar aus dem Indiz (2) hervor und hat zusammen mit Indiz (1) die Konsequenz $\underline{z} \cap \ker f = 0$, also b). In c) ist $\underline{z} \subseteq \underline{a}$ klar. Andererseits ist $\underline{a} + \underline{q}$ isotrop, so daß $\underline{a}$ nach Indiz (2) jedenfalls in $\underline{q}$ liegt. Das Ideal $[\underline{g},\underline{a}]$ ist (nach Definition von $\underline{a}$) außerdem noch in $\ker f$ enthalten, also null nach Indiz (1). Das heißt $\underline{a} \subseteq \underline{z}$.

(4) Indiz. Auch $\underline{q}$ ist eine Polarisierung. (D.h. $\dim \underline{q} = \dim \underline{p}$).

Die folgende Überlegung soll auch schon das Indiz (5) vorbereiten, weshalb wir erst gegen Ende speziell $\dim \underline{q} < \dim \underline{p}$ annehmen werden. - Sei $\underline{k} \triangleleft \underline{g}$ ein Ideal, welches $\underline{z}$ als "Hyperebene" enthält, also $\dim \underline{k}/\underline{z} = 1$. Nach Indiz (3) c) ist $\underline{k}$ minimaler Unterraum mit $\underline{k}^{\perp} \neq g$. Folglich ist $\underline{k}$ isotrop, $\underline{k} \subseteq \underline{k}^{\perp}$, und $\underline{k}^{\perp}$ hat die Codimension 1 in $\underline{g}$. In diese Unteralgebra $k^{\perp}$ (s. Lemma 9.9) wollen wir jetzt $\underline{p}$ und $\underline{q}$ "hineindrehen".

Wir setzen $\underline{q}' := \underline{k} + (\underline{q} \cap \underline{k}^{\perp})$ und unterscheiden zwei Fälle: Im Falle $\underline{k} \subseteq \underline{q}$ ist $\underline{q} \subseteq \underline{k}^{\perp}$ und daher $\underline{q}' = \underline{q}$. Im Falle $\underline{k} \not\subseteq \underline{q}$ hingegen ist $\underline{k} + \underline{q}$ wegen Indiz (2) nicht isotrop; folglich ist $\underline{q} \not\subseteq \underline{k}^{\perp}$ und daher $\dim \underline{q} = \dim \underline{q}'$ (beachte Indiz (3) a)). In beiden Fällen ist $\underline{q}'$ eine isotrope Unteralgebra der selben Dimension wie $\underline{q}$. Ebenso ist $\underline{p}' := \underline{k} + (\underline{p} \cap \underline{k}^{\perp})$ eine isotrope Unteralgebra der selben Dimension wie $\underline{p}$ und folglich eine Polarisierung. Da $\underline{k}^{\perp}$ echt kleiner als $\underline{g}$ und daher kein Verbrecher ist, gilt $J(f|_{\underline{k}^{\perp}}, \underline{q}') \subseteq J(f|_{\underline{k}^{\perp}}, \underline{p}')$, also

(**) $\quad \tilde{J}(f,\underline{q}') \subseteq \tilde{J}(f,\underline{p}')$

nach 10.4d).

Ist nun speziell $\dim \underline{q} < \dim \underline{p} = \dim \underline{p}'$, so gilt $\dim \underline{h} < \dim \underline{g}$ mit $\underline{h}. = \underline{q} + \underline{k} = \underline{q} + \underline{q}'$ (dies ist klar, falls $\underline{k} \subseteq \underline{q}$; sonst ist $\underline{h}$ nicht isotrop nach

② und folglich ist $\dim \underline{g} > \dim \underline{p} \geqslant 1 + \dim \underline{q} = \dim \underline{h}$). Deshalb ergibt sich mit (**)

$$\tilde{J}(f,\underline{q}) = {}^{\underline{g}}_{\underline{h}}\!\uparrow \tilde{J}(f|_{\underline{h}},\underline{q}) \subseteq {}^{\underline{g}}_{\underline{h}}\!\uparrow \tilde{J}(f|_{\underline{h}},\underline{q}') = \tilde{J}(f,\underline{q}') \subseteq \tilde{J}(f,\underline{p}') \subseteq \tilde{J}(f,\underline{p}),$$

die letzte Inklusion, weil $\underline{q}$ ein "Komplize" maximaler Dimension zum Verbrecher $\underline{g}$ ist, und die zweite, weil $\underline{q}'$ eine Polarisierung von $f|_{\underline{h}}$ und $\underline{h}$ wegen der Minimalität von $\underline{g}$ kein Verbrecher ist. - Das Verbrechen (*) kann hier also nicht passiert sein!

⑤ Indiz. Es ist $\dim \underline{g} \leqslant 4$. Und $\dim \underline{g} \leqslant 2$, falls $\underline{z} = 0$.

Die Überlegungen zu ④ bleiben bestehen bis einschließlich (**), wonach entweder $\tilde{J}(f,\underline{q}) \not\subseteq \tilde{J}(f,\underline{q}')$ oder $\tilde{J}(f,\underline{p}') \not\subseteq \tilde{J}(f,\underline{p})$ sein muß. Da $\underline{q}$ nunmehr "gleichberechtigt" zu $\underline{p}$, nämlich ebenfalls Polarisierung, ist, dürfen wir unsere Fahndung auf das Paar $(\underline{q},\underline{q}')$ einschränken, müssen dann jedoch sowohl $\tilde{J}(f,\underline{q}) \not\subseteq \tilde{J}(f,\underline{q}')$ als auch $\tilde{J}(f,\underline{q}') \not\subseteq \tilde{J}(f,\underline{q})$ als Möglichkeit ausschließen.

Es sei also

$$(\tilde{*}) \qquad \tilde{J}(f,\underline{q}) \neq \tilde{J}(f,\underline{q}'),$$

und daher $\tilde{J}(f|_{\underline{h}},\underline{q}) \neq \tilde{J}(f|_{\underline{h}},\underline{q}')$ mit $\underline{h} := \underline{q} + \underline{q}' = \underline{q} + \underline{k}$ nach 10.4d). Also ist $\underline{h}$ ein Verbrecher und daher $\underline{h} = \underline{g}$.

Wir betrachten nun $\underline{c} := \{q \in \underline{q} \mid [q,\underline{k}] = 0\}$, den Zentralisator von $\underline{k}$ in $\underline{q}$. Dies ist auch der Kern der Abbildung $\phi : \underline{q} \longrightarrow \mathrm{Hom}_{\mathbb{C}}(\underline{k}/\underline{z},\underline{k})$ definiert durch $\phi(q)(k + \underline{z}) := [q,k]$, $k \in \underline{k}$. Er hat deshalb in $\underline{q}$ die Codimension

$$\dim \underline{q}/\underline{c} \leqslant \dim \underline{k} = 1 + \dim \underline{z} \leqslant 2.$$

Andererseits folgt aus $[\underline{g},\underline{c}] = [\underline{q} + \underline{k}, \underline{c}] = [\underline{q},\underline{c}] \subseteq \underline{c} \cap [\underline{q},\underline{q}] \subseteq \underline{c} \cap \ker f$, daß $\underline{c} \cap \ker f$ ein Ideal $(\subseteq \underline{q})$ von $\underline{g}$, also $= 0$ ist nach Indiz ①. Es enthält $[\underline{g}, \underline{c}]$, so daß $[\underline{g}, \underline{c}] = 0$, $\underline{c} \subseteq \underline{z}$ und daher $\underline{c} = \underline{z}$. Insgesamt folgt

$$\begin{aligned}\dim \underline{g} &= \dim \underline{z} + \dim \underline{q}/\underline{c} + \dim \underline{g}/\underline{q}\\ &\leqslant \dim \underline{z} + 1 + \dim \underline{z} + 1 = 2 + 2 \dim \underline{z} \leqslant 4.\end{aligned}$$

Das ist ⑤ .

(6) Fahndungsbild. Auf Grund der bisher gewonnen Informationen können wir uns das folgende genauere Bild von dem mutmaßlichen Täter $\underline{g}$ und seinen "Komplizen" $\underline{q},\underline{q}'$ machen (s. (5)):

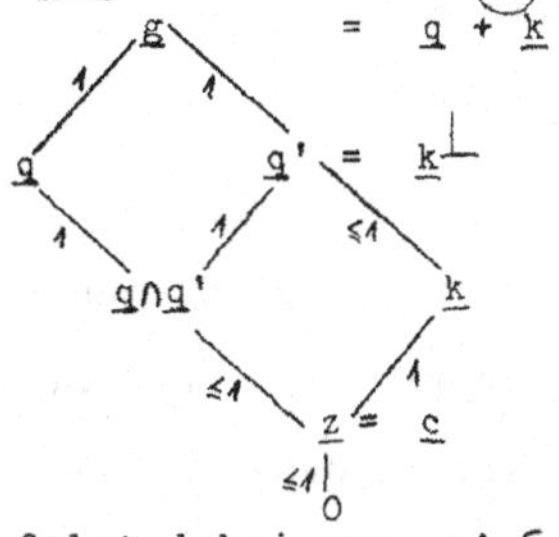

Die Gleichung $\underline{q}' = \underline{k}^{\perp}$ folgt dabei aus $\underline{q}' \subseteq \underline{k}^{\perp} \neq \underline{g}$.

(7) Kreuzverhör mit den Verdächtigen der Dimension $\dim \underline{g} = 2,3,4$.

Wir wählen $x \in \underline{q} \setminus \underline{q}'$ und $y \in \underline{k} \setminus \underline{q}$, so daß also $\underline{g} = \underline{q} \oplus \mathbb{C}y = \underline{q}' \oplus \mathbb{C}x$ ist und die zu untersuchenden induzierten Moduln folgende Form annehmen:

$$\tilde{M}(f,\underline{q}) = U(\underline{g}) \otimes_{U(\underline{q})} \mathbb{C}_{\tilde{f}} = \bigoplus_{n\geq 0} y^n \otimes e \quad \text{bzw.}$$
$$\tilde{M}(f,\underline{q}') = U(\underline{g}) \otimes_{U(\underline{p})} \mathbb{C}_{\tilde{f}'} = \bigoplus_{n\geq 0} x^n \otimes e'$$

mit $\tilde{f} = f + \frac{1}{2}\mathrm{Sp}_{\underline{g}/\underline{q}}$ bzw. $\tilde{f}' = f + \frac{1}{2}\mathrm{Sp}_{\underline{g}/\underline{q}'}$.

a) Der Fall $\dim \underline{g} = 2$.

Hier ist $\underline{q}' = \mathbb{C}y \triangleleft \underline{g}$, so daß wir $[x,y] = y$ erreichen können, und $\underline{g} \neq \underline{g}^{\perp}$ hat $\alpha := f(y) \neq 0$ zur Folge. Weder $\tilde{M}(f,\underline{q})$ noch $\tilde{M}(f,\underline{q}')$ wird von einer y-Potenz annulliert, denn $y^n(1\otimes e) = y^n \otimes e \neq 0$ bzw. $y^n(1\otimes e') = 1\otimes y^n e' = 1\otimes \alpha^n e \neq 0$. Nach Beispiel 4.9 folgt daraus

$$\tilde{J}(f,\underline{q}) = 0 = \tilde{J}(f,\underline{q}').$$

b) Der Fall $\dim \underline{g} = 3$.

Nach (5) ist $\underline{z} \neq 0$, also $\underline{z} = \mathbb{C}z$ mit $f(z) = 1$. Es gibt hier zwei Möglichkeiten: Je nach dem, ob $[x,y] \in \underline{z}$ oder $\notin \underline{z}$ ist, kann man ohne Einschränkung

$$[x,y] = z \quad \text{oder} \quad [x,y] = y$$

erreichen. Trivialer Weise liegt $z - 1$ in $\tilde{J}(f,\underline{q}) \cap \tilde{J}(f,\underline{q}')$. Sei $\bar{\ } : U := U(\underline{g}) \longrightarrow U/\langle z-1\rangle$ der kanonische Homomorphismus. Dann wird entweder $[\bar{x},\bar{y}] = 1$ und $\bar{U} \cong A_1$ ist einfache Algebra. Oder aber $\bar{U} = U(\mathbb{C}\bar{x} \oplus \mathbb{C}\bar{y})$ mit $[\bar{x},\bar{y}] = \bar{y}$, und wir sind wieder im zweidimensionalen Fall und schließen wie dort. Beide Male sind $\tilde{M}(f,\underline{q})$ und $\tilde{M}(f,\underline{q}')$ treue $\bar{U}$-Moduln, beide Male mithin

$$\tilde{J}(f,\underline{q}) = \langle z-1\rangle = \tilde{J}(f,\underline{q}').$$

c) <u>Der Fall</u> $\dim \underline{g} = 4$.

Wie aus dem "Fahndungsbild" hervorgeht, muß hier $\underline{q} \cap \underline{q}' \neq \underline{z} \neq 0$ sein, etwa $\underline{z} = \mathbb{C}z$ und $\underline{q} \cap \underline{q}' = \mathbb{C}z \oplus \mathbb{C}t$. Da $f(\underline{z}) = 1$ ist (③), können wir unsere Wahlen so treffen, daß $f(x) = f(y) = f(t) = 0$ wird.

Mit etwas kriminalistischem Scharfsinn können wir jetzt den einzig noch möglichen "Täter" ermitteln, d.h. die Multiplikationstafel von $\underline{g}$ berechnen: Die Unteralgebra $\underline{q} \cap \underline{q}'$ zentralisiert $\underline{k}$ nicht, denn $\underline{c} = \underline{z} \not\ni t$. Sie ist aber orthogonal zu $\underline{k}$, denn $\underline{q}' = \underline{k}^{\perp} \ni t$. Das erste bedeutet $[t,y] \neq 0$ und das zweite $[t,y] \in \underline{k} \cap \ker f = \mathbb{C}y$. Ohne Einschränkung ist daher $[t,y] = y$. - Wegen $y \in \underline{k} \triangleleft \underline{g}$ hat man $[x,y] = \alpha y + \beta z$; $\alpha, \beta \in \mathbb{C}$ mit $\beta = f([x,y]) \neq 0$, da ja $x \notin \underline{q}' = \underline{k}^{\perp}$. Durch die Ersetzung $x \longmapsto (x - \alpha t)\beta^{-1}$ erreicht man $[x,y] = z$. - Die Klammer $[t,x]$ schließlich muß die Form $[t,x] = \gamma t + \delta x$ $(\gamma, \delta \in \mathbb{C})$ haben, denn die Isotropie von $\underline{q}$ hat die Inklusion $[\underline{q},\underline{q}] \subseteq \underline{q} \cap \ker f = \mathbb{C}x \oplus \mathbb{C}t$ zur Folge. Aus der Jacobi-Identität,

$$0 = [t,z] = [t,[x,y]] = [[t,x],y] + [x,[t,y]] = \gamma y + (\delta + 1)z,$$

ergibt sich nun $\gamma = 0$ und $\delta = -1$. Die volle Multiplikationstafel lautet

$$[t,y] = y, \quad [t,x] = -x, \quad [x,y] = z, \quad \text{nebst} \quad [z,\underline{g}] = 0.$$

Damit endet unsere Fahndung bei der Diamantalgebra, einer guten Bekannten von uns! Sie hat ein einwandfreies Alibi, denn unsere Rechnungen in 10.5 bezeugen

$$\tilde{J}(f,\underline{q}) = \langle z-1,\ tz-xy + \tfrac{1}{2}\rangle = \tilde{J}(f,\underline{q}').$$

Ende der Kriminalgeschichte: Kein Verbrechen - keine Verbrecher! Qed.

§ 11 Die Dixmier-Abbildung ist surjektiv

11.0 Wir haben uns das Ziel gesteckt, zu einer vorgegebenen auflösbaren Lie Algebra $\mathfrak{g}$ alle primitiven Ideale der Einhüllenden zu beschreiben. Inzwischen besitzen wir schon ein Rezept, aus Linearformen $f \in \mathfrak{g}^*$ primitive Ideale zu fabrizieren. Und im vorigen Abschnitt haben wir gelernt, diese Zuordnung (durch eine geschickte Manipulation, die wir "Windung" nannten (10.2)) eindeutig zu machen, also zu einer Abbildung

$$\mathrm{Dix} : \mathfrak{g}^* \longrightarrow \mathrm{Priv}\ U(\mathfrak{g}),$$

die wir Dixmier-Abbildung nennen. Erinnern wir uns, wie man Dix (f) aus f berechnet: Man suche irgend eine Polarisierung $\mathfrak{p}$ von f (z.B. 9.4) und nehme den Annullator des induzierten Moduls

$$\mathrm{Dix}\ (f) .= \tilde{J}(f,\mathfrak{p}) .= \mathrm{Ann}(U(\mathfrak{g}) \otimes_{U(\mathfrak{p})} \mathbb{C}_{f|\mathfrak{p} + \frac{1}{2}\mathrm{Sp}_{\mathfrak{g}/\mathfrak{p}}})!$$

Im vorliegenden Abschnitt soll nun ein entscheidender Schritt in Richtung auf unser Ziel getan werden: Wir wollen zeigen, daß das angegebene Rezept alle primitiven Ideale von $U(\mathfrak{g})$ liefert!

Voraus schicken wir in 11.1 bzw. 11.2 zwei technische Formeln über ein gewisses "funktorielles Verhalten" der Dixmier-Abbildung, einmal gegenüber den "Windungen" $\tau_\lambda \in \mathrm{Aut}\ U(\mathfrak{g})$ (10.2) und zum anderen gegenüber den Einschränkungen $f \longmapsto f|_{\mathfrak{g}'}$ auf Ideale $\mathfrak{g}' \triangleleft \mathfrak{g}$.

11.1 Lemma: Sei $\lambda \in \mathfrak{g}^*$ eine Linearform, die auf $[\mathfrak{g},\mathfrak{g}]$ verschwindet. Die Dixmier-Abbildung "kommutiert" mit der "Windung" $\tau_\lambda \in \mathrm{Aut}\ U(\mathfrak{g})$ (10.2) gemäß der Formel

$$\tau_\lambda\ (\mathrm{Dix}\ (f)) = \mathrm{Dix}\ (f - \lambda), \quad \forall f \in \mathfrak{g}^*.$$

Beweis. Sei $\mathfrak{p} \subsetneq \mathfrak{g}$ eine Polarisierung von f. Dann ist $\mathfrak{p}$ auch Polarisierung von $f - \lambda$, denn diese Eigenschaft hängt nicht von f ab, sondern nur von $f|_{[\mathfrak{g},\mathfrak{g}]}$. Nach 10.4a) ist Dix (f) das größte Ideal, das im Linksideal

$$L_f .= \sum_{h \in \mathfrak{p}} U(\mathfrak{g})(h - f(h) - \tfrac{1}{2}\mathrm{Sp}_{\mathfrak{g}/\mathfrak{p}}(h))$$

enthalten ist. Analog ist Dix $(f - \lambda)$ das größte in $L_{f-\lambda}$ enthaltene

Ideal. Aus $\tau_\lambda(h-f(h) - \frac{1}{2}Sp_{\underline{g}/\underline{p}}(h)) = h + \lambda(h) - f(h) - \frac{1}{2}Sp_{\underline{g}/\underline{p}}(h)$ folgt $\tau_\lambda(L_f) = L_{f-\lambda}$, und daher $\tau_\lambda(\mathrm{Dix}\ (f)) = \mathrm{Dix}\ (f-\lambda)$. Qed.

<u>11.2</u> Betrachtet man neben der <u>auflösbaren</u> Lie Algebra $\underline{g}$ noch eine Unteralgebra $\underline{g}' \subseteq \underline{g}$, so vererbt sich die Auflösbarkeit auf $\underline{g}'$. Auch für $\underline{g}'$ ist daher eine Dixmier-Abbildung $\mathrm{Dix} : \underline{g}'^* \longrightarrow \mathrm{Priv}\ U(\underline{g}')$ definiert. In der Notation machen wir keinen Unterschied zwischen der Dixmier-Abbildung $\mathrm{Dix} : \underline{g}^* \longrightarrow \mathrm{Priv}\ U(\underline{g})$ von $\underline{g}$ und der von $\underline{g}'$.

<u>Lemma</u>: <u>Zwischen der Dixmier-Abbildung von</u> $\underline{g}$ <u>und der eines Ideals</u> $\underline{g}' \triangleleft \underline{g}$ <u>besteht folgender Zusammenhang. Ist</u> $f \in \underline{g}^*$ <u>eine Linearform mit Einschränkung</u> $f' := f_{|\underline{g}'} \in \underline{g}'^*$, <u>so ist</u> $\mathrm{Dix}\ (f) \cap U(\underline{g}')$ <u>das größte</u> $\underline{g}$-<u>stabile Ideal von</u> $U(\underline{g}')$, <u>welches in</u> $\mathrm{Dix}\ (f')$ <u>enthalten ist</u>.

<u>Beweis</u>. Sei $0 = \underline{g}_0 \triangleleft \underline{g}_1 \triangleleft \ldots \triangleleft \underline{g}_j = \underline{g}' \triangleleft \ldots \triangleleft \underline{g}_n = \underline{g}$ eine Kompositionsreihe von $\underline{g}$, in der $\underline{g}'$ vorkommt. Sei $\underline{p} := \sum_{i \leq n} (\underline{g}_i \cap \underline{g}_i^{f|})$ die zugeordnete Vergne-Polarisierung von f (9.4). Dann ist $\underline{p}' := \sum_{i \leq j} \underline{g}_i \cap \underline{g}_i^{f'|} = \sum_{i \leq j} \underline{g}_i \cap \underline{g}_i^{f|} = \underline{p} \cap \underline{g}'$ eine Vergne-Polarisierung von f'. Sei $x = (x_1, \ldots, x_r)$ eine Basis eines Komplements von $\underline{p}'$ in $\underline{g}'$, und

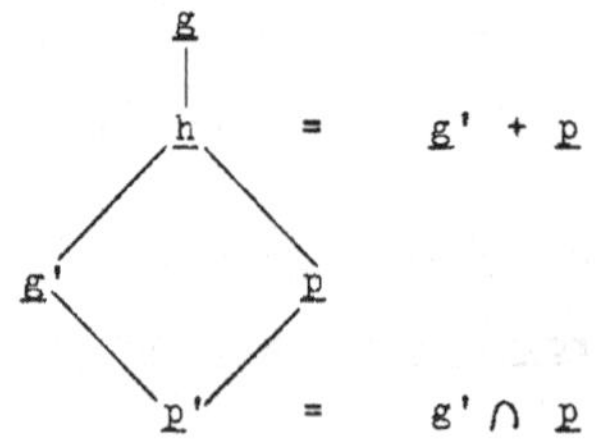

folglich auch von $\underline{p}$ in der Unteralgebra $\underline{h} := \underline{g}' + \underline{p}$. Für die induzierten $\underline{g}'$- bzw. $\underline{h}$-Moduln M' bzw. M erhält man dann (unter Verwendung der in 9.8 eingeführten Notation) die folgende Beschreibung

$$M := {}^{\underline{h}}_{\underline{p}}\!\uparrow \mathbb{C}_{f|\underline{p}} = \bigoplus_{n \in \mathbb{N}^r} x^n \otimes \mathbb{C}_{f|_{\underline{p}}+\mu}$$

$$M' := {}^{\underline{g}'}_{\underline{p}'}\!\uparrow \mathbb{C}_{f|\underline{p}'} = \bigoplus_{n \in \mathbb{N}^r} x^n \otimes \mathbb{C}_{f|_{\underline{p}'}+\mu'} ,$$

wobei um Linearformen $\mu := \frac{1}{2}Sp_{\underline{h}/\underline{p}} \in \underline{p}^*$ bzw. $\mu' := \frac{1}{2}Sp_{\underline{g}'/\underline{p}'} \in \underline{p}'$ gewunden wird, die offenbar auf $\underline{p}'$ übereinstimmen. Ersichtlich geht also M' aus dem $\underline{h}$-Modul M hervor durch Einschränken auf $\underline{g}'$, und sein Annullator entsteht deshalb aus dem von M durch Schneiden mit $U(\underline{g}')$. In Zeichen bedeutet das

(✱) $\quad \mathrm{Dix}\ (f|_{\underline{h}}) \cap U(\underline{g}') = \mathrm{Dix}\ (f|_{\underline{g}'}) = \mathrm{Dix}\ (f').$

Um nun zum Beweis des Lemmas zu kommen: Das Ideal $I := \mathrm{Dix}\ (f) \cap U(\underline{g}')$ ist natürlich $\underline{g}$-stabil. Es genügt deshalb zu zeigen, daß ein beliebiges $\underline{g}$-stabiles Ideal $I' \triangleleft U(\underline{g}')$ genau dann in Dix (f) enthalten ist, wenn es in Dix (f') enthalten ist.

Die Inklusion $I' \subseteq \mathrm{Dix}\ (f')$ ist nach (✱) jedenfalls äquivalent zu

$$U(\underline{h})\ I' \subseteq \mathrm{Dix}\ (f|_{\underline{h}})\ ,$$

denn $U(\underline{h})\ I' \cap U(\underline{g}') = I'$. Da $\lambda := \frac{1}{2}\mathrm{Sp}_{\underline{g}/\underline{h}}$ auf dem Ideal (!) $\underline{g}'$ verschwindet, ändert der Automorphismus $\tau_{-\lambda} \in \mathrm{Aut}\ U(\underline{h})$ an der linken Seite dieser Inklusion nichts,

$$U(\underline{h})\ I' = U(\underline{h})\ \tau_{-\lambda}(I') \subseteq \tau_{-\lambda}(\mathrm{Dix}\ (f|_{\underline{h}})).$$

Durch Übergang zu den in $U(\underline{g})$ erzeugten Linksidealen entsteht die Inklusion

(✱✱) $\quad U(\underline{g})\ I' \subseteq U(\underline{g})\ \tau_{-\lambda}\ (\mathrm{Dix}\ (f|_{\underline{h}})),$

aus der man umgekehrt die alte zurückerhält durch Schneiden mit $U(\underline{h})$. Das größte in der rechten Seite von (✱✱) enthaltene Ideal haben wir in 10.3 $\frac{\underline{g}}{\underline{h}}\!\uparrow \mathrm{Dix}\ (f|_{\underline{h}})$ genannt. Nach 10.4a) ist es der Annullator des Moduls

$$\frac{\underline{g}}{\underline{h}}\!\uparrow M = \frac{\underline{g}}{\underline{h}}\!\uparrow \frac{\underline{h}}{\underline{p}}\!\uparrow \mathbb{C}_{f|\underline{p}} = \frac{\underline{g}}{\underline{p}}\!\uparrow \mathbb{C}_{f|\underline{p}}\ ,$$

die letzte Gleichung nach 10.4b)), und das ist Dix (f)! Andererseits ist das Linksideal $U(\underline{g})\ I'$ von $U(\underline{g})$ schon ein Ideal, wie sofort aus

$$U(\underline{g})I'\ \underline{g}^{n+1} \subseteq U(\underline{g})\underline{g}\ I'\ \underline{g}^n + U(\underline{g})[\underline{g},\ I']\ \underline{g}^n \subseteq U(\underline{g})\ I'\ \underline{g}^n$$

folgt, indem man mit Induktion nach n argumentiert. - Aus diesen Gründen erweist sich (✱✱) als gleichbedeutend mit

$$U(\underline{g})\ I' \subseteq \mathrm{Dix}\ (f),$$

und wegen $I' = U(\underline{g})\ I' \cap U(\underline{g}')$ ist dies schließlich äquivalent zu

$$I' \subseteq \mathrm{Dix}\ (f).$$

Das beweist unser Lemma. Qed.

11.3 Das folgende Lemma nimmt die Pointe unseres Beweises für die Surjektivität vorweg. - Weiterhin bezeichnet $\mathfrak{g}$ eine auflösbare Lie Algebra.

Lemma: Gegeben seien ein Ideal $\mathfrak{g}' \triangleleft \mathfrak{g}$ der Codimension 1 und eine Linearform $\lambda \in \mathfrak{g}^*$ mit $\mathfrak{g}'$ als Kern. Mit π : Priv $U(\mathfrak{g}) \longrightarrow$ Spec $U(\mathfrak{g}')$ bezeichnen wir die Kontraktion $I \longmapsto \pi(I) .= I \cap U(\mathfrak{g}')$. Dann gilt

a) Die nicht leeren Fasern $\pi^{-1}I'$, $I' \in$ Spec $U(\mathfrak{g}')$, fallen zusammen mit den Bahnen unter der Operation $(\alpha\lambda, I) \longmapsto \tau_{\alpha\lambda}(I)$ der Gruppe $\mathbb{C}\lambda$ auf Priv $U(\mathfrak{g})$.

b) Enthält eine Faser einen Punkt des Bildes der Dixmier-Abbildung, etwa Dix (f), $f \in \mathfrak{g}^*$, so hat sie die Form Dix $(f + \mathbb{C}\lambda)$.

c) Es gibt nur zwei Typen nicht leerer Fasern $\pi^{-1}I'$, 1. unendliche und 2. einpunktige. Weitere wichtige Eigenschaften dieser Typen sind:

Typ 1. Das Ideal I' ist selbst primitiv, und $\mathbb{C}\lambda$ operiert treu auf $\pi^{-1}I'$.

Typ 2. Das primitive Ideal $I \in \pi^{-1}I'$ ist sogar das einzige Ideal von $U(\mathfrak{g})$ mit $I \cap U(\mathfrak{g}') = I'$.

Beweis. a) Es ist klar, daß $\mathbb{C}\lambda$ die Fasern stabil läßt, denn τ_λ wirkt identisch auf $U(\mathfrak{g}')$. Zu zeigen ist also nur, das $\mathbb{C}\lambda$ auf jeder Faser transitiv operiert. Für Fasern vom Typ 2 ist das trivial, und für Fasern vom Typ 1 werden wir es unter c) mitbeweisen.

b) Folgt direkt aus a) mit der Formel 11.1.

c) Wir kürzen $U .= U(\mathfrak{g})$ und $U' .= U(\mathfrak{g}')$ ab, geben ein primitives Ideal I von U vor und betrachten sein Bild $I' .= I \cap U'$ unter π, das davon in U erzeugte Ideal (!) $\langle I' \rangle = UI'$, den Restklassenhomomorphismus $\bar{\ }: U \longrightarrow U/UI' = \bar{U}$, die Unteralgebra $A' .= U'/I' = \overline{U'}$ von $\bar{U}$ und deren Quotientenschiefkörper $E .= Q(A')$. Dann ist

$$\bar{U} = A'[x]_D$$

ein Schiefpolynomring über A' - mit $x \in \underline{g} \setminus \underline{g}'$ und $D \in \mathrm{Der}\, A'$ induziert von ad x, und die Ideale $J \triangleleft U$ mit $J \cap U' = I'$ entsprechen bijektiv den Idealen von $E[x]_D$ (2.10). Als schiefer Polynomring über einem Schiefkörper muß $E[x]_D$ entweder 1. zerfallen oder 2. starr sein (4.7, 4.8). Im <u>starren Fall</u> ist $E[x]_D$ <u>einfach</u>, so daß wirklich nur ein Ideal $J \triangleleft U$ mit $J \cap U' = I'$ existiert, nämlich $J = I$. Das ist der Fasertyp 2.

Zu zeigen bleibt, daß im <u>zerfallenden Fall</u> eine Faser $\pi^{-1}I'$ vom Typ 1 vorliegt! In diesem Falle ist $E[x]_D = E[T]$ ein gewöhnlicher Polynomring in der "Unbestimmten" $T := x - d$ bei passendem $d \in E$. Daraus folgt insbesondere, daß $Q(U/I) = Q(\bar{U}/\bar{I})$ über $Q(U'/I') = E$ als Schiefkörper zentral erzeugt wird (nämlich von dem Bild von T modulo $\bar{I}$), also

$$Z(Q(U'/I')) = Z(E) \subseteq Z(Q(U/I)).$$

Rechts steht das Herz von I, und das ist $= \mathbb{C}$ nach dem Kennzeichnungssatz für primitive Ideale (6.7). Daher hat auch I' als Herz nur $Z(E) = \mathbb{C}$, woraus rückwärts folgt, daß auch I' primitiv ist - wie für "Typ 1" behauptet.

Außerdem folgt aus $Z(E) = \mathbb{C}$ nach 4.7b), daß jedes Primideal $\neq 0$ von $E[T]$ durch ein Primpolynom aus $\mathbb{C}[T]$ erzeugt wird, mithin die Form $\langle T - \alpha \rangle$ hat mit $\alpha \in \mathbb{C}$. Wir haben eine natürliche Bijektion $\mathrm{Spec}\, E[T] \cong \{P \in \mathrm{Spec}\, U \mid P \cap U' = I'\}$ nach 2.10 (oder auch 2.4 in Verbindung mit 5.1). Dem Nullideal von $E[T]$ entspricht dabei das Ideal UI', das ein zu großes Herz hat, um primitiv zu sein!

$$Z(Q(U/UI')) = Z(Q(\bar{U})) = Z(Q(E[T])) \supseteq \mathbb{C}[T] \neq \mathbb{C}.$$

Jedem der Ideale $\langle T - \alpha \rangle$ aber entspricht ein Ideal $I_{(\alpha)}$, dessen Herz

$$Z(Q(U/I_{(\alpha)})) = Z(Q(E/\langle T - \alpha \rangle)) = Z(E) = \mathbb{C}$$

klein ist und auf Primitivität schließen läßt (6.7). Diese $I_{(\alpha)}$ machen daher gerade unsere Faser $\pi^{-1}I'$ aus:

$$\pi^{-1}I' = \{I_{(\alpha)} \mid \alpha \in \mathbb{C}\} .$$

Ein Automorphismus $\tau_{\beta\lambda}$, $\beta \in \mathbb{C}$, operiert hierauf gemäß der Formel

$$(*) \qquad \tau_{\beta\lambda}(I_{(\alpha)}) = I_{(\alpha-\beta)} ,$$

falls wir λ durch $\lambda(x) = 1$ normiert haben! Wir brauchen dies nur in $E[T]$ nachzurechnen, und der dort induzierte Automorphismus überführt $T = x - d$ in $x + \beta\lambda(x) - d = T + \beta$, also tatsächlich $\langle T - \alpha \rangle$ in $\langle T - (\alpha-\beta) \rangle$. - Aus $(*)$ geht nun unmittelbar hervor, daß $\mathbb{C}\lambda$ auf $\pi^{-1}I'$ <u>transitiv und treu operiert</u>, treu, weil mit $\beta \neq \gamma$ offenbar $\langle T - \beta \rangle \neq \langle T - \gamma \rangle$ ist, also auch $I_{(\beta)} \neq I_{(\gamma)}$. Damit ist alles gezeigt. Qed.

<u>11.4 Surjektivitätssatz</u> (Dixmier-Duflo [28]): <u>Sei $\mathfrak{g}$ eine auflösbare Lie Algebra. Die Dixmier-Abbildung</u>

$$\text{Dix} : \mathfrak{g}^* \longrightarrow \text{Priv } U(\mathfrak{g})$$

<u>ist surjektiv.</u>

<u>Beweis</u>: durch Induktion nach $n = \dim \mathfrak{g}$. Für $n = 0$ ist der Satz klar. Er sei bewiesen für Dimensionen $< n$. Seien $I \in \text{Priv } U(\mathfrak{g})$ beliebig gegeben, $\mathfrak{g}' \triangleleft \mathfrak{g}$ ein Ideal der Codimension 1, und $I' .= I \cap U(\mathfrak{g}')$.

1. <u>Fall</u>: I' <u>ist primitiv</u>, nach Induktionsvoraussetzung, also von der Form $I' = \text{Dix}(f')$ mit $f' \in \mathfrak{g}'^*$. Da I' $\mathfrak{g}$-stabil ist, folgt nach 11.2 : $I' = \text{Dix}(f) \cap U(\mathfrak{g}')$, wo $f \in \mathfrak{g}^*$ irgend eine Fortsetzung von f' bezeichnet. Das bedeutet, daß die Faser über I' ein primitives Ideal mit dem Bild der Dixmier-Abbildung gemeinsam hat. Nach 11.3b) ist sie dann ganz darin enthalten. Insbesondere liegt I im Bild der Dixmier-Abbildung.

2. <u>Fall</u>: I' <u>ist nicht primitiv</u>. Immerhin ist I' Durchschnitt primitiver Ideale (1.4), nach Induktionsvoraussetzung also von der Form

$$I' = \bigcap_{f' \in F'} \text{Dix}(f') \quad \text{mit} \quad F' \subseteq \mathfrak{g}' .$$

Schreiben wir kurz $I_{f'}$ für das größte in $\text{Dix}(f')$ gelegene $\mathfrak{g}$-stabile Ideal und setzen wir $F .= \{f \in \mathfrak{g}^* \mid f|_{\mathfrak{g}'} \in F'\}$, so ergibt sich

$$I' = \bigcap_{f'\in F'} I_{f'} = \bigcap_{f\in F} (\mathrm{Dix}\,(f) \cap U(\underline{g}')) = U(\underline{g}') \cap \bigcap_{f\in F} \mathrm{Dix}\,(f) ,$$

ersteres, weil I' $\underline{g}$-stabil ist, und die zweite Gleichung nach 11.2. Aus 11.3c) geht nun hervor, daß I das einzige Ideal von $U(\underline{g})$ ist, welches mit $U(\underline{g}')$ den Durchschnitt I' hat. Damit ergibt sich $I = \bigcap_{f\in F} \mathrm{Dix}\,(f)$. Aber als primitives Ideal ist I lokal-abgeschlossen (6.7), d.h. nicht Durchschnitt von Primidealen $\neq I$ (1.5). Mit einem der $f \in F$ muß deshalb $I = \mathrm{Dix}\,(f)$ gelten. Qed.

§ 12 Bahnenräume

Sei $\mathfrak{g}$ eine auflösbare Lie-Algebra. Wie wir wissen, ist jedes primitive Ideal I der Einhüllenden $U(\mathfrak{g})$ zu einer Linearform $f \in \mathfrak{g}^*$ "assoziiert", das heißt von der Form $I = \text{Dix}(f)$ (11.4). Ist dieses f durch I eindeutig bestimmt? Wir werden sehen, daß dies aus einfachen Gründen im nicht-kommutativen Fall überhaupt nicht erwartet werden kann (12.3). - Die Aufgabe, die primitiven Ideale zu klassifizieren, d.h. durch Invarianten zu parametrisieren, ist demnach noch nicht vollständig gelöst: Es bleibt zu beschreiben, wie die Urbildmenge $\text{Dix}^{-1}(I) \subseteq \mathfrak{g}^*$ eines primitiven Ideals I unter der Dixmier-Abbildung aussieht. Dies soll hier und im § 15 geschehen. Im § 15 werden wir in jenen Urbildmengen $\text{Dix}^{-1}(I)$ gerade die Bahnen unter der Wirkung einer gewissen Gruppe $G = G(\mathfrak{g})$ von Automorphismen von $\mathfrak{g}$ erkennen. Im vorliegenden Paragraphen treffen wir die zur Formulierung dieses sogenannten "Injektivitätssatzes" nötigen Vorbereitungen: Wir definieren die Gruppe G und faktorisieren die Dixmier-Abbildung durch den Bahnenraum $\mathfrak{g}^*/G$. Danach folgen Beispiele.

12.1 Sei $V \cong \mathbb{C}^n$ ein n-dimensionaler $\mathbb{C}$-Vektorraum ($n<\infty$). Eine Untergruppe H der "allgemeinen linearen Gruppe" $GL(V) := \text{Aut}_{\mathbb{C}}(V)$ heißt algebraisch, falls sie das "Nullstellengebilde" einer Menge $\underline{M}$ von Polynomen $P_1,\dots,P_r \in \mathbb{C}[x_1,\dots,x_{n^2}]$ in n^2 Variablen ist, d.h. wenn

$$H = \{h = (h_{ij})_{1\leq i,j\leq n} \in GL(V) \mid P(h_{11}, h_{12},\dots,h_{nn}) = 0, \quad \forall P \in \underline{M}\}$$

ist. Ein triviales Beispiel ist $H = GL(V)$ mit $\underline{M} = \emptyset$. Ferner gilt, daß der Durchschnitt einer beliebigen Familie algebraischer Untergruppen selbst wieder algebraisch ist.

Wir betrachten die Lie Algebra $\mathfrak{gl}(V) := \text{End}_{\mathbb{C}}V$, versehen mit der Lie-Klammern $[s,t] := st - ts$. Bekanntlich gehört zu jeder algebraischen Untergruppe H von GL(V) eine Unteralgebra Lie (H) von $\mathfrak{gl}(V)$. Man kann sie wie folgt konstruieren: Zunächst identifiziere man $\mathfrak{gl}(V)$ mittels einer Basis von V mit der Matrizenalgebra $M_n(\mathbb{C})$ und erweitere deren Koeffizientenring $\mathbb{C}$ zu $\mathbb{C}[\varepsilon] = \mathbb{C} \oplus \mathbb{C}\varepsilon$, $\varepsilon^2 = 0$, der "Algebra der dualen Zahlen". Wird nun das Ideal $I(H)$, welches H beschreibt,

$$I(H) .= \{P \in \mathbb{C}[\ldots, X_{ij}, \ldots]_{1 \leq i,j \leq n} \mid P(h) = 0, \quad \forall h \in H\},$$

durch die (ohne Einschränkung endliche!) Teilmenge $\underline{M}$ erzeugt, so <u>errechnet man die Lie Algebra von</u> H mittels der Beschreibung

$$\text{Lie}(H) \overset{!}{=} \{s \in \mathfrak{gl}(V) \mid P(\mathbb{1}_n + \varepsilon s) = 0, \quad \forall P \in \underline{M}\}.$$

Dabei ist $P(\mathbb{1}_n + \varepsilon s) = 0$ als Gleichung in $M_n(\mathbb{C}[\varepsilon])$ zu verstehen.

In der Praxis sind oft Polynome $P_1, \ldots, P_r \in \mathbb{C}[\ldots, X_{ij}, \ldots]$ gegeben, derart daß für jede kommutative $\mathbb{C}$-Algebra R

$$H(R) .= \{g \in GL_R(V \otimes_{\mathbb{C}} R) \mid 0 = P_1(g) = \ldots = P_r(g) \in R\}$$

eine Untergruppe von $GL_R(V \otimes_{\mathbb{C}} R)$ ist. Es folgt dann, daß $H .= H(\mathbb{C})$ eine algebraische Untergruppe von $GL(V)$ ist, und daß $P_1, \ldots, P_r$ das Ideal $I(H)$ erzeugen (Cartier).

<u>12.2</u> Sei jetzt speziell $V = \mathfrak{g}$ selbst eine Lie-Algebra. Dann ist die Automorphismengruppe $\text{Aut}\,\mathfrak{g}$ eine algebraische Untergruppe von $GL(\mathfrak{g})$. Die zugeordnete Lie-Algebra besitzt die schöne Beschreibung

$$\text{Lie}(\text{Aut}\,\mathfrak{g}) = \text{Der}\,\mathfrak{g} .= \{D \in \mathfrak{gl}(\mathfrak{g}) \mid D[x,y] = [Dx,y] + [x,Dy], \quad \forall x,y \in \mathfrak{g}\}$$

als Lie-Algebra der Derivationen von $\mathfrak{g}$. Die Jacobi-Identität besagt gerade, daß durch $(\text{ad}(x))(y) .= [x,y]$, $\forall x,y \in \mathfrak{g}$, eine natürliche Ab-Bildung $\text{ad} : \mathfrak{g} \longrightarrow \text{Der}\,\mathfrak{g}$ gegeben ist. Wir haben damit folgende Kette von Lie-Algebren:

$$(*) \qquad \text{ad}(\mathfrak{g}) \subseteq \text{Lie}(\text{Aut}\,\mathfrak{g}) = \text{Der}\,\mathfrak{g} \subseteq \mathfrak{gl}(\mathfrak{g}).$$

<u>Definition</u>: Die kleinste (12.1 !) algebraische Untergruppe G von $GL(\mathfrak{g})$ mit der Eigenschaft $\text{Lie}(G) \supseteq \text{ad}(\mathfrak{g})$ heißt die $\mathfrak{g}$ zugeordnete <u>algebraische Gruppe</u> $G(\mathfrak{g})$. Wir schreiben kurz G statt $G(\mathfrak{g})$, soweit dies keine Mißverständnisse verursachen kann.

Nach dieser Definition ergänzt sich $(*)$ zu

(✱✱) $\quad ad(\mathfrak{g}) \subseteq Lie\ (G) \subseteq Lie\ (Aut\ \mathfrak{g}) = Der\ \mathfrak{g} \subseteq \mathfrak{gl}(\mathfrak{g})$.

Man kann die Lie Algebra $Lie(G(\mathfrak{g}))$ auch - ohne den "Umweg" über die Gruppe $G(\mathfrak{g})$ - direkt aus $\mathfrak{g}$ konstruieren (siehe Anhang 12.8).

<u>12.3</u> <u>Lemma</u>: <u>Seien</u> $\mathfrak{g}$ <u>eine Lie-Algebra</u>, U <u>ihre Einhüllende und</u> G <u>die zugeordnete algebraische Gruppe</u>.

a) <u>In natürlicher Weise ist</u> $G \subseteq Aut\ \mathfrak{g} \subseteq Aut\ U$.

b) <u>Jedes Ideal</u> $I \triangleleft U$ <u>ist stabil unter der Wirkung von</u> $G \subseteq Aut\ U$, d.h. $g(I) = I,\ \forall g \in G$.

<u>Beweis</u>: Zu a). Offenbar ist $Aut\ \mathfrak{g}$ algebraisch, also $G \subseteq Aut\ \mathfrak{g}$ nach 12.2 (✱✱) und der Definition von G. Wegen der universellen Eigenschaft von $(\mathfrak{g} \hookrightarrow) U$ besitzt jeder Automorphismus $\alpha : \mathfrak{g} \longrightarrow \mathfrak{g}$ eine eindeutige Fortsetzung zu einem Automorphismus $\alpha : U \longrightarrow U$. Folglich hat man Inklusionen $G \subseteq Aut\ \mathfrak{g} \hookrightarrow Aut\ U$.

Zu b). Eigentlich heißt G-Stabilität nur : $g(I) \subseteq I,\ \forall g \in G$. Aber aus $g^{-1}(I) \subseteq I$ folgt dann automatisch $g(I) = I$.

Wir betrachten wieder die natürliche Filtrierung $U = \bigcup_{n \in \mathbb{N}} U_n$, $U_n .= \sum_{i \leq n} \mathfrak{g}^i$. Außerdem sei $I_n .= I \cap U_n$. Wir behaupten schärfer:

b') "Alle I_n sind G-stabil, $\forall n \in \mathbb{N}$",

womit unser Problem auf endlich-$\mathbb{C}$-dimensionale Räume (U_n bzw. I_n) heruntergespielt ist. Natürlich sind die U_n G-stabil; ja, sie sind sogar $Aut\ \mathfrak{g}$-stabil. Wir haben danach einen natürlichen Homomorphismus $i_n : Aut\ \mathfrak{g} \longrightarrow GL(U_n)$, definiert durch Fortsetzen von $\mathfrak{g}$ auf ganz U und anschließendes Einschränken auf U_n, und dieser ist injektiv für $n \geqslant 1$. Unsere Behauptung lautet nun so:

$$i_n(G) \subseteq N_n .= Norm_{GL(U_n)} I_n .= \{\phi \in GL(U_n) \mid \phi(I_n) \subseteq I_n\},\quad \forall n.$$

Der Normalisator N_n von I_n in $GL(U_n)$ ist eine algebraische Untergruppe von $GL(U_n)$. Nach Definition von G genügt es deshalb zu zeigen, daß die auf den Lie-Algebren induzierte Injektion

$$Lie\ (i_n) =.\ \tilde{i}_n : Lie(Aut\ \mathfrak{g}) = Der\ \mathfrak{g} \longrightarrow Lie(GL(U_n)) = \mathfrak{gl}(U_n)$$

die Unteralgebra ad($\underline{g}$) ($\subseteq$ Lie (G)) nach Lie (N_n) wirft, d.h.

(✳) $\tilde{I}_n$ (ad($\underline{g}$)) $\overset{?}{\subseteq}$ Lie N_n = {$\psi \in \underline{g}l(U_n) | \psi(I_n) \subseteq I_n$}.

Die Wirkung von ad($\underline{g}$) auf U ist uns - in etwas anderer Notation schon oft begegnet. Sie kann nur so lauten:

ad(x)(u) = xu - ux =. [x,u], $\forall u \in U$, $x \in \underline{g}$,

da jede Derivation von $\underline{g}$ nur eine Fortsetzung auf U besitzt. Als Ideal ist I daher ad($\underline{g}$)-stabil. Also sind auch die I_n = I $\cap U_n$ stabil unter ad($\underline{g}$) und damit unter $\tilde{i}_n$(ad($\underline{g}$)). Das beweist (✳). Qed.

12.4 Jeder Automorphismus α von $\underline{g}$ operiert auch auf $\underline{g}^*$ vermöge $f \longmapsto \alpha(f)$.= $f \circ \alpha^{-1}$. Auch diesem "Transponierten" von α geben wir keine besondere Bezeichnung, da ja im allgemeinen das Argument bei α klarstellt, welche der drei Abbildungen $\alpha : \underline{g} \longrightarrow \underline{g}$, $\alpha : \underline{g}^* \longrightarrow \underline{g}^*$ oder $\alpha : U \longrightarrow U$ gemeint ist.

Sei nun speziell $\underline{g}$ <u>auflösbar</u>. Wir behaupten, <u>daß die Dixmier-Abbildung mit den Automorphismen von</u> $\underline{g}$ <u>kommutiert</u>:

(✳) Dix ($\alpha(f)$) = α(Dix (f)), $\forall f \in \underline{g}^*$, $\forall \alpha \in$ Aut $\underline{g}$.

Ist nämlich $\underline{p}$ eine Polarisierung von f, so ist $\alpha(\underline{p})$ natürlich eine Polarisierung von $\alpha(f)$ = $f \circ \alpha^{-1}$. Damit ergibt sich (✳) unmittelbar:

Dix ($\alpha(f)$) = $\tilde{J}$($\alpha(f)$, $\alpha(\underline{p})$) = α($\tilde{J}$(f,$\underline{p}$)) = α(Dix (f)),

unter Beachtung der Definition von $\tilde{J}$(f,$\underline{p}$) als ein Annullator (10.3).

<u>Satz[19]</u>:<u>Sei</u> $\underline{g}$ <u>eine auflösbare Lie Algebra mit zugeordneter alge-</u>braischer Gruppe G. <u>Dann ist die Dixmier-Abbildung konstant auf den</u> <u>G-Bahnen in</u> $\underline{g}^*$, d.h.

Dix (f) = Dix ($\alpha(f)$), $\forall f \in \underline{g}^*$, $\forall \alpha \in$ G.

<u>Beweis</u>: (✳) und Lemma 12.3. Qed.

Der Satz besagt, daß sich die Dixmier-Abbildung gemäß dem Diagramm

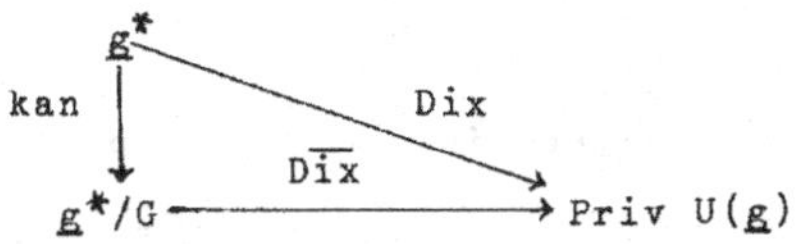

faktorisieren läßt durch die kanonische Projektion $\underline{g}^* \longrightarrow \underline{g}^*/G$ auf den Raum der Bahnen in $\underline{g}^*$ unter der Wirkung von G. Die resultierende Abbildung $\underline{g}^*/G \longrightarrow \mathrm{Priv}\, U(\underline{g})$ bezeichnen wir mit $\overline{\mathrm{Dix}}$. Wir nennen sie die faktorisierte Dixmier-Abbildung.

Dies ist die Abbildung, die sich im § 15 als bijektiv erweisen und somit eine "Parametrisierung" der primitiven Ideale von $U(\underline{g})$ liefern wird - nämlich durch Bahnen in $\underline{g}^*$!

12.5 Vorbereitung der Beispiele.

Wir werden im Folgenden für je eine algebraische und eine nicht-algebraische auflösbare Lie-Algebra $\underline{g}$ der Dimension 3 die zugeordnete algebraische Gruppe G bestimmen und jeweils alle G-Bahnen in $\underline{g}^*$ sowie die ihnen assoziierten primitiven Ideale angeben.

Seien $\underline{h}$, $\underline{h}'$ zwei Exemplare der nicht-kommutativen 2-dimensionalen Lie Algebra. Wir schreiben sie so: $\underline{h} = \mathbb{C}w \oplus \mathbb{C}y$ mit $[w,y] = y$

$\underline{h}' = \mathbb{C}w' \oplus \mathbb{C}z$ mit $[w',z] = z$.

In der Lie-Algebra $\underline{h} \oplus \underline{h}'$ sei $\underline{g}$ das 3-dimensionale Ideal

$$\underline{g} := \mathbb{C}x \oplus \mathbb{C}y \oplus \mathbb{C}z, \quad \text{wobei} \quad x := w + \alpha w', \quad \alpha \in \mathbb{C}.$$

Es hat Multiplikationstafel $[x,y] = y$, $[y,z] = 0$,

$[x,z] = \alpha z$.

Den Wert der Konstanten α lassen wir zunächst noch offen, aber wir setzen ihn $\neq 0$ voraus, damit das Beispiel nicht zu simpel wird. Da $\underline{g}$ Ideal in $\underline{h} \oplus \underline{h}'$ ist, definiert $h \longmapsto \mathrm{ad}(h)|_{\underline{g}}$ einen Homomorphismus $\mathrm{ad} : \underline{h} \oplus \underline{h}' \longrightarrow \underline{gl}(\underline{g})$, und dieser ist injektiv wegen $\alpha \neq 0$. Wir können also von vornherein annehmen: $\underline{g} \subseteq \underline{h} \oplus \underline{h}' \subseteq \underline{gl}(\underline{g})$.

Wir behaupten, daß $\underline{h} \oplus \underline{h}'$ die Lie-Algebra einer algebraischen Untergruppe von $GL(\underline{g})$ ist. Zunächst identifizieren wir $\underline{h}$ vermöge

$$\mathrm{ad}_{\underline{h}} : \underline{h} \longrightarrow \underline{gl}\,(\mathbb{C}w \oplus \mathbb{C}y), \quad aw + by \longmapsto \begin{pmatrix} 0 & 0 \\ -b & a \end{pmatrix}$$

mit der Lie Algebra der algebraischen Untergruppe

$$H := \left\{ \begin{pmatrix} 1 & 0 \\ -b & a \end{pmatrix} \middle|\, b \in \mathbb{C},\ a \in \dot{\mathbb{C}} \right\}, \quad \text{wo} \quad \dot{\mathbb{C}} := \mathbb{C} \setminus 0,$$

von $GL(\mathbb{C}w \oplus \mathbb{C}y)$. Analog verfahren wir mit $\underline{h}'$, also $\underline{h}' \cong \mathrm{Lie}\,(H')$ mit einer Gruppe $H' \cong H$. Das direkte Produkt $H \times H'$ fassen wir nun als algebraische Untergruppe von $GL(\mathbb{C}x \oplus \mathbb{C}y \oplus \mathbb{C}z)$ auf vermöge der Einbettung $H \times H' \longrightarrow GL(\underline{g})$,

$$(*) \qquad \left(\begin{pmatrix} 1 & 0 \\ -b & a \end{pmatrix}, \begin{pmatrix} 1 & 0 \\ -b' & a' \end{pmatrix}\right) \longmapsto \begin{pmatrix} 1 & 0 & 0 \\ -b & a & 0 \\ -b' & 0 & a' \end{pmatrix} .$$

Daraus folgt unsere Behauptung, denn $\mathrm{Lie}\,(H \times H') \cong \underline{h} \oplus \underline{h}'$. Durch Übergang zum Inversen der transponierten Matrix (vgl. 12.4), also zu

$$\begin{pmatrix} 1 & a^{-1}b & a'^{-1}b' \\ 0 & a^{-1} & 0 \\ 0 & 0 & a'^{-1} \end{pmatrix} ,$$

erhält man eine Einbettung von $H \times H'$ als algebraische Untergruppe in $GL(\underline{g}^*) = GL\,(\mathbb{C}x^* \oplus \mathbb{C}y^* \oplus \mathbb{C}z^*)$, wobei x^*, y^*, z^* die duale Basis zu x,y,z bezeichnet.

Die Gruppe G war definiert als die kleinste algebraische Untergruppe von $GL(\underline{g})$, deren Lie-Algebra $\mathrm{ad}(\underline{g})$ umfaßt. Deshalb ist $G \subseteq H \times H'$ und $\mathrm{Lie}\; G \subseteq \underline{h} \oplus \underline{h}'$. Aus Dimensionsgründen können nur folgende zwei Fälle eintreten : Entweder

1) $\mathrm{Lie}\; G = \underline{g}$ oder

2) $\mathrm{Lie}\; G = \underline{h} \oplus \underline{h}'$, was dasselbe bedeutet wie $G = H \times H'$.

Im ersten Fall ist $\underline{g}$ algebraisch (im Sinne von 8.2), im zweiten nicht.

__12.6__ __Beispiel__ 1: Sei $\alpha \in \mathbb{Q}$ __rational__, etwa $\alpha = \frac{p}{q}$ mit ganzen, teilerfremden p, q und $q > 0$. Dann bilden die 3×3 - Matrizen in $(*)$ (12.5) mit der Eigenschaft $a^p = a'^q$ eine algebraische Untergruppe $K \subseteq H \times H'$ von $GL(\underline{g})$. Sie ist zusammenhängend, und ihre Lie Algebra ist identisch mit $\mathrm{ad}\,(\underline{g}) \subseteq \mathrm{gl}(\underline{g})$. Daraus folgt $K = G = G(\underline{g})$. Das Bild von G in $GL(\underline{g}^*)$ besteht aus den Matrizen

$$\begin{pmatrix} 1 & t^{-q}b & t^{-p}b' \\ 0 & t^{-q} & 0 \\ 0 & 0 & t^{-p} \end{pmatrix} \qquad b,b' \in \mathbb{C},\quad t \in \dot{\mathbb{C}}.$$

Die Gruppe G ist dreidimensional, also muß hier der Fall 1), $\mathrm{Lie}\,(G)=\underline{g}$, vorliegen. Mit Hilfe der obigen expliziten Beschreibung der Wirkung von G auf $\underline{g}^* = \mathbb{C}x^* \oplus \mathbb{C}y^* \oplus \mathbb{C}z^*$ kann man nun die Bahnen, i.e. die Elemente von $\underline{g}^*/G$, berechnen. Sie verteilen sich auf folgende vier Klassen:

① Jeder Punkt $(\xi, 0, 0)$ von $\mathbb{C}x^*$ ist G-stabil. Mit anderen Worten: Die Gerade $\mathbb{C}x^*$ zerfällt in eine kontinuierliche Schar von einpunktigen Bahnen,

$$\{(\xi, 0, 0)\} \in \underline{g}^*/G, \quad \forall \xi \in \mathbb{C}.$$

② Die Menge $(\mathbb{C}x^* \oplus \mathbb{C}y^*) \setminus \mathbb{C}x^*$ bildet eine einzige Bahn (die "geschlitzte Horizontalebene" in der umseitigen Zeichnung).

③ Analog $(\mathbb{C}x^* \oplus \mathbb{C}z^*) \setminus \mathbb{C}x^* \in \underline{g}^*/G$ (die "geschlitzte Vertikalebene").

④ Der nach Entfernen der Bahnen ① bis ③ verbleibende Teil von $\underline{g}^*$ zerfällt in eine Schar von Bahnen

$$B_\lambda := \{(\xi, \eta, \zeta) \in \underline{g}^* \mid (\tfrac{\eta}{\eta_0})^p = (\tfrac{\zeta}{\zeta_0})^q \neq 0\} \in \underline{g}^*/G$$

mit einem kontinuierlichen Parameter $\lambda \in \dot{\mathbb{C}}$, wobei $\lambda = \dfrac{\eta_0}{\zeta_0{}^q}$.

Zu jeder dieser Bahnen kann man nach dem Vorgang von 12.4 und 10.8 das assoziierte primitive Ideal berechnen. Man erhält

zu ① : $\mathrm{D\overline{ix}}\,(\{(\xi, 0, 0)\}) = \langle y, z, x-\xi\rangle \in \mathrm{Priv}\,U, \quad \forall \xi \in \mathbb{C}$,

zu ② : $\mathrm{D\overline{ix}}\,($ ② $) = \langle z\rangle \in \mathrm{Priv}\,U$,

zu ③ : $\mathrm{D\overline{ix}}\,($ ③ $) = \langle y\rangle \in \mathrm{Priv}\,U$ und

zu ④ : $\mathrm{D\overline{ix}}\,(B_\lambda) = \langle y^p - \lambda z^q\rangle \in \mathrm{Priv}\,U, \quad \forall \lambda \in \mathbb{C}$.

Nach 11.4 sind dies <u>alle</u> primitiven Ideale von $U = U(\underline{g})$. Wie man sieht, <u>gehören zu verschiedenen Bahnen</u> auch stets <u>verschiedene primitive Ideale</u> (vgl. auch das Diagramm in 12.7). - Die zugehörigen Restklassenalgebren $U/\mathrm{D\overline{ix}}(\ldots)$ sind $\cong \mathbb{C}$ im Falle ① und $\cong U(\underline{h})$ in den Fällen ② und ③ .

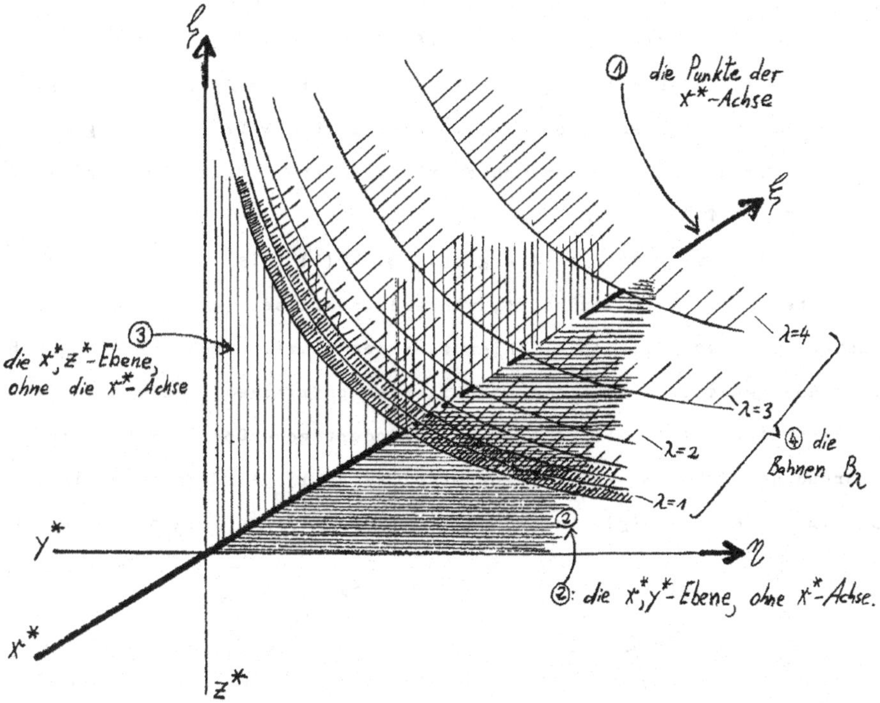

<u>Zeichnung</u> (im $\mathbb{R}^3$!) zu Beispiel 1, zur Veranschaulichung des Bahnenraums $\underline{g}^*/G$, zerfallend in die kontinuumsmächtigen Klassen ① und ④ und in die einelementigen Klassen ② und ③ .

<u>12.7</u> <u>Beispiel</u> 2. Sei nun $\alpha \notin \mathbb{Q}$ <u>irrational</u>. In diesem Falle ist $G = H \times H'$, d.h. die zweite unserer beiden Möglichkeiten, Lie $G = \underline{h} \oplus \underline{h}'$ (und dim $G = 4$) liegt vor! Dies überlegt man sich z.B. mit Hilfe der Exponentialabbildung $\exp : \underline{g} \longrightarrow GL(\underline{g})$, deren Bild $\exp(\underline{g})$ in $H \times H'$

enthalten ist. Aus der Irrationalität von α folgt nämlich, daß $\exp(\mathfrak{g})$ sogar <u>dicht</u> in $H \times H'$ liegt. Da eine algebraische Untergruppe notwendig abgeschlossen ist, ergibt sich daraus $G = H \times H'$, wie behauptet (vgl. 12.8). - Als Bahnen in $\mathfrak{g}^*$ ergeben sich hier:

① die Punkte der x^*-Achse, $\{(\xi, 0, 0)\} \in \mathfrak{g}^*/G$, $\forall \xi \in \mathbb{C}$,

② die x^*, y^*-Ebene ohne die x^*-Achse, $(\mathbb{C}x^* \oplus \mathbb{C}y^*) \setminus \mathbb{C}x^* \in \mathfrak{g}^*/G$;

③ die x^*,z^*-Ebene ohne die x^*-Achse, $(\mathbb{C}x^* \oplus \mathbb{C}z^*) \setminus \mathbb{C}x^* \in \mathfrak{g}^*/G$;

④ $\mathfrak{g}^*$ ohne x^*, y^*- und ohne x^*, z^*-Ebene, $B := \mathfrak{g}^* \setminus ((\mathbb{C}x^* \oplus \mathbb{C}y^*) \cup (\mathbb{C}x^* \oplus \mathbb{C}z^*)) \in \mathfrak{g}^*/G$.

Ein Vergleich mit Beispiel 1 ergibt: Bei ① bis ③ hat sich gegenüber dort nichts verändert, während in Klasse ④ die dortige Bahnenschar der B_λ, $\lambda \in \dot{\mathbb{C}}$, hier zu einer einzigen Bahn $B = \bigcup_{\lambda \in \dot{\mathbb{C}}} B_\lambda$ verschmolzen ist. - Auch die assoziierten primitiven Ideale haben sich in den Fällen ① bis ③ nicht verändert gegenüber dem Beispiel 1, während der Bahn B in ④ nunmehr das Nullideal assoziiert ist: $\mathrm{D\overline{ix}}\,(B) = \{0\} \in \mathrm{Priv}\, U(\mathfrak{g})$. Eine Übersicht ermöglichen folgende Diagramme.

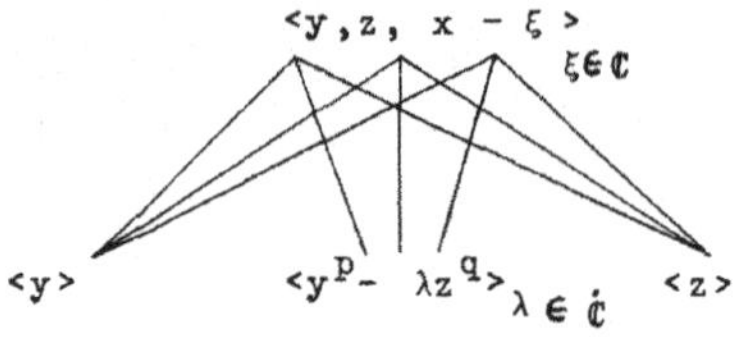

<u>Die primitiven Ideale</u> von $U = U(\mathfrak{g})$ im Falle $\alpha \in \mathbb{Q}$.

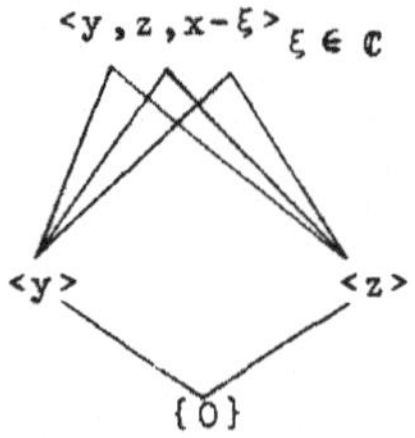

<u>Die primitiven Ideale</u> von $U = U(\mathfrak{g})$ im Falle $\alpha \notin \mathbb{Q}$.

12.8 Anhang: Die algebraische Hülle einer Lie-Algebra $\underline{h} \subseteq \underline{gl}(V)$.

Die einer Lie-Algebra $\underline{g}$ zugeordnete algebraische Gruppe $G(\underline{g}) \subseteq \mathrm{Aut}\,\underline{g}$ spielt in diesem Buch eine so zentrale Rolle, daß wir die Konstruktion ihrer Lie-Algebra kurz erläutern wollen. Die Beweise gehen auf Maurer und Chevalley zurück (Théorie des groupes de Lie, Tome II, chap. II, § 14, Hermann, Paris 1951; siehe auch [4] und [38]).

Sei V ein endlich dimensionaler Vektorraum über $\mathbb{C}$, und sei $\underline{h}$ eine Unteralgebra der Lie-Algebra $\underline{gl}(V)$ aller Endomorphismen von V. Wir bezeichnen mit $\Gamma(\underline{h})$ die kleinste algebraische Untergruppe von $GL(V)$, deren Lie-Algebra $\underline{h}$ enthält. Diese Lie-Algebra $A(\underline{h}) := \mathrm{Lie}\,\Gamma(\underline{h})$ wird nach Definition die algebraische Hülle von $\underline{h}$ in $\underline{gl}(V)$ genannt. In unseren Anwendungen ist stets $V = \underline{g}$, $\underline{h} = \mathrm{ad}(\underline{g})$, und somit $\Gamma(\underline{h}) = G(\underline{g})$.

Die Konstruktion der algebraischen Hülle beruht auf folgendem Satz, dessen Beweis wir in 12.9 skizzieren.

Satz: Wird die Lie-Algebra $\underline{h} \subseteq \underline{gl}(V)$ erzeugt durch Unteralgebren $\underline{h}_1,\ldots,\underline{h}_n$, so wird ihre algebraische Hülle $A(\underline{h})$ in $\underline{gl}(V)$ erzeugt durch $A(\underline{h}_1),\ldots,A(\underline{h}_n)$.

Dieser Satz führt die Bestimmung von $A(\underline{h})$ auf den Fall $\dim \underline{h} = 1$ zurück. In dem Fall ergibt sich die Beschreibung von $A(\underline{h})$ aus der Strukturtheorie der kommutativen algebraischen Gruppen. Wir wollen uns hier mit einer kurzen Angabe der Ergebnisse begnügen: Sei $\underline{h} = \mathbb{C}\xi$, und sei $\xi = \sigma+\nu$ die Jordan-Zerlegung von ξ in einen halbeinfachen Endomorphismus σ und einen nilpotenten ν mit $\sigma\nu = \nu\sigma$. Sei ferner $v_1,\ldots,v_n \in V$ eine Basis bestehend aus Eigenvektoren bezüglich σ zu den Eigenwerten $\lambda_1,\ldots,\lambda_n$. Wir können ohne Einschränkung annehmen, daß $\lambda_1,\ldots,\lambda_r$ eine $\mathbb{Q}$-Basis des $\mathbb{Q}$-Vektorraums $\sum_{i=1}^{n} \mathbb{Q}\lambda_i \subseteq \mathbb{C}$ ist. Die $\mathbb{Q}$-linearen Relationen zwischen $\lambda_1,\ldots,\lambda_n$ werden dann durch Relationen der Gestalt

$$\lambda_{n+j} = q_{j1}\,\lambda_1 + \ldots + q_{jr}\,\lambda_r$$

mit $q_{ji} \in \mathbb{Q}$ und $j = 1,\dots,n-r$ erzeugt. Mithin sind für $(\mu_1,\dots,\mu_n) \in \mathbb{C}^n$ folgende Aussagen zueinander äquivalent:

(i) Aus $q_1\lambda_1 + \dots + q_n\lambda_n = 0$ mit $q_i \in \mathbb{Q}$ folgt $q_1\mu_1 + \dots + q_n\mu_n = 0$.

(ii) $\mu_{n+j} = q_{j1}\mu_1 + \dots + q_{jr}\mu_r, \quad \forall\, j = 1,\dots, n-r.$

Nun haben wir

$$A(\mathbb{C}\sigma) = \{\tau \in \underline{gl}(V) \mid \tau(v_i) = \mu_i v_i \text{ mit } \mu_i \in \mathbb{C}, \forall\, i \text{ und}$$

$$\text{mit } \mu_{n+j} = q_{j1}\mu_1 + \dots + q_{jr}\mu_r, \quad \forall j\},$$

$$A(\mathbb{C}\nu) = \mathbb{C}\nu$$

und

$$A(\mathbb{C}\xi) = A(\mathbb{C}\sigma) + \mathbb{C}\nu.$$

__12.9__ __Beweis von Satz__ 12.8 : Sei $\underline{h}'$ die von den $A(\underline{h}_i)$ erzeugte Unterliealgebra von $\underline{gl}(V)$. Sie ist offensichtlich in $A(\underline{h})$ gelegen. Wir brauchen also nur zu zeigen, daß $A(\underline{h}) \subseteq \underline{h}'$. Nun ist $\Gamma(\underline{h})$ die kleinste algebraische Untergruppe von $GL(V)$, welche alle $\Gamma(\underline{h}_i)$ enthält. Darum ist die Abbildung

$$f : \Gamma := \Gamma(\underline{h}_{i_1}) \times \dots \times \Gamma(\underline{h}_{i_s}) \longrightarrow \Gamma(\underline{h}), \quad x := (x_1,\dots,x_s) \longmapsto x_1 x_2 \dots x_s$$

für eine geeignete Folge $i_1,\dots,i_s$ surjektiv ([14], II, § 5, 4.6). Folglich ist auch die von f auf den (Zariski-) Tangentialräumen induzierte Abbildung $T_x(f) : T_x(\Gamma) \longrightarrow T_y(\Gamma(\underline{h}))$ surjektiv für ein passendes $x \in \Gamma$ mit $y = f(x)$ ([14], I, § 4, 4.12 und 4.14). Nun kann $T_y(\Gamma(\underline{h}))$ wie folgt aufgefasst werden: Sei $\mathbb{C}[\varepsilon] = \mathbb{C} \oplus \mathbb{C}\varepsilon$, $\varepsilon^2 = 0$, die Algebra der dualen Zahlen (12.1), und sei $\phi : \mathbb{C}[\varepsilon] \longrightarrow \mathbb{C}$ der Algebrahomomorphismus $\varepsilon \longmapsto 0$. Dieser induziert eine Abbildung $\Gamma(\underline{h})(\phi) : \Gamma(\underline{h})(\mathbb{C}[\varepsilon]) \longrightarrow \Gamma(\underline{h}) = \Gamma(\underline{h})(\mathbb{C})$, wobei $\Gamma(\underline{h})(\mathbb{C}[\varepsilon])$ die Menge der Punkte von $\Gamma(\underline{h})$ mit Koordinaten in $\mathbb{C}[\varepsilon]$ ist. Der Tangentialraum $T_y(\Gamma(\underline{h}))$ ist die über $y \in \Gamma(\underline{h})$ liegende Faser $(\Gamma(\underline{h})(\phi))^{-1}(y)$. Identifizieren wir ferner $\Gamma(\underline{h}) = \Gamma(\underline{h})(\mathbb{C})$ mit einer Teilmenge von $\Gamma(\underline{h})(\mathbb{C}[\varepsilon])$ mittels der Inklusion $\mathbb{C} \longrightarrow \mathbb{C}[\varepsilon]$, so läßt sich ein Tangentialvektor an der

Stelle y innerhalb der Gruppe $\Gamma(\underline{h})(\mathbb{C}[\varepsilon])$ in der Gestalt $y\cdot\vec{u}$ mit $\vec{u} \in A(\underline{h}) = T_1(\Gamma(\underline{h})) \subseteq \Gamma(\underline{h})(\mathbb{C}[\varepsilon])$ schreiben. Das entsprechende gilt für die $\Gamma(\underline{h}_i)$.

Die Surjektivität von $T_x(f)$ liefert nun für jedes $\vec{u} \in A(\underline{h})$ eine Darstellung

$$y\cdot\vec{u} = x_1\cdot\vec{u}_1\cdot x_2\cdot\vec{u}_2\cdot \ldots\ldots \cdot x_s\cdot\vec{u}_s$$

mit $\vec{u}_i \in A(\underline{h}_i)$. Daraus folgt $\vec{u} = (x_1\ldots x_s)^{-1}\cdot y\cdot\vec{u} =$

$$= (y_1\vec{u}_1y_1^{-1})\ (y_2\vec{u}_2y_2^{-1})\ \ldots\ldots\ (y_s\vec{u}_sy_s^{-1})$$

mit

$$y_1 = x_s^{-1}\ldots x_2^{-1},\quad y_2 = x_s^{-1}\ldots x_3^{-1},\ldots,\ y_s = 1.$$

Schreiben wir nun die Verknüpfung innerhalb $T_1(\Gamma(\underline{h})) = A(\underline{h})$ additiv, so erhalten wir

$$\vec{u} = \mathrm{Ad}(y_1)(\vec{u}_1) + \mathrm{Ad}(y_2)(\vec{u}_2) + \ldots + \mathrm{Ad}(y_s)(\vec{u}_s),$$

wobei Ad die adjungierte Operation von $\Gamma(\underline{h})$ auf seiner Lie-Algebra ist, und $\vec{u}_j \in A(\underline{h}_{i_j})$. Nun ist $\underline{h}'$ stabil unter der Klammerung mit $\underline{h}_i$, $i = 1,\ldots, n$, und folglich auch unter der adjungierten Operation von $\Gamma(\underline{h}_i)$. Aus $\vec{u}_1 \in A(\underline{h}_{i_1}) \subseteq \underline{h}'$ ergibt sich deshalb

$$\mathrm{Ad}(y_1)(\vec{u}_1) = \mathrm{Ad}(x_s^{-1})\ \ldots\ \mathrm{Ad}(x_2^{-1})(\vec{u}_1) \in \underline{h}'$$

und analog $\mathrm{Ad}(y_j)(\vec{u}_j) \in \underline{h}'$, $\forall j$. Dies beweist $\vec{u} \in \underline{h}'$ und folglich $A(\underline{h}) \subseteq \underline{h}'$. Qed.

Chapter IV

Prime ideals and stable spectra

§ 13 Continuity of the Dixmier map. From primitive to prime ideals

13.1 The symmetric algebra of $\underline{g}$ and its $\underline{g}$-stable spectrum - 13.2 Embedding of the orbit space g^*/G into the stable spectrum- - 13.3 A topological extension lemma - 13.4 The extended Dixmier map - 13.5 Continuity theorem - 13.6, 13.7 Proof.

§ 14 Hearts of prime ideals. Approach by base field extensions.

14.1 Definition of the heart of a $\underline{g}$-stable prime ideal of $S(\underline{g})$. Characterization of the image of $\underline{g}^*/G$ in $\mathrm{Spec}^{\underline{g}} S(\underline{g})$. - 14.2 Base field extensions. Rational $\underline{g}$-stable spectrum - 14.3 Description of the set of rational $\underline{g}$-stable ideals similarly to 3.8 - 14.4 Extending the Dixmier map by functorial means - 14.5 The functorial and the continuous extension of the Dixmier map coincide - 14.6 Lemma.

§ 15 The factorized Dixmier map is bijective.

15.1 Statements: Bijectivity theorem, Isomorphy of corresponding hearts - 15.2 to 15.5 Technical lemmas - 15.6 Injectivity proof - 15.7 Appendix.

§ 16 The extended Dixmier map is a piece-wise homeomorphism

16.1 Statement of the main theorem (weak form) - 16.2 First Application: stratification by locally open subsets.- 16.3 Second Application: orbits are locally closed - 16.4 The main theorem (strong form) - 16.5 Some facts from algebraic geometry - 16.6 Parametrization of "general" orbits of solvable algebraic groups - 16.7 to 16.12 Proof of the main theorem - 16.13 A lemma from commutative algebra - 16.14 Proof of the parametrization theorem 16.6 - 16.15 Additional remarks on orbit spaces, the non-solvable case.

§ 13 Von den primitiven zu den primen Idealen. Stetigkeit der Dixmier-Abbildung

13.1 Im weiteren Verlauf dieses Buches wird die symmetrische Algebra $S(\underline{g})$ eine entscheidende Rolle spielen - als eine Art kommutatives Gegenstück zu $U(\underline{g})$. Man kann $S(\underline{g})$ als die graduierte Algebra auffassen, welche $U(\underline{g})$ vermöge der natürlichen Filtierung zugeordnet ist, oder auch als Einhüllende $U(\underline{g}_{ab}) = S(\underline{g})$ der abelschen Lie Algebra $\underline{g}_{ab}$ auf dem Vektorraum $\underline{g}$. Jeder Vektorraumautomorphismus von $\underline{g}$ setzt sich eindeutig fort zu einem Algebraautomorphismus von $S(\underline{g})$. Insbesondere operiert daher die algebraische Gruppe $G = G(\underline{g})$ auf $S(\underline{g})$. Die induzierte Operation von Lie G ergibt, eingeschränkt auf $\underline{g}$, die kanonische Erweiterung der adjungierten Darstellung ad : $\underline{g} \longrightarrow \underline{gl}(\underline{g})$ zu einer Operation durch Derivationen von $\underline{g}$ auf $S(\underline{g})$. Folglich ist jeder G-stabile Teilraum $V \subseteq S(\underline{g})$ auch $\underline{g}$-stabil. Die Umkehrung gilt nach einem ähnlichen Schluß wie in 12.3 : Sei $S_n(\underline{g})$ der G-stabile Teilraum $\mathbb{C} + \underline{g} + \underline{g}^2 + \ldots + \underline{g}^n$ von $S(\underline{g})$, und sei $V_n = V \cap S_n(\underline{g})$. Die größte Untergruppe $H_n \subseteq \text{Aut}(\underline{g})$, die V_n stabil läßt, ist algebraisch, und ihre Lie Algebra enthält ad $(\underline{g})$, da V_n $\underline{g}$-stabil ist. Daraus ergibt sich $G \subseteq H_n$, $\forall n$, so daß G mit allen V_n auch V stabil läßt.

Wir bezeichnen in der Folge mit $\text{Spec}^{\underline{g}} S(\underline{g})$ den (mit der Spurtopologie versehenen) Unterraum von $\text{Spec } S(\underline{g})$ bestehend aus allen $\underline{g}$-stabilen (= G-stabilen) Primidealen. Es ist das sogenannte $\underline{g}$-stabile Spektrum von $S(\underline{g})$. Mit $\text{Priv } S(\underline{g})$ ($\subseteq \text{Spec } S(\underline{g})$) bezeichnen wir das maximale (= primitive) Spektrum von $S(\underline{g})$. Nach dem Hilbertschen Nullstellensatz kann man es mit $\underline{g}^*$ vermöge $f \longmapsto \underline{m}_f := \langle x - f(x) | x \in \underline{g} \rangle$ (= das von $\{x - f(x) | x \in \underline{g}\}$ in $S(\underline{g})$ erzeugte Ideal) identifizieren. Die dabei auf $\underline{g}^*$ induzierte Topologie ist die Zariski-Topologie.

13.2 **Lemma:** Der Bahnenraum $\underline{g}^*/G$ wird durch $Gf \longmapsto \bigcap\limits_{g \in G} g\underline{m}_f$ quasihomöomorph (1.6) in das stabile Spektrum $\text{Spec}^{\underline{g}} S(\underline{g})$ eingebettet.

Beweis: Man hat $g\underline{m}_f = \langle gx - f(x) \mid x \in \underline{g}\rangle = \langle y - f(g^{-1}y) \mid y \in \underline{g}\rangle = \underline{m}_{gf}$,

also $\bigcap_{g \in G} g\underline{m}_f = \bigcap_{g \in G} \underline{m}_{gf}$.

Die linke Seite ist G-stabil, und der rechten sieht man an, daß sie prim ist. Denn die Gruppe G ist irreduzibel als topologischer Raum, und da $g \mapsto gf$ stetig ist, wird jede Bahn Gf irreduzibel, also auch die Menge $\{\underline{m}_{gf} \mid g \in G\} \subseteq \text{Priv } S(\underline{g})$. Der Durchschnitt dieser $\underline{m}_{gf}$ ist deshalb prim.

Für die Injektivität der so erklärten Abbildung benötigen wir folgenden allgemeinen Satz über die (algebraischen) Operationen einer algebraischen Gruppe: <u>Jede Bahn ist offen in ihrem Abschluß.</u> - Sind nun $B, C \in \underline{g}^*/G$ zwei Bahnen mit $\overline{B} = \overline{C}$, so ist $B \cap C$ als Durchschnitt offener Teilmengen des irreduziblen Raums $\overline{B}$ nicht leer. Aber aus $B \cap C \neq \emptyset$ folgt $B = C$. Das ergibt die Injektivität.

Wir überlassen dem Leser den (leichten) Beweis, daß unsere Abbildung $\pi : \underline{g}^*/G \longrightarrow \text{Spec}^{\underline{g}} S(\underline{g})$, $Gf \mapsto \bigcap_{g \in G} g\underline{m}_f$ ein Homöomorphismus von $\underline{g}^*/G$ (mit der Restklassentopologie) auf $\pi(\underline{g}^*/G)$ (mit der Spurtopologie) ist. Daß π quasi-homöomorph ist, bedeutet dann einfach, daß für jede abgeschlossene Teilmenge $F \subseteq \text{Spec}^{\underline{g}} S(\underline{g})$ der Abschluß $\overline{\pi(\pi^{-1} F)}$ ganz F ausfüllt: Es sei

$$F = \{\underline{p} \in \text{Spec}^{\underline{g}} S(\underline{g}) \mid \underline{p} \supseteq I\},$$

wobei wir ohne Beschränkung annehmen dürfen, daß I ein Durchschnitt von $\underline{g}$-stabilen Primidealen ist. Dann ist I Durchschnitt von maximalen Idealen, etwa $I = \bigcap_{f \in E} \underline{m}_f = \bigcap_{g \in G} \bigcap_{f \in E} g\underline{m}_f$, letzteres wegen der G-Stabilität von I. Daraus folgt $I = \bigcap_{f \in E} \bigcap_{g \in G} g\underline{m}_f = \bigcap_{f \in E} \pi(Gf)$, also $F = \overline{\{\pi(Gf) \mid f \in E\}} \supseteq \pi(\pi^{-1} F)$. Qed.

<u>13.3</u> Sei E ein topologischer Raum. Ein Punkt $x \in F$ einer (abgeschlossenen irreduziblen) Teilmenge $F \subseteq E$ heißt "generischer Punkt" von F, falls $F = \overline{\{x\}}$ der Abschluß von x ist. Der Raum E heißt "<u>sauber</u>", falls jede seiner abgeschlossenen irreduziblen Teilmengen

genau einen generischen Punkt besitzt. - Spektren sind sauber. Aber auch $\mathrm{Spec}^{\underline{g}}S(\underline{g})$ ist sauber (benütze 4.1b) oder die Übereinstimmung der $\underline{g}$-stabilen Ideale mit den G-stabilen).

<u>Lemma:</u> Sei $D : X \longrightarrow Y$ eine stetige Abbildung topologischer Räume X,Y. Seien $\tilde{X}$ und $\tilde{Y}$ saubere noethersche Räume. Sei $X \subseteq \tilde{X}$ quasi-homöomorph eingebettet, ebenso $Y \subseteq \tilde{Y}$. Dann gilt

a) Es gibt genau eine stetige Fortsetzung $\tilde{D} : \tilde{X} \longrightarrow \tilde{Y}$ von D.

b) Genau dann ist $\tilde{D}$ surjektiv, wenn D es ist.

<u>Beweis:</u> Sei eine stetige Fortsetzung $\tilde{D}$ gegeben, und sei $x \in \tilde{X}$. Wegen $x \in \overline{X \cap \overline{\{x\}}}$ ist $\tilde{D}x \in \overline{D(X \cap \overline{\{x\}})}$ (Abschlüsse sind stets in $\tilde{X}$ bzw. $\tilde{Y}$ gemeint). Wegen $X \cap \overline{\{x\}} \subseteq \overline{\{x\}}$ gilt jedoch auch $D(X \cap \overline{\{x\}}) \subseteq \overline{\{\tilde{D}(x)\}}$. Dies ist nur mit $\overline{\{\tilde{D}(x)\}} = \overline{D(X \cap \overline{\{x\}})}$ möglich, d.h. $\tilde{D}(x)$ ist generischer Punkt von $\overline{D(X \cap \overline{\{x\}})}$. Dies beweist die <u>Eindeutigkeit</u> von $\tilde{D}$, da $\tilde{Y}$ sauber ist.

Wir definieren nun $\tilde{D}$ so: Dem Element $x \in \tilde{X}$ wird der generische Punkt von $\overline{D(X \cap \overline{\{x\}})}$ zugeordnet. Um diese Definition zu rechtfertigen, muß man sich überlegen, daß rechts eine (abgeschlossene) irreduzible Menge steht: Wegen der Quasihomöomorphie ist $\overline{\{x\}} \cap X$ irreduzibel, und wegen der Stetigkeit auch $D(\overline{\{x\}} \cap X)$.

<u>Die Abbildung $\tilde{D}$ setzt D fort</u>; denn aus der Stetigkeit von D folgt $D(\overline{\{x\}} \cap X) \subseteq \overline{\{D(x)\}}$ $(x \in X)$, so daß $D(x)$ der generische Punkt $\tilde{D}(x)$ von $\overline{D(\overline{\{x\}} \cap X)}$ ist. Diese Fortsetzung $\tilde{D}$ ist stetig: Sei $F \subseteq \tilde{Y}$ eine abgeschlossene Teilmenge. Offenbar liegt $\tilde{D}(x)$ genau dann in F, wenn $D(\overline{\{x\}} \cap X)$ in F enthalten ist $(x \in \tilde{X})$. Daraus ersieht man: $\tilde{D}^{-1}(F) = \overline{D^{-1}(F \cap Y)}$, eine abgeschlossene Menge.

Setzen wir jetzt D als surjektiv voraus! Sei $y \in \tilde{Y}$ gegeben. Die abgeschlossene Teilmenge $\overline{\{y\}} \cap Y$ von Y ist irreduzibel, ihr Urbild $D^{-1}(\overline{\{y\}} \cap Y)$ aber im allgemeinen nicht. Als abgeschlossene Teilmenge des noetherschen Raumes X hat es aber die Form $D^{-1}(\overline{\{y\}} \cap Y) = F_1 \cup \ldots \cup F_n$ mit endlich vielen irreduziblen abgeschlossenen Teilmengen

$F_i \subseteq X$. Nun wird

$$\overline{\{y\}} = \overline{\overline{\{y\}} \cap Y} = \overline{D(\bigcup_i F_i)} = \bigcup_i \overline{D(F_i)}.$$

Da $\overline{\{y\}}$ irreduzibel ist, folgt aus dieser Gleichung $\overline{\{y\}} = \overline{D(F_i)}$ für eines der i. Ist etwa $x_i \in \tilde{X}$ der generische Punkt von $\overline{F_i}$, so wird

$$\overline{\{y\}} = \overline{D(F_i)} = \overline{D(F_i \cap X)} = \overline{D(\overline{\{x_i\}} \cap X)}, \quad \text{d.h.} \quad y = \tilde{D}(x_i).$$ Qed.

<u>13.4</u> <u>Satz</u>: <u>Ist</u> $\underline{g}$ <u>eine auflösbare Lie-Algebra, so ist die faktorisierte Dixmier-Abbildung</u> $\overline{\text{Dix}} : \underline{g}^*/G(\underline{g}) \longrightarrow \text{Priv } U(\underline{g})$ <u>stetig, und sie läßt sich eindeutig zu einer stetigen Surjektion</u>

$$\widetilde{\text{Dix}} : \text{Spec}^{\underline{g}} S(\underline{g}) \longrightarrow \text{Spec } U(\underline{g})$$

<u>erweitern</u>.

<u>Beweis</u>: Die beiden Einbettungen $\underline{g}^*/G \hookrightarrow \text{Spec}^{\underline{g}}\, S(\underline{g})$ und $\text{Priv } U(\underline{g}) \hookrightarrow \text{Spec } U(\underline{g})$ sind quasihomöomorph (13.2 und 1.6). Ferner ist $\overline{\text{Dix}}$ stetig, da dies nach Satz 13.5 unten für die Dixmier-Abbildung $\text{Dix} : \underline{g}^* \longrightarrow \text{Priv } U(\underline{g})$ gilt. Folglich liegt die Situation des Lemmas 13.3 vor. Qed.

Wir nennen $\widetilde{\text{Dix}}$ die <u>erweiterte Dixmier-Abbildung</u>. Sie ist eindeutig durch

$$\widetilde{\text{Dix}}\ (\underline{p}) = \bigcap_{\underline{p} \subseteq \underline{m}_f} \text{Dix}\ (f)$$

gegeben.

<u>13.5</u> <u>Stetigkeitssatz</u> (Pukanszky-Conze-Duflo): <u>Sei</u> $\underline{g}$ <u>eine auflösbare Lie Algebra. Versieht man den Dualraum</u> $\underline{g}^*$ <u>mit der Zariski-Topologie, so ist die Dixmier-Abbildung</u> $\text{Dix} : \underline{g}^* \longrightarrow \text{Priv } U(\underline{g})$ <u>stetig</u> [12].

<u>Beweis</u>: Eine abgeschlossene Menge in $\text{Priv } U(\underline{g})$ ist Durchschnitt von abgeschlossenen Mengen der Gestalt

$$F(u) := \{P \in \text{Priv } U(\underline{g}) : u \in P\}, \quad u \in U(\underline{g}).$$

Es genügt also zu zeigen, daß für jedes u das Urbild

$$F := \text{Dix}^{-1}(F(u)) = \{f \in \underline{g}^* \mid u \in \text{Dix}(f)\}$$

abgeschlossen ist. Sei F_p die Menge der $f \in \underline{g}^*$, für die eine Unteralgebra $\underline{h} \subseteq \underline{g}$ der Dimension p mit $f([\underline{h},\underline{h}]) = 0$ und $u \in \tilde{J}(f,\underline{h})$ existiert (10.3). Nach 10.7 ist $\tilde{J}(f,\underline{h}) \subseteq \mathrm{Dix}\,(f)$ und folglich $F_p \subseteq F$. Da Dix (f) selbst die Gestalt $\tilde{J}(f,\underline{h})$ für geeignetes $\underline{h}$ hat, gilt trivialer Weise $F \subseteq \bigcup_{p=0}^{n} F_p$ mit $n = \dim \underline{g}$. Damit haben wir $F = F_0 \cup F_1 \cup \ldots \cup F_n$ gezeigt. Unsere Behauptung ergibt sich daher aus dem

__13.6__ __Lemma__: __Für jedes__ p __und jedes__ $u \in U(\underline{g})$ __ist die Menge__

$$F_p := \{f \in \underline{g}^* \mid u \in \tilde{J}(f,\underline{h}) \text{ für geeignetes } \underline{h} \text{ der Dimension } p\}$$

__Zariski-abgeschlossen in__ $\underline{g}^*$.

__Beweis__. Sei X_p die Menge der Paare $(f,\underline{h})$, wobei $\underline{h}$ eine Unteralgebra der Dimension p von $\underline{g}$ ist, und $f \in \underline{g}^*$ mit $f([\underline{h},\underline{h}]) = 0$. Um unser Lemma zu beweisen, wollen wir zunächst X_p zu einer algebraischen Varietät machen. Dazu betrachten wir die Graßmann-Mannigfaltigkeit $Gr_p(\underline{g})$. Das ist die Menge der p-dimensionalen Unterräume von $\underline{g}$, versehen mit folgender Struktur einer $p(n-p)$-dimensionalen Mannigfaltigkeit. Für jeden Unterraum $\underline{k} \subseteq \underline{g}$ der Dimension $n-p$ sei $Gr_{\underline{k}}(\underline{g}) \subseteq Gr_p(\underline{g})$ die Menge der Komplemente von $\underline{k}$ in $\underline{g}$. Sei $x_1,\ldots,x_{n-p}$ eine Basis von $\underline{k}$ und $y_1,\ldots,y_p$ eine Ergänzung zu einer Basis von $\underline{g}$. Dann definiert

(*) $\qquad (a_1,\ldots,a_p) \longmapsto \underline{h} := \mathbb{C}(y_1-a_1) + \ldots + \mathbb{C}(y_p-a_p)$

eine Bijektion

$$\mathbb{C}^{(n-p)p} = \underline{k}^p \xrightarrow{\sim} Gr_{\underline{k}}(\underline{g}).$$

Die "Koordinaten" von $\underline{h}$ sind die Koeffizienten a_{ij} in $a_i = a_{i1}x_1 + \ldots + a_{i,n-p}\,x_{n-p}$.

Die Lie-Produkte $[y_i - a_i, y_j - a_j] \in \underline{g}$ haben - nach der Basis $x_1,\ldots,x_{n-p}$, $y_1-a_1,\ldots,y_p-a_p$ entwickelt - Koeffizienten, die polynomial von den Koordinaten a_{ij} abhängen. Genau dann wird $\underline{h}$ eine Unteralgebra, wenn die Koeffizienten bei den x_k verschwinden, und zwar für alle $1 \leq i, j \leq p$. Man ersieht hieraus, daß die Menge der Unteralgebren eine Zariski-abgeschlossene Teilmenge der Graßmann-Mannigfaltigkeit ist.

Die Bedingung $f([\underline{h},h]) = 0$, wo $f \in \mathfrak{g}^*$, läßt sich ganz analog durch das Verschwinden gewisser Polynome in den Koordinaten von f und $\underline{h}$ ausdrücken. Daraus folgt, daß X_p eine Zariski-abgeschlossene Teilmenge der Produktvarietät $\mathfrak{g}^* \times Gr_p(\mathfrak{g})$ ist.

Sei $X_p(u) \subseteq X_p$ die Teilmenge der Paare $(f,\underline{h})$, derart daß $u \in \tilde{J}(f,\underline{h})$. Dann ist F_p nach Definition das Bild von $X_p(u)$ unter der kanonischen Projektion $\pi : \mathfrak{g}^* \times Gr_p(\mathfrak{g}) \longrightarrow \mathfrak{g}^*$. Da $Gr_p(\mathfrak{g})$ jedoch kompakt und sogar vollständig ist als algebraische Varietät, ist das Bild einer Zariski-abgeschlossenen Teilmenge von $\mathfrak{g}^* \times Gr_p(\mathfrak{g})$ unter π Zariski-abgeschlossen in $\mathfrak{g}^*$. Unser Lemma folgt deshalb aus

<u>13.7</u> <u>Lemma</u>: <u>Für jedes</u> $u \in U(\mathfrak{g})$ <u>ist die Menge</u>

$$X_p(u) := \{(f,\underline{h}) \in X_p \mid u \in \tilde{J}(f,\underline{h})\}$$

<u>Zariski-abgeschlossen in</u> $\mathfrak{g}^* \times Gr_p(\mathfrak{g})$.

<u>Beweis</u>: Wir überdecken $\mathfrak{g}^* \times Gr_p(\mathfrak{g})$ mit den offenen Teilmengen $\mathfrak{g}^* \times Gr_{\underline{k}}(\mathfrak{g})$, wobei $\underline{k}$ wie in 13.6 Teilräume von $\mathfrak{g}$ der Dimension $n-p$ sind. Wir übernehmen die Bezeichnungen von 13.6 und beschreiben die Punkte von $\mathfrak{g}^* \times Gr_{\underline{k}}(\mathfrak{g})$ durch Koordinaten, indem wir in $\mathfrak{g}^*$ die zu $x_1,\ldots,x_{n-p}, y_1,\ldots,y_p$ duale Basis wählen und im übrigen die Komplemente $\underline{h}$ von $\underline{k}$ in $\mathfrak{g}$ so wie in 13.6 parametrisieren.

Zu zeigen haben wir, daß die Menge $X_p(u) \cap (\mathfrak{g}^* \times Gr_{\underline{k}}(g))$ der Paare $(f,\underline{h}) \in X_p$ mit $\mathfrak{g} = \underline{k} \oplus \underline{h}$ und $u \cdot (\overset{\mathfrak{g}}{\underline{h}} \uparrow \mathbb{C}_{f|\underline{h}}) = 0$ Zariski-abgeschlossen in $\mathfrak{g}^* \times Gr_{\underline{k}}(g)$ ist. Wir definieren dazu ein Nullstellengebilde $Y_{\underline{k}}(u) \subseteq \mathfrak{g}^* \cap Gr_{\underline{k}}(\mathfrak{g})$ von Polynomen in den Koordinaten von f und $\underline{h}$ derart, daß die obige Menge gleich $Y_{\underline{k}}(u) \cap X_p$ ist.

Ist $\underline{h}$ Komplement von $\underline{k}$ in $\mathfrak{g}$, so läßt sich jedes der Produkte $u\,x^k$ als Linearkombination der Monome $x^l h^m$ schreiben, wobei $x = (x_1,\ldots,x_{n-p})$ ist, und $h = (h_1,\ldots,h_p)$ aus den Basisvektoren $h_i = y_i - a_i = y_i - \Sigma a_{ij} x_j$ von $\underline{h}$ besteht ($l \in \mathbb{N}^{n-p}$, $m \in \mathbb{N}^p$; Poincaré-Birkhoff-Witt-Theorem). Die Koeffizienten sind offenbar Polynome $P_{k,l,m}$

in den a_{ij}, es gilt also

$$ux^k = \sum_{l,m} P_{k,l,m}(a) \; x^l (y-a)^m$$

für alle $a = (a_1,\dots,a_p) \in \underline{k}^p$.

Es seien nun $\underline{h}$ eine Unteralgebra von $\underline{g}$ und $f \in \underline{g}^*$ eine Linearform, derart daß $f([\underline{h},\underline{h}]) = 0$. Wir setzen kurz $\tilde{f} = f|_{\underline{h}} + \frac{1}{2}Sp_{\underline{g}/\underline{h}}$ und bezeichnen wie üblich mit e einen Basisvektor der eindimensionalen Darstellung $\mathbb{C}_{\tilde{f}}$ von $\underline{h}$. So erhalten wir in $\frac{\underline{g}}{\underline{h}}\uparrow \mathbb{C}_{f|\underline{h}} = U(\underline{g}) \otimes_{U(\underline{h})} \mathbb{C}_{\tilde{f}}$ die Gleichung $ux^k \otimes e = \sum x^l \otimes c_{k,l} e$ mit den komplexen Koeffizienten

$$c_{k,l} = \sum_m P_{k,l,m}(a) \; \tilde{f}(y_1 - a_1)^{m_1} \dots \tilde{f}(y_p - a_p)^{m_p}.$$

Nun lassen sich die Koeffizienten $c_{k,l}$ auch für beliebige Komplemente $\underline{h} \in Gr_{\underline{k}}(\underline{g})$ erklären: Man bezeichne mit $\bar{\ }: \underline{g} \to \underline{k}$ die Projektion längs $\underline{h}$ und setze kurz $\tilde{f} = f|_{\underline{h}} + \frac{1}{2}s$, wobei $s \in \underline{h}^*$ jedem $h \in \underline{h}$ die Spur des Endomorphismus $\underline{k} \to \underline{k}$, $x \mapsto \overline{[h,x]}$ zuordnet. Im Falle $(f,\underline{h}) \in X_p$ stimmt diese Definition selbstverständlich mit der obigen überein. Allgemein können wir jetzt $c_{k,l}(f,\underline{h})$ für alle $(f,\underline{h}) \in \underline{g}^* \times Gr_{\underline{k}}(\underline{g})$ durch

$$c_{k,l}(f,\underline{h}) := \sum_m P_{k,l,m}(a) \; \tilde{f}(y_1 - a_y)^{m_1} \dots \tilde{f}(y_p - a_p)^{m_p}$$

definieren. Dabei sind nach Konstruktion die Faktoren $\tilde{f}(y_i - a_i) = f(y_i - a_i) + \frac{1}{2}s(y_i - a_i)$ Polynome vom Grad ≤ 2 in den Koordinaten von $(f,\underline{h})$. Folglich sind auch die $c_{k,l}(f,\underline{h})$ Polynomfunktionen auf $g^* \times Gr_{\underline{k}}(\underline{g})$ und $X_p(u) \cap (\underline{g}^* \times Gr_{\underline{k}}(\underline{g}))$ ist Zariski-abgeschlossen in $\underline{g}^* \times Gr_{\underline{k}}(\underline{g})$ als Durchschnitt von X_p mit dem gemeinsamen Nullstellengebilde $Y_{\underline{k}}(u)$ aller Polynomfunktionen $c_{k,l}$. Qed.

§ 14 Durch Grundkörpererweiterungen zu den Herzen der Primideale

In diesem Abschnitt spielen Lie-Algebren über anderen Grundkörpern K als $\mathbb{C}$ eine wichtige Rolle. Ist K algebraisch abgeschlossene Erweiterung von $\mathbb{C}$, dann kann man in allen Sätzen und Beweisen dieses Buches $\mathbb{C}$ durch K ersetzen; denn in den Beweisen kommen nur drei Eigenschaften des Grundkörpers zur Anwendung: Die algebraische Abgeschlossenheit, die Überabzählbarkeit und die Charakteristik 0. Wir wenden jede über $\mathbb{C}$ bewiesene Aussage von jetzt ab auch über solche K an, ohne es besonders zu erwähnen.

Wir bezeichnen weiterhin mit $\underline{g}$ eine auflösbare Lie-Algebra (über $\mathbb{C}$) und konstruieren zunächst ein kommutatives Gegenstück zum Funktor der rationalen Ideale von $U(\underline{g})$ (3.9).

14.1 Sei $S := S(\underline{g})$ die symmetrische Algebra von $\underline{g}$. Ist $\underline{p} \in \mathrm{Spec}^{\underline{g}} S$ ein $\underline{g}$-stabiles Primideal, so operiert $\underline{g}$ auf $S/\underline{p}$ durch Derivationen (13.1), welche sich auf den Quotientenkörper $Q(S/\underline{p})$ eindeutig fortsetzen lassen. Den Fixkörper von $\underline{g}$ in $Q(S/\underline{p})$ nennen wir das Herz von $\underline{p}$, kurz

$$H^{\underline{g}}(\underline{p}) := (Q(S/\underline{p}))^{\underline{g}} = \{q \in Q(S/\underline{p}) : [X,q] = 0 \quad \forall X \in \underline{g}\}.$$

Wir können $H^{\underline{g}}(\underline{p})$ auch als Fixkörper der algebraischen Gruppe $G := G(\underline{g})$ zu $\underline{g}$ in $Q(S/\underline{p})$ deuten: das Primideal $\underline{p}$ ist G-stabil (13.1), und G operiert auf $S/\underline{p}$ durch Automorphismen, welche sich eindeutig auf $Q(S/\underline{p})$ fortsetzen lassen. Die Fixelemente $e \in Q(S/\underline{p})^G$ lassen sich, analog wie in 6.5, in der Form $e = ab^{-1}$ schreiben, wobei $a,b \in S/\underline{p}$ Eigenvektoren von G sind (d.h. $\mathbb{C}a$ und $\mathbb{C}b$ sind G-stabil). Entsprechendes gilt natürlich für die $e \in Q(S/\underline{p})$ mit $\underline{g}x = 0$, so daß sich die gewünschte Gleichung $Q(S/\underline{p})^{\underline{g}} = Q(S/\underline{p})^G$ letzen Endes aus der Übereinstimmung der $\underline{g}$-stabilen mit den G-stabilen Teilräumen von $S/\underline{p}$ ergibt.

Lemma: Die Abbildung

$$\underline{g}^*/G \longrightarrow \mathrm{Spec}^{\underline{g}} S, \quad Gf \longmapsto \bigcap_{g \in G} g\underline{m}_f$$

von 13.2 hat als Bild die Menge der $\underline{g}$-stabilen Primideale $\underline{p} \triangleleft S$ mit $H^{\underline{g}}(\underline{p}) = \mathbb{C}$.

Beweis: Sei zunächst $f \in \underline{g}^*$ gegeben und $\underline{p} .= \bigcap_{g \in G} g\underline{m}_f$. Für ein beliebiges $h \in H^{\underline{g}}(\underline{p}) = Q(S/\underline{p})^G$ ist bekanntlich der Definitionsbereich $D(h) .= \{\underline{m} \in \mathrm{Priv}\ S/\underline{p} \mid h \in (S/\underline{p})_{\underline{m}}\}$ von h offen in Priv $(S/\underline{p})$. Da die Bahn $G\underline{m}$ von $\underline{m}$ ebenfalls offen im irreduziblen Raum Priv$(S/\underline{p})$ ist, folgt $D(h) \cap G\underline{m} \neq \emptyset$ und daher $G\underline{m} \subseteq D(h)$ $(=GD(h))$. Die rationale Funktion h ist also auf ganz $G\underline{m}$ definiert und konstant, da sie ja G-invariant ist. Da nun aber $G\underline{m}$ dicht ist in Priv $(S/\underline{p})$, ist h konstant auf ganz Priv $(S/\underline{p})$, d.h. $h \in \mathbb{C}$.

Umgekehrt, sei $\underline{p} \in \mathrm{Spec}^{\underline{g}} S$. Dann enthält Priv $(S/\underline{p})$ eine offene G-stabile Teilmenge $U \neq \emptyset$, so daß der Bahnenraum U/G zu einer algebraischen Varietät mit $H(\underline{p})$ als Körper der rationalen Funktionen "gemacht werden kann". Im Fall $H^{\underline{g}}(\underline{p}) = \mathbb{C}$ sind alle rationalen Funktionen auf U/G konstant, d.h. U/G ist ein Punkt, und U eine offene Bahn mit Bild $\underline{p}$ in $\mathrm{Spec}^{\underline{g}} S$. Für einen genaueren Beweis verweisen wir auf 16.6 und 16.15.

14.2 Wir betrachten jetzt eine beliebige algebraisch abgeschlossene Körpererweiterung $K|\mathbb{C}$. Es ist klar, daß $S \otimes_{\mathbb{C}} K$ mit der symmetrischen K-Algebra $S(\underline{g} \otimes_{\mathbb{C}} K)$ des K-Vektorraumes $\underline{g} \otimes_{\mathbb{C}} K$ zusammenfällt, und daß ein Ideal $P \triangleleft S \otimes_{\mathbb{C}} K$ genau dann $\underline{g} \otimes_{\mathbb{C}} K$ - stabil ist, wenn es $\underline{g}$-stabil ist. Ist P $\underline{g}$-stabil und prim, so gilt ferner

$$H^{\underline{g}}(P) .= Q(S \otimes_{\mathbb{C}} K/P)^{\underline{g} \otimes K} = Q(S \otimes_{\mathbb{C}} K/P)^{\underline{g}}.$$

Ein Ideal P von $S \otimes K$ nennen wir (K-$\underline{g}$-)rational, wenn es $\underline{g}$-stabil und prim ist, und wenn $H^{\underline{g}}(P) = K$ gilt. Die Menge der rationalen Ideale von $S \otimes_{\mathbb{C}} K$ bezeichnen wir mit $\mathrm{Rat}_K^{\underline{g}}(S \otimes_{\mathbb{C}} K)$.

Im Falle $K = \mathbb{C}$ sind die rationalen Ideale von S bijektiv den Bahnen von $G .= G(\underline{g})$ in $\underline{g}^*$ zugeordnet (14.1). Dies läßt sich leicht auf ein beliebiges K übertragen: Es ist $(\underline{g} \otimes_{\mathbb{C}} K)^* / G(\underline{g} \otimes_{\mathbb{C}} K) \cong \mathrm{Rat}_K^{\underline{g}}(S \otimes_{\mathbb{C}} K)$. Dabei ist $(\underline{g} \otimes_{\mathbb{C}} K)^*$ kanonisch isomorph zu $\underline{g}^* \otimes_{\mathbb{C}} K$, und

$G(\underline{g} \otimes_{\mathbb{C}} K)$ ist identisch mit der Gruppe $G(K)$ "aller Punkte von G mit Koeffizienten in K".

<u>14.3</u> Sei $P \lhd S \otimes_{\mathbb{C}} K$ ein rationales Ideal. Die kanonische Einbettung $S \longrightarrow S \otimes_{\mathbb{C}} K$, $s \longmapsto s \otimes 1$ läßt sich zu einem kommutativen Diagramm

$$\begin{array}{ccccccc} S & \longrightarrow & S/\underline{p} & \longrightarrow & Q(S/\underline{p}) & \longleftarrow & Q(S/\underline{p})^{\underline{g}} = H^{\underline{g}}(\underline{p}) \\ \downarrow & & \downarrow & & \downarrow & & \downarrow i \\ S \otimes_{\mathbb{C}} K & \longrightarrow & S \otimes_{\mathbb{C}} K/P & \longrightarrow & Q(S \otimes_{\mathbb{C}} K/P) & \longleftarrow & Q(S \otimes_{\mathbb{C}} K/P)^{\underline{g}} = K \end{array}$$

mit $\underline{p} := S \cap P$ ergänzen. Sie induziert insbesondere einen $\mathbb{C}$-Algebrahomomorphismus $i \in \mathrm{Hom}_{\mathbb{C}}(H^{\underline{g}}(\underline{p}), K)$.

<u>Satz</u>. <u>Sei</u> K <u>eine algebraisch abgeschlossene Körpererweiterung von</u> $\mathbb{C}$. <u>Die eben definierte Abbildung</u>

$$\Psi(K) : \mathrm{Rat}_K^{\underline{g}} (S \otimes_{\mathbb{C}} K) \longrightarrow \coprod_{\underline{p} \in \mathrm{Spec}^{\underline{g}} S} \mathrm{Hom}_{\mathbb{C}}(H^{\underline{g}}(\underline{p}), K), \quad P \longmapsto (\underline{p}, i)$$

<u>ist bijektiv.</u>

Der <u>Beweis</u> verläuft ganz analog zu 3.8, jedoch ohne die typischen Schwierigkeiten der nicht-kommutativen Algebra. Wir geben hier nur die Umkehrabbildung an. Sie ordnet einem Paar $(\underline{q}, j)$ mit $\underline{q} \in \mathrm{Spec}^{\underline{g}} S$ und $j \in \mathrm{Hom}_{\mathbb{C}}(H^{\underline{g}}(\underline{q}), K)$ den Kern des durch j induzierten K-Algebrahomomorphismus

$$\psi_{\underline{q},j} : S \otimes_{\mathbb{C}} K \longrightarrow Q(S/\underline{q}) \otimes_{H^{\underline{g}}(\underline{q})} K$$

zu. Klar ist, daß $\underline{k} := \mathrm{kern}\ \psi_{\underline{q},j}$ $\underline{g}$-stabil ist. Wir zeigen zunächst, daß $\underline{k}$ prim, und dann, daß $H^{\underline{g}}(\underline{k}) = K$ ist.

Fassen wir $Q := Q(S/\underline{q})$ als $(Q, \underline{g})$- Bimodul auf, so ist Q einfach, und sein Endomorphismenkörper ist $H^{\underline{g}}(\underline{q})$. Daher hat jeder $(Q, \underline{g})$-Untermodul von $Q \otimes_{H^{\underline{g}}(\underline{q})} K$ die Form $Q \otimes M$ mit einem $H^{\underline{g}}(\underline{q})$-Unterraum M von K [6]. Daraus folgt, daß $Q \otimes_{H^{\underline{g}}(\underline{q})} K$ kein nichttriviales $\underline{g}$-stabiles Ideal enthält. Insbesondere ist $Q \otimes_{H^{\underline{g}}(\underline{q})} K$ nullteilerfrei nach 4.1b). Also war $\underline{k} = \ker \psi_{\underline{q},j}$ prim. Mit Hilfe des folgenden Lemmas beweist man nun völlig analog zum nicht-kommutativen Fall 3.7 die Nicht-triviale der Gleichungen

$$H^{\underline{g}}(\underline{k}) = (Q(S \otimes_{\mathbb{C}} K/\underline{k}))^{\underline{g}} = (Q(Q(S/\underline{q}) \otimes_{H^{\underline{g}}(\underline{q})} K))^{\underline{g}} \overset{!}{=} K.$$

Qed.

Lemma: Es seien $\underline{h}$ eine Lie-Algebra von Derivationen des Schiefkörpers E und T eine mit E kommutierende Unbestimmte. Wir setzen die Operation von $\underline{h}$ zu einer Operation durch Derivationen auf E(T) fort durch $DT := 0, \forall D \in \underline{h}$. Es ist dann $E(T)^{\underline{g}} = E^{\underline{g}}(T)$.

Für den Beweis dieses Lemmas verweisen wir lediglich auf den Spezialfall 3.6, wo $\underline{h}$ die Lie-Algebra aller inneren Derivationen von E ist.

14.4 Wir betrachten nun den Funktor $\underline{R}_S$, der jeder algebraisch abgeschlossenen Körpererweiterung $K|\mathbb{C}$ die Menge $\underline{R}_S(K) := \mathrm{Rat}_K^{\underline{g}}(S \otimes_{\mathbb{C}} K)$ aller K-$\underline{g}$-rationalen Ideale von $S \otimes_{\mathbb{C}} K$ zuordnet. Zu jeder solchen Körpererweiterung gehört eine faktorisierte Dixmier-Abbildung (12.4, 14.2)

$$\overline{\mathrm{Dix}}_K : \underline{R}_S(K) \cong (\underline{g} \otimes_{\mathbb{C}} K)^*/G(K) \longrightarrow \mathrm{Priv}\ U(\underline{g} \otimes_{\mathbb{C}} K).$$

Dabei ist $\mathrm{Priv}\ U(\underline{g} \otimes_{\mathbb{C}} K)$ wegen 6.7 identisch mit der Menge $\underline{R}_U(K)$ aller K-rationalen Ideale von $U(\underline{g} \otimes_{\mathbb{C}} K) \cong U(\underline{g}) \otimes_{\mathbb{C}} K$. Ferner ersieht man direkt aus der Konstruktion der faktorisierten Dixmier-Abbildung, daß die Abbildungen $\overline{\mathrm{Dix}}_K : \underline{R}_S(K) \longrightarrow \underline{R}_U(K)$ insgesamt einen Morphismus

$$\overline{\mathrm{Dix}}_? : \underline{R}_S = \coprod_{\underline{p} \in \mathrm{Spec}^{\underline{g}} S} \mathrm{Hom}_{\mathbb{C}}(H^{\underline{g}}(\underline{p}), ?) \longrightarrow \underline{R}_U = \coprod_{\underline{q} \in \mathrm{Spec}\ U} \mathrm{Hom}_{\mathbb{C}}(H(\underline{q}), ?)$$

zwischen den Funktoren der rationalen Ideale in $S := S(\underline{g})$ und in $U := U(\underline{g})$ liefern (3.9). Für solche Morphismen jedoch gilt das

Lemma: Jedem Morphismus von Funktoren

$$D : \coprod_{\underline{p} \in \mathrm{Spec}^{\underline{g}} S} \mathrm{Hom}_{\mathbb{C}}(H^{\underline{g}}(\underline{p}), ?) \longrightarrow \coprod_{\underline{q} \in \mathrm{Spec}\ U} \mathrm{Hom}_{\mathbb{C}}(H(\underline{q}), ?)$$

sind in eindeutiger Weise eine Abbildung $\delta : \mathrm{Spec}^{\underline{g}} S \longrightarrow \mathrm{Spec}\ U$ und Algebrenhomomorphismen $\delta_{\underline{p}} : H(\delta(\underline{p})) \longrightarrow H^{\underline{g}}(\underline{p})$ so zugeordnet, daß $D(i : H^{\underline{g}}(\underline{p}) \longrightarrow K) = i \circ \delta_{\underline{p}}, \forall i$, gilt.

Ist $D(K)$ für alle K surjektiv (bzw. bijektiv), so auch δ, und die $\delta_{\underline{p}}$ sind algebraische Erweiterungen (bzw. Isomorphismen).

Der Beweis dieses Lemmas verwendet nur die Steinitzsche Theorie der Körpererweiterungen, und die Indexmengen $\mathrm{Spec}^{\underline{g}} S$ und $\mathrm{Spec}\ U$ können durch beliebige andere ersetzt werden. Für gegebenes $\underline{p} \in \mathrm{Spec}^{\underline{g}} S$ wähle man eine beliebige algebraisch abgeschlossene Körpererweiterung $i : H^{\underline{g}}(\underline{p}) \longrightarrow K$. Dann ist $D(i)$ von der Gestalt $D(i) : H(\underline{q}) \longrightarrow K$ für ein gewisses $\underline{q} \in \operatorname{Spec} U$. Dieses $\underline{q}$ hängt nicht von i ab, da sich je zwei Körpererweiterungen $i_1 : H^{\underline{g}}(\underline{p}) \longrightarrow K_1$ und $i_2 : H^{\underline{g}}(\underline{p}) \longrightarrow K_2$ in eine gemeinsame dritte einbetten lassen. Man setzt nun $\delta(\underline{p}) := \underline{q}$. Ist $i_o : H^{\underline{g}}(\underline{p}) \longrightarrow \overline{H^{\underline{g}}(\underline{p})}$ ein algebraischer Abschluß von $H^{\underline{g}}(\underline{p})$, so ist $\sigma o D(i_o) = D(i_o)$ für jeden Automorphismus σ von $\overline{H^{\underline{g}}(p)}$, der $H^{\underline{g}}(\underline{p})$ elementweise fest läßt. Das Bild der Körpererweiterung $D(i_o) : H(\delta(p)) \rightarrow \overline{H^{\underline{g}}(p)}$ liegt daher schon im Fixkörper der Galoisgruppe von $\overline{H^{\underline{g}}(\underline{p})}$ über $H^{\underline{g}}(\underline{p})$, also in $H^{\underline{g}}(\underline{p})$. Infolgedessen gibt es genau einen $\mathbb{C}$- Algebrahomomorphismus $\delta_{\underline{p}} : H(\delta(\underline{p})) \longrightarrow H^{\underline{g}}(\underline{p})$ mit $D(i_o) = i_o \delta_{\underline{p}}$, und es ist klar, daß $D(i) = i\delta_{\underline{p}}$ für alle algebraisch abgeschlossenen Erweiterungen $i : H^{\underline{g}}(\underline{p}) \longrightarrow K$ gilt, weil sich jedes solche i durch i_o faktorisieren läßt.

Ist D surjektiv, so ist es auch $\delta : \operatorname{Spec}^{\underline{g}} S \longrightarrow \operatorname{Spec} U$, und die Einbettung $j_o : H(\delta(\underline{p})) \longrightarrow \overline{H(\delta(\underline{p}))}$ von $H(\delta(\underline{p}))$ in seinen algebraischen Abschluß ist von der Gestalt $j_o = D(j_1) = j_1 o\, \delta_{\underline{p}}$ für ein gewisses $j_1 : H^{\underline{g}}(\underline{p}) \longrightarrow \overline{H(\delta(\underline{p}))}$. Die Erweiterung $\delta_{\underline{p}}$ ist somit algebraisch und man hat die Situation $H(\delta(\underline{p})) \xrightarrow{\delta_{\underline{p}}} H^{\underline{g}}(\underline{p}) \xrightarrow{j_1} \overline{H(\delta(\underline{p}))}$. Ist $D(\overline{H(\delta(\underline{p}))})$ bijektiv, so stimmen die Galoisgruppen von $\overline{H(\delta(\underline{p}))}$ über $H(\delta(\underline{p}))$ und über $j_1(H^{\underline{g}}(\underline{p}))$ überein, und $\delta_{\underline{p}}$ ist dann ebenfalls bijektiv. Qed.

<u>Im Fall</u> $D = D\overline{ix}$ liefert uns dieses Lemma nach 11.4 eine Surjektion $\delta : \operatorname{Spec}^{\underline{g}} S \longrightarrow \operatorname{Spec} U$ und algebraische Erweiterungen $\delta_{\underline{p}} : H(\delta(\underline{p})) \longrightarrow H^{\underline{g}}(\underline{p})$. In Wirklichkeit wird sich $D\overline{ix}$ jedoch sogar als bijektiv herausstellen (§ 15). Daraus ergibt sich dann die Bijektivität sowohl von δ wie auch von $\delta_{\underline{p}}$ für alle $\underline{p}$.

Für eine genauere Beschreibung der $\delta_{\underline{p}}$ verweisen wir auf § 16. So lange wollen wir für δ jedoch nicht warten.

<u>14.5</u> <u>Satz:</u> <u>Die in 14.4 definierte "funktorielle Erweiterung"</u> $\delta : \mathrm{Spec}^{\mathfrak{g}} S(\mathfrak{g}) \longrightarrow \mathrm{Spec}\, U(\mathfrak{g})$ <u>von</u> $\overline{\mathrm{Dix}} : \mathfrak{g}^*/G \longrightarrow \mathrm{Priv}\, U(\mathfrak{g})$ <u>ist stetig.</u> <u>Folglich stimmt sie mit der "stetigen Erweiterung"</u> $\widetilde{\mathrm{Dix}}$ <u>von 13.4 überein.</u>

<u>Beweis</u>: Sei $K|\mathbb{C}$ eine algebraisch abgeschlossene Körpererweiterung von unendlichem Transzendenzgrad. Nach Definition von δ ist das folgen folgende Diagramm kommutativ

$$\begin{array}{ccccc}
\coprod_{\mathfrak{p}} \mathrm{Hom}_{\mathbb{C}}(H^{\mathfrak{g}}(\mathfrak{p}),K) \cong \underline{R}_S(K) & \xrightarrow{\overline{\mathrm{Dix}}_K} & \underline{R}_U(K) \cong \coprod_{\mathfrak{q}} \mathrm{Hom}_{\mathbb{C}}(H(\mathfrak{q}),K) \\
\tau \downarrow & & \downarrow \sigma \\
\mathrm{Spec}^{\mathfrak{g}} S & \xrightarrow{\quad\delta\quad} & \mathrm{Spec}\, U
\end{array}$$

Dabei sind τ und σ die kanonischen Projektionen auf die Indexmengen. Nun ist τ surjektiv nach Lemma 14.6 unten, und $\mathrm{Spec}^{\mathfrak{g}} S$ trägt die Identifizierungstopologie. (Bemerke, daß $\tau \circ \Psi(K) : \underline{R}_S(K) = \mathrm{Rat}_K^{\mathfrak{g}}(S \otimes_{\mathbb{C}} K) \to \mathrm{Spec}^{\mathfrak{g}} S$ die Kontraktionsabbildung $\pi : P \longrightarrow P \cap S$ ist). Folglich ist mit $\sigma \circ \overline{\mathrm{Dix}}_K = \delta \circ \tau$ (13.5) auch δ stetig. Qed.

<u>14.6</u> <u>Lemma:</u> Sei $K|\mathbb{C}$ eine algebraisch abgeschlossene Körpererweiterung von unendlichem Transzendenzgrad.

a) Die Kontraktionsabbildung $\pi : \mathrm{Rat}_K^{\mathfrak{g}}(S \otimes_{\mathbb{C}} K) \longrightarrow \mathrm{Spec}^{\mathfrak{g}} S$, $\underline{P} \longmapsto \underline{P} \cap S$ ist surjektiv.

b) Für jedes $\mathfrak{p} \in \mathrm{Spec}^{\mathfrak{g}} S$ ist $\bigcap_{\pi(\underline{P})=\mathfrak{p}} \underline{P} = \mathfrak{p} \otimes_{\mathbb{C}} K$.

c) $\mathrm{Spec}^{\mathfrak{g}} S$ trägt die Identifizierungstopologie bezüglich π.

<u>Beweis</u>: a) Die Faser $\pi^{-1}(\mathfrak{p})$, $\mathfrak{p} \in \mathrm{Spec}^{\mathfrak{g}} S$, besteht aus den K-rationalen Idealen $\ker \psi_{\mathfrak{p},j} \triangleleft S \otimes_{\mathbb{C}} K$ mit $j \in \mathrm{Hom}_{\mathbb{C}}(H^{\mathfrak{g}}(\mathfrak{p}),K)$ (14.3). Da $H^{\mathfrak{g}}(\mathfrak{p})$ endlichen Transzendenzgrad $\leq \dim \mathfrak{g}$ hat, ist $\mathrm{Hom}_{\mathbb{C}}(H^{\mathfrak{g}}(\mathfrak{p}),K) \neq \emptyset$, also auch $\pi^{-1}(\mathfrak{p}) \neq \emptyset$, $\forall \mathfrak{p}$.

b) Definieren wir $\overline{\psi}_{\mathfrak{p},j}$ durch das Diagramm

$$\begin{array}{ccc}
S \otimes_{\mathbb{C}} K & \xrightarrow{\psi_{\mathfrak{p},j}} & Q(S/\mathfrak{p}) \otimes_{H^{\mathfrak{g}}(\mathfrak{p})} K \\
\downarrow & \nearrow_{\overline{\psi}_{\mathfrak{p},j}} & \\
Q(S/\mathfrak{p}) \otimes_{\mathbb{C}} K & &
\end{array}$$

so haben wir $\bigcap_j \ker \overline{\psi}_{\mathfrak{p},j} = 0$ zu zeigen. Sei $0 \neq z \in Z := H^{\mathfrak{g}}(\mathfrak{p}) \otimes_{\mathbb{C}} K$ $(\subseteq Q(S/\mathfrak{p}) \otimes_{\mathbb{C}} K)$ beliebig gegeben, etwa $z = x_1 \otimes y_1 + \ldots + x_n \otimes y_n$. Da

$\mathbb{C}$ algebraisch abgeschlossen ist, wird $H^{\mathfrak{g}}(\underline{p}) \otimes_{\mathbb{C}} \mathbb{C}[y_1,\dots,y_n]$ ein Integritätsbereich. Sein Quotientenkörper läßt sich $\mathbb{C}$-linear in K einbetten wegen der Unendlichkeit des Transzendenzgrades, und da K algebraisch abgeschlossen ist (Steinitz). Dabei werden $y_1,\dots,y_n$ ohne Einschränkung identisch abgebildet. Diese Einbettung induziert eine Einbettung des Herzens, etwa

$$j : H^{\mathfrak{g}}(\underline{p}) \cong H^{\mathfrak{g}}(\underline{p}) \otimes_{\mathbb{C}} 1 \longrightarrow K.$$

Damit wird $\overline{\Psi}_{\underline{p},j}(z) \neq 0$ nach Konstruktion, und wir haben bewiesen, daß $\bigcap_j \ker \overline{\Psi}_{\underline{p},j} \cap Z = 0$ ist. Schreiben wir nun $Z := H^{\mathfrak{g}}(\underline{p}) \otimes_{\mathbb{C}} K$ und

$$Q(S/\underline{p}) \otimes_{\mathbb{C}} K = Q(S/\underline{p}) \otimes_{H^{\mathfrak{g}}(\underline{p})} (H^{\mathfrak{g}}(\underline{p}) \otimes_{\mathbb{C}} K) = Q(S/\underline{p}) \otimes_{H^{\mathfrak{g}}(\underline{p})} Z,$$

so erhalten wir

$$\bigcap_j \ker \overline{\Psi}_{\underline{p},j} = \bigcap_j \left[Q(S/\underline{p}) \otimes_{H^{\mathfrak{g}}(\underline{p})} (Z \cap \ker \overline{\Psi}_{\underline{p},j})\right] =$$

$$Q(S/\underline{p}) \otimes_{H^{\mathfrak{g}}(\underline{p})} (\bigcap_j \ker \overline{\Psi}_{\underline{p},j} \cap Z) = 0,$$

was zu zeigen war.

c) Die Stetigkeit von π ist trivial. Sei $F \subseteq \mathrm{Spec}^{\mathfrak{g}} S$ eine Teilmenge mit abgeschlossenem Urbild $\pi^{-1}F$, d.h. aus $\underline{P} \supseteq \bigcap \pi^{-1}F$, $\underline{P} \in \mathrm{Rat}_K^{\mathfrak{g}}\, S \otimes K$, folge $\underline{P} \in \pi^{-1}F$. Zu zeigen haben wir, daß F abgeschlossen ist. Sei $\underline{p}_o \in \mathrm{Spec}^{\mathfrak{g}} S$ mit $\underline{p}_o \supseteq \bigcap F$ gegeben, etwa $\underline{p}_o = \pi(\underline{P}_o)$ mit $\underline{P}_o \in \mathrm{Rat}_K^{\mathfrak{g}}\, S \otimes K$. Dann ist $\underline{P}_o \supseteq \bigcap F$, also auch

$$\underline{P}_o \supseteq (\bigcap F) \otimes_{\mathbb{C}} K = \bigcap_{\underline{p} \in F} \underline{p} \otimes_{\mathbb{C}} K = \bigcap_{\underline{p} \in F} \bigcap \pi^{-1}\underline{p} = \bigcap \pi^{-1}F.$$

Dabei folgt die vorletzte Gleichung aus b). Es ergibt sich daraus $\underline{P}_o \in \pi^{-1}F$ und, nach Voraussetzung über F, $\underline{p}_o = \pi(\underline{P}_o) \in F$. Qed.

§ 15 Die faktorisierte Dixmier-Abbildung ist bijektiv

15.1 Der folgende Satz ist 1965 von Dixmier vermutet [19] und 1972 von Rentschler bewiesen worden [60]:

Satz (Rentschler): *Es seien $\mathfrak{g}$ eine auflösbare Lie-Algebra über $\mathbb{C}$ und $G = G(\mathfrak{g})$ die zugeordnete algebraische Gruppe. Die faktorisierte Dixmier-Abbildung*

$$\overline{\mathrm{Dix}} : \mathfrak{g}^*/G \longrightarrow \mathrm{Priv}\, U(\mathfrak{g})$$

ist bijektiv.

Aus diesem Satz ergibt sich, wie schon in 14.4 bemerkt, das

Korollar: *Auch die erweiterte Dixmier-Abbildung*

$$\widetilde{\mathrm{Dix}} : \mathrm{Spec}^{\mathfrak{g}} S(\mathfrak{g}) \longrightarrow \mathrm{Spec}\, U(\mathfrak{g})$$

ist bijektiv, und zu jedem $\mathfrak{p} \in \mathrm{Spec}^{\mathfrak{g}} S(\mathfrak{g})$ ist durch 14.4 ein Isomorphismus

$$\delta_{\mathfrak{p}} : H(\widetilde{\mathrm{Dix}}(\mathfrak{p})) \xrightarrow{\sim} H^{\mathfrak{g}}(\mathfrak{p})$$

der Herzen gegeben.

Im Falle $\mathfrak{p} = 0$ ist der Isomorphismus $\delta_{\mathfrak{p}} = \delta_0$ schon von Rentschler in [59] angegeben worden, und Duflo hat gezeigt, daß δ_0 einen Isomorphismus von $Z(U(\mathfrak{g})) \subseteq Z(Q(U(\mathfrak{g}))) = H(\{0_U\})$ auf $S(\mathfrak{g})^{\mathfrak{g}} \subseteq (Q(S(\mathfrak{g})))^{\mathfrak{g}} = H(\{0_S\})$ induziert ([27], [30]).

Nach 11.4 bleibt nur noch die Injektivität von $\overline{\mathrm{Dix}}$ zu beweisen. Wir widmen ihr den Abschnitt 15.6 und schicken zunächst dem Beweis einige Lemmata voraus. Dabei bezeichnen wir mit $\mathfrak{g}$ stets eine *auflösbare* Lie-Algebra über $\mathbb{C}$, mit $G := G(\mathfrak{g})$ die zugeordnete algebraische Gruppe in $\mathrm{Aut}\, \mathfrak{g} \subseteq GL(\mathfrak{g})$.

15.2 Lemma: Seien $\mathfrak{g}' \triangleleft \mathfrak{g}$ ein Ideal der auflösbaren Lie-Algebra $\mathfrak{g}$, $f \in \mathfrak{g}^*$ eine Linearform und $f' := f|_{\mathfrak{g}'}$. Dann ist

$$\mathrm{Dix}\,(f) \cap U(\mathfrak{g}') = \bigcap_{g \in G} g\, \mathrm{Dix}\,(f').$$

Beweis: Offensichtlich ist $\bigcap_{g \in G} g\, \mathrm{Dix}\,(f')$ das größte in

Dix (f') gelegene G-stabile Ideal von $U(\mathfrak{g}')$. Wir haben es hier also lediglich mit einer Umformung von Lemma 11.2 zu tun, da die $\mathfrak{g}$-stabilen mit den G-stabilen Idealen nach Konstruktion von G zusammenfallen (vgl. 12.3 und 13.1).

15.3 Wie in § 11 betrachten wir nun die Gruppe $\Lambda := [\mathfrak{g},\mathfrak{g}]^{\perp} \subseteq \mathfrak{g}^*$ aller "möglichen Eigenwerte" von $\mathfrak{g}$. Man kann sie auch als die Gruppe $\Lambda = (\mathfrak{g}^*)^G$ der G-Invarianten von $\mathfrak{g}^*$ auffassen. Denn G läßt ein $\lambda \in \mathfrak{g}^*$ genau dann invariant, wenn $\mathfrak{g}$ es annulliert, wenn also $y(\lambda) = 0$ für alle $y \in \mathfrak{g}$ gilt, wobei

$$y(\lambda)(x) := -\lambda([y,x]), \quad \forall x \in \mathfrak{g}.$$

Lemma: Für jedes $f \in \mathfrak{g}^*$ ist $\Lambda_f := \{\lambda \in \Lambda \mid f + \lambda \in Gf\}$ ein $\mathbb{C}$-Untervektorraum von Λ.

Beweis: Bekanntlich ist jede algebraische Untergruppe Λ' von Λ ein Untervektorraum: Denn jede algebraische Untergruppe einer algebraischen Gruppe ist Zariski-abgeschlossen; folglich ist mit einem $\lambda \in \Lambda'$ auch der ganze Zariski-Abschluß $\mathbb{C}\lambda$ von $\mathbb{Z}\lambda$ in Λ' gelegen. Nun ist mit Gf auch das Urbild Λ_f von Gf unter der Abbildung $\lambda \longmapsto f + \lambda$ Zariski-lokalabgeschlossen in Λ. Dies zeigt, daß Λ_f eine algebraische Untervarietät von Λ ist. Sind andererseits $\lambda, \lambda' \in \Lambda_f$, etwa $f + \lambda = gf$ und $f + \lambda' = g'f$ mit $g, g' \in G$, so hat man $gg'f = g(f + \lambda') = gf + g\lambda' = f + \lambda + \lambda'$ wegen $\lambda' \in (\mathfrak{g}^*)^G$. Das bedeutet $\lambda + \lambda' \in \Lambda_f$ und beweist, daß Λ_f auch Untergruppe und folglich algebraische Untergruppe von Λ ist.

15.4 Lemma: Mit den Bezeichnungen von 15.3 ist

$$(\Lambda_f)^{\perp} = [\mathfrak{g},\mathfrak{g}] + \{y \in \mathfrak{g} \mid f(X(y)) = 0, \ \forall X \in \mathrm{Lie}\ G\} \subseteq [\mathfrak{g},\mathfrak{g}] + \mathfrak{g}^{f\perp}.$$

Dabei ist $(\Lambda_f)^{\perp} := \{y \in \mathfrak{g} \mid \lambda(y) = 0, \forall \lambda \in \Lambda_f\}$ der Orthogonalraum zu Λ_f in $\mathfrak{g}$, und $\mathfrak{g}^{f\perp} = \{y \in \mathfrak{g} \mid f(X(y)) = 0, \forall X \in \mathrm{ad}(\mathfrak{g})\}$ der Orthogonalraum zu $\mathfrak{g}$ bezüglich der alternierden Bilinearform

B_f (= ker B_f, 9.1).

Beweis: Lassen wir $G\times\Lambda$ durch $((g, \lambda), f) \longmapsto gf - \lambda$ auf $\mathfrak{g}^*$ operieren, so ist Λ_f das Bild der Isotropiegruppe

$$\mathrm{Cent}_{G\times\Lambda}(f) = \{(g, \lambda) \in G\times\Lambda \mid gf - \lambda = f\}$$

unter der Projektion $G\times\Lambda \longrightarrow \Lambda$. Folglich ist Lie $\Lambda_f \cong \Lambda_f$ das Bild der "Isotropie-Liealgebra"

$$\mathrm{Lie}\,(\mathrm{Cent}_{G\times\Lambda}(f)) = \mathrm{Cent}_{\mathrm{Lie}(G\times\Lambda)}(f) = \left\{(X, \lambda) \in (\mathrm{Lie}\ G)\times\Lambda \;\middle|\; X(f) - \lambda = 0\right\}$$

unter der induzierten Abbildung $\mathrm{Lie}(G\times\Lambda) \cong (\mathrm{Lie}\ G)\times\Lambda \longrightarrow \mathrm{Lie}\ \Lambda \cong \Lambda$, d.h. es ist $\Lambda_f = \Lambda \cap \{X(f) \mid X \in \mathrm{Lie}\ G\}$. Aus dieser Gleichung ergibt sich für die entsprechenden Orthogonalräume in $\mathfrak{g}$

$$(\Lambda_f)^{\perp} = \Lambda^{\perp} + \{X(f) \mid X \in \mathrm{Lie} G\}^{\perp} = [\mathfrak{g}, \mathfrak{g}] + \{y \in \mathfrak{g} \mid X(f)(y) = 0, \ \forall X \in \mathrm{Lie}\ G\}.$$

Qed.

15.5 Lemma: Sei $f \in \mathfrak{g}^*$ eine Linearform. Ist $\mathfrak{n} \triangleleft \mathfrak{g}$ ein nilpotentes Ideal mit $\mathfrak{g} = \mathfrak{n} + \mathfrak{g}^{f\perp}$, so gilt $\mathfrak{g} \subseteq U(\mathfrak{n}) + \mathrm{Dix}\ (f)$.

Beweis: Sei $\mathfrak{p}$ die Vergne-Polarisierung von $f|_{\mathfrak{n}}$ zu einer $\mathfrak{g}$-stabilen Kompositionsreihe von $\mathfrak{n}$. Dann ist $\mathfrak{h} := \mathfrak{p} + \mathfrak{g}^{f\perp}$ eine Vergne-Polarisierung von f: Denn $\mathfrak{p} + \mathfrak{g}^{f\perp}$ ist offensichtlich der einzige $\mathfrak{p}$ enthaltende maximal-isotrope Unterraum von $\mathfrak{g}$ bezüglich B_f; andererseits ist $\mathfrak{p}$ in einer Vergne-Polarisierung von f gelegen (man verlängere die $\mathfrak{g}$-stabile Kompositionsreihe von $\mathfrak{p}$ zu einer Kompositionsreihe von $\mathfrak{g}$!). Wir haben also folgendes Diagramm:

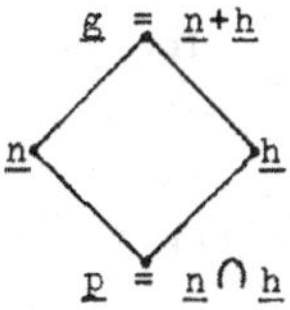

Die induzierten Moduln

$$M = {}^{\mathfrak{g}}_{\mathfrak{h}}\!\uparrow \mathbb{C}_{f|\mathfrak{h}} \quad \text{und} \quad N = {}^{\mathfrak{n}}_{\mathfrak{p}}\!\uparrow \mathbb{C}_{f|\mathfrak{p}}$$

lassen sich als Vektorräume mit einander identifizieren: Wegen

$\underline{n}/\underline{p} \cong \underline{g}/\underline{h}$ ist nämlich $Sp_{\underline{n}/\underline{p}} = Sp_{\underline{g}/\underline{h}}|_{\underline{p}}$, und $\mathbb{C}_\lambda$ mit $\lambda .= f|_{\underline{p}} + \frac{1}{2}Sp_{\underline{n}/\underline{p}}$ geht aus $\mathbb{C}_\mu$ mit $\mu .= f|_{\underline{h}} + \frac{1}{2}Sp_{\underline{g}/\underline{h}}$ durch Einschränkung der Skalare hervor; ferner ist nach Poincaré-Birkhoff-Witt die kanonische Abbildung

$$U(\underline{n}) \otimes_{U(\underline{p})} \mathbb{C}_\lambda \longrightarrow U(\underline{g}) \otimes_{U(\underline{h})} \mathbb{C}_\mu$$

wegen $\underline{n}/\underline{p} \cong \underline{g}/\underline{h}$ bijektiv.

Seien $I .= \mathrm{Dix}\ (f) = \mathrm{Ann}_{U(\underline{g})} M$ und $J .= \mathrm{Dix}\ (f|_{\underline{n}}) = \mathrm{Ann}_{U(\underline{n})} N$. Nach dem ersten Teil des Beweises ist $J = U(\underline{n}) \cap I$. Wegen der Nilpotenz von $\underline{n}$ ist $U(\underline{n})/J \cong \mathbb{A}_m$ eine Weyl-Algebra (6.11). Ist $a \in U(\underline{g})$, so bezeichnen wir mit $\bar{a}$ das Bild von a in $U(\underline{g})/I$. Da Weyl-Algebren nur innere Derivationen zulassen (4.10b)), gibt es zu jedem $y \in \underline{g}$ ein $b \in U(\underline{n})$ mit $[\bar{y},\bar{a}] = [\bar{b},\bar{a}]$ für alle $a \in U(\underline{n})$. Dies bedeutet, daß die Multiplikation mit $y - b$ in M ein $U(\underline{n})$-Endomorphismus ist. Wegen $U(\underline{g})/I \subseteq \mathrm{End}_{\mathbb{C}} M$ und $\mathrm{End}_{U(\underline{n})} M = \mathbb{C}$ ist $\bar{y} - \bar{b} \in \mathbb{C}$. Folglich gilt $y \in b + \mathbb{C} + I \subseteq U(\underline{n}) + \mathrm{Dix}\ (f)$. Qed.

15.6 <u>Beweis der Injektivität</u> : Für $\underline{g} = 0$ ist die Behauptung klar. Wir nehmen an, daß für alle algebraisch abgeschlossenen Erweiterungen K von $\mathbb{C}$ und für alle (auflösbaren) K-Lie-Algebren, deren (K-) Dimension kleiner ist als die ($\mathbb{C}$-) Dimension von $\underline{g}$, die Bijektivität(!) der faktorisierten Dixmier-Abbildung bereits bewiesen sei. Nach § 14 hat dies zur Folge, daß für alle ($\mathbb{C}$-) Lie-Algebren $\underline{k}$ mit $[\underline{k}:\mathbb{C}] < [\underline{g}:\mathbb{C}]$ die erweiterte Dixmier-Abbildung $\mathrm{Spec}^{\underline{k}}\ S(\underline{k}) \longrightarrow \mathrm{Spec}\ U(\underline{k})$ bijektiv ist. Sind $f, f' \in \underline{g}^*$ zwei Linearformen mit $\mathrm{Dix}\ (f) = \mathrm{Dix}(f') =: I$, so wollen wir daraus schließen, daß es ein $g \in G$ gibt mit $f = gf'$.

Es sei $\underline{k} \triangleleft \underline{g}$ ein Ideal von $\underline{g}$. Das Ideal $J .= I \cap U(\underline{k})$ ist ein Primideal von $U(\underline{k})$, welches unter G stabil ist. Sei $\underline{m}_{f|\underline{k}}$ bzw. $\underline{m}_{f'|\underline{k}}$ das von $\{x - f(x) | x \in \underline{k}\}$ bzw. von $\{x - f'(x) | x \in \underline{k}\}$ in $S(\underline{k})$ erzeugte maximale Ideal. Wir setzen $\underline{q} .= \bigcap_{g \in G} g\underline{m}_{f|\underline{k}}$ und $\underline{q}' .=$

$\bigcap_{g\in G} g\mathfrak{m}_{f'|\underline{k}}$. Nun hat man nach Lemma 15.2

$$J = \bigcap_{g\in G} g\ \mathrm{Dix}\ (f|_{\underline{k}}) = \bigcap_{g\in G} g\ \mathrm{Dix}\ (f'|_{\underline{k}}).$$ (verwende auch 13.5)

Nach Lemma 13.2 und nach der Definition von $\widetilde{\mathrm{Dix}}$ (13.4) ist aber

$$\bigcap_{g\in G} g\ \mathrm{Dix}(f|_{\underline{k}}) = \bigcap_{g\in G} \mathrm{Dix}(gf|_{\underline{k}}) = \widetilde{\mathrm{Dix}}\ (\bigcap_{g\in G} g\mathfrak{m}_{f|\underline{k}}).$$

Man hat daher $J = \widetilde{\mathrm{Dix}}\ (\underline{q})$ und entsprechend $J = \widetilde{\mathrm{Dix}}\ (\underline{q}')$.

Ist nun $\underline{k} \neq \underline{g}$, so folgt nach Induktionsannahme (für $\underline{k}$!) die Injektivität von $\widetilde{\mathrm{Dix}}$, und daraus $\underline{q} = \underline{q}'$. Da Bahnen algebraischer Gruppen offen in ihrem Abschluß sind, und da $G\mathfrak{m}_{f|\underline{k}}$ und $G\mathfrak{m}_{f'|\underline{k}}$ in Priv $S(\underline{g})$ denselben Abschluß haben, nämlich $\{\underline{m} \in \mathrm{Priv}\ S(\underline{k}) \mid \underline{m} \supseteq \underline{q}\}$, stimmen sie überein. Es gibt daher ein $g\in G$ mit $f'|_{\underline{k}} = gf|_{\underline{k}}$.

Wir brauchen jetzt nur noch $\underline{k}$ geschickt zu wählen. Im Falle $\Lambda_f \neq 0$ (15.3) können wir $\underline{k} = (\Lambda_f)^{\perp}$ nehmen. Wie eben gezeigt, können wir annehmen, daß die Differenz $\lambda := f' - f$ auf $\underline{k}$ verschwindet. Das bedeutet $\lambda \in \Lambda_f$ nach Definition von $\underline{k}$ und somit $f' = f + \lambda \in Gf$ nach Definition von Λ_f. Das war zu zeigen.

Ist jedoch $\Lambda_f = 0$, so gilt $\underline{g} = [\underline{g},\underline{g}] + \underline{g}^{f\perp}$ nach 15.4, und daraus folgt $\underline{g} \subseteq U([\underline{g},\underline{g}]) + I$ nach 15.5. Wir wählen irgendein Ideal $\underline{k} \triangleleft \underline{g}$ der Codimension 1. Dann ist $[\underline{g},\underline{g}] \subseteq \underline{k}$, also auch $\underline{g} \subseteq U(\underline{k}) + I$, woraus sich $U(\underline{k})/J \xrightarrow{\sim} U(\underline{g})/I$ mit $J := I \cap U(\underline{k})$ ergibt. Insbesondere ist $JU(\underline{g}) \subsetneq I$, so daß der Fall c1) von Lemma 11.3 vorliegen muß: Ist $\lambda \in \underline{g}^*$ eine Linearform mit $\ker \lambda = \underline{k}$, so operiert $\mathbb{C}\lambda$ (transitiv und) treu auf der "Faser" $\{I' \in \mathrm{Priv}\ U(\underline{g}) \mid I' \cap U(\underline{k}) = J\}$. Das heißt: Aus $\alpha\lambda \neq 0$ $(\alpha \in \mathbb{C})$ folgt $I \neq \tau_{\alpha\lambda}(I)$. Wie oben können wir $\underline{k} \subseteq \ker (f - f')$ annehmen, also $f-f' = \alpha\lambda$ für ein gewisses $\alpha \in \mathbb{C}$. Nach Lemma 11.1 erhält man $I = \mathrm{Dix}(f) = \mathrm{Dix}(f') = \mathrm{Dix}(f-\alpha\lambda) = \tau_{\alpha\lambda}(\mathrm{Dix}(f)) = \tau_{\alpha\lambda}(I)$. Folglich ist $\alpha\lambda = 0$ und $f = f'$. Qed.

Derselbe Beweis mit K anstelle von $\mathbb{C}$ liefert die Injektivität und damit die Bijektivität der faktorisierten Dixmier-Abbildung für jede algebraisch abgeschlossene Körpererweiterung K von $\mathbb{C}$ und jede K-Lie-Algebra der K-Dimension $[\underline{g}:\mathbb{C}]$.

15.7 Übergang zu beliebigen Grundkörpern der Charakteristik 0.

Die Existenz einer stetigen Bijektion $\widetilde{\mathrm{Dix}} : \mathrm{Spec}^{\underline{g}} S(\underline{g}) \longrightarrow \mathrm{Spec}\, U(\underline{g})$ kann auch für auflösbare Lie-Algebren über beliebigen Körpern K der Charakteristik 0 nachgewiesen werden. Wie schon bemerkt, lassen sich unsere Überlegungen wortwörtlich auf alle überabzählbaren algebraisch abgeschlossenen Körper übertragen. Bei abzählbaren algebraisch abgeschlossenen Körpern hingegen versagen unsere Beweise vom Satz 1.4 und Lemma 3.3. Zum Glück können diese Hindernisse jedoch mit Hilfe einiger Ergebnisse von Quillen [54] und Duflo [31] umgangen werden (siehe auch [33]). Wir skizzieren nun, wie der allgemeine Fall mit der Methode der galoisschen Abstiegstheorie auf den algebraisch abgeschlossenen Fall zurückgeführt werden kann:

Sei $\underline{g}$ eine (endlichdimensionale) auflösbare Lie-Algebra über einem Körper K der Charakteristik 0, und sei $\overline{K}$ eine algebraisch abgeschlossene Erweiterung von K mit Galois-Gruppe Π. Man kann leicht nachweisen, daß die "Kontraktion"

$$\mathrm{Spec}^{\underline{g}} S(\underline{g} \otimes_K \overline{K}) \longrightarrow \mathrm{Spec}^{\underline{g}} S(\underline{g}),\ I \longmapsto I \cap S(\underline{g})$$

bzw. $\mathrm{Spec}\, U(\underline{g} \otimes_K \overline{K}) \longrightarrow \mathrm{Spec}\, U(\underline{g}),\ P \longmapsto P \cap U(\underline{g})$

einen Homöomorphismus $(\mathrm{Spec}^{\underline{g}} S(\underline{g} \otimes_K \overline{K}))/\Pi \xrightarrow{\sim} \mathrm{Spec}^{\underline{g}} S(\underline{g})$ bzw. $(\mathrm{Spec}\, U(\underline{g} \otimes_K \overline{K}))/\Pi \xrightarrow{\sim} \mathrm{Spec}\, U(\underline{g})$ induziert. Somit induziert $\widetilde{\mathrm{Dix}} : \mathrm{Spec}^{\underline{g}} S(\underline{g} \otimes_K \overline{K}) \longrightarrow \mathrm{Spec}\, U(\underline{g} \otimes_K \overline{K})$ durch Übergang zu den Bahnenräumen modulo Π eine stetige Bijektion $\mathrm{Spec}^{\underline{g}} S(\underline{g}) \longrightarrow \mathrm{Spec}\, U(\underline{g})$.

§ 16 Die erweiterte Dixmier-Abbildung ist stückweise bistetig.

16.1 Ist $\mathfrak{g}$ eine auflösbare Lie-Algebra, so haben wir uns in diesem Buch die Beschreibung des Primspektrums der Einhüllenden $U(\mathfrak{g})$ zum Ziel gesetzt. Dabei wollen wir die Primideale nicht nur einzeln darstellen, vielmehr wollen wir auch ihre Beziehungen zueinander erfassen. Mit anderen Worten, wir untersuchen die (durch Inklusion) geordnete Menge der Primideale. Es sei dabei bemerkt, daß bei einem beliebigen noetherschen Ring A die Angabe der Ordnung auf Spec A zur Angabe der Zariski-Topologie äquivalent ist: Denn einerseits gilt für zwei Primideale I, I' die Inklusion $I \subseteq I'$ genau dann, wenn I' im Abschluß $\overline{\{I\}}$ von I liegt. Andererseits ist jede abgeschlossene Teilmenge von Spec A eine endliche Vereinigung von abgeschlossenen Teilmengen der Gestalt

$$V(I) := \{I' \in \operatorname{Spec} A \mid I' \supseteq I\}, \quad I \in \operatorname{Spec} A \quad \text{(vgl. 1.2)}.$$

Nun steht uns im Fall einer auflösbaren Lie-Algebra $\mathfrak{g}$ die stetige Bijektion $\widetilde{\mathrm{Dix}}: \operatorname{Spec}^{\mathfrak{g}} S(\mathfrak{g}) \longrightarrow \operatorname{Spec} U(\mathfrak{g})$ zur Verfügung. Die Stetigkeit impliziert, daß aus $I \subseteq I'$ auch $\widetilde{\mathrm{Dix}}(I) \subseteq \widetilde{\mathrm{Dix}}(I')$ folgt. Es wird ferner vermutet, daß $\widetilde{\mathrm{Dix}}$ sogar ein Ordnungsisomorphismus (oder, äquivalent dazu, ein Homöomorphismus) ist. Doch dies ist bis heute noch unbewiesen, selbst dann, wenn $\mathfrak{g}$ nilpotent und $\dim \mathfrak{g} > 7$ ist.

Als Ersatz für die Bistetigkeit der erweiterten Dixmier-Abbildung bieten wir hier folgendes schwächere Ergebnis an:

Satz: Ist I ein $\mathfrak{g}$-stabiles Primideal der symmetrischen Algebra einer auflösbaren Lie-Algebra $\mathfrak{g}$, so existiert eine (relativ) offene Teilmenge $V \neq \emptyset$ im Abschluß $\overline{\{I\}}$, derart daß die durch $\widetilde{\mathrm{Dix}}$ induzierte Abbildung

$$\operatorname{Spec}^{\mathfrak{g}} S(\mathfrak{g}) \supseteq \overline{\{I\}} \supseteq V \xrightarrow{\widetilde{\mathrm{Dix}}_V} \widetilde{\mathrm{Dix}}(V) \subseteq \overline{\{\widetilde{\mathrm{Dix}}(I)\}} \subseteq \operatorname{Spec} U(\mathfrak{g})$$

ein Homöomorphismus auf eine (relativ) offene Teilmenge von $\overline{\{\widetilde{\mathrm{Dix}}(I)\}}$ ist.

Wir werden diesen Satz in 16.12 zusammen mit weiteren Ergebnissen beweisen. Für einen anderen Beweis im nilpotenten Fall sei auf [58] verwiesen.

16.2 Korollar: *Das stabile Spektrum $\mathrm{Spec}^{\mathfrak{g}} S(\mathfrak{g})$ ist eine endliche disjunkte Vereinigung von lokal-abgeschlossenen Teilmengen V mit lokal-abgeschlossenen Bildern $\widetilde{\mathrm{Dix}}\,(V) \subseteq \mathrm{Spec}\, U(\mathfrak{g})$, derart daß alle induzierten Abbildungen $V \longrightarrow \widetilde{\mathrm{Dix}}\,(V)$ Homöomorphismen sind.*

Beweis : Es sei W eine offene Teilmenge von $\mathrm{Spec}^{\mathfrak{g}} S(\mathfrak{g})$ mit offenem Bild $\widetilde{\mathrm{Dix}}(W) \subseteq \mathrm{Spec}\, U(\mathfrak{g})$, derart daß eine endliche Zerlegung von W in lokal-abgeschlossene Teilmengen V mit den Eigenschaften des Korollars existiert. Solche Mengen W gibt es (z.B. die leere Menge!). Da $\mathrm{Spec}^{\mathfrak{g}} S(\mathfrak{g})$ ein noetherscher Raum ist, existiert sogar eine maximale Teilmenge W mit den gewünschten Eigenschaften. Wir zeigen durch Widerspruch, daß sie mit $\mathrm{Spec}^{\mathfrak{g}} S(\mathfrak{g})$ zusammenfällt:

Es seien nämlich $F_1, F_2, \ldots, F_n$, $n \geq 1$, die irreduziblen Komponenten von $(\mathrm{Spec}^{\mathfrak{g}} S(\mathfrak{g})) \setminus W$. Jede irreduzible Komponente von $\mathrm{Spec}\, U(\mathfrak{g}) \setminus \widetilde{\mathrm{Dix}}(W)$ hat die Gestalt $\overline{\widetilde{\mathrm{Dix}}\,(F_i)}$ für ein geeignetes i, denn die Mengen $\overline{\widetilde{\mathrm{Dix}}(F_i)}$ sind irreduzibel und abgeschlossen, und sie überdecken $\mathrm{Spec}\, U(\mathfrak{g}) \setminus \widetilde{\mathrm{Dix}}\,(W)$. Mithin können wir ohne Einschränkung annehmen, daß $\overline{\widetilde{\mathrm{Dix}}\,(F_1)}$ eine irreduzible Komponente von $\mathrm{Spec}\, U(\mathfrak{g}) \setminus \widetilde{\mathrm{Dix}}\,(W)$ ist. Dann existiert aber nach Satz 16.1 eine (relativ) offene nicht-leere Teilmenge $V \subseteq F_1$, derart daß $\widetilde{\mathrm{Dix}}_V : V \longrightarrow \widetilde{\mathrm{Dix}}\,(V)$ ein Homöomorphismus auf eine offene Teilmenge von $\overline{\widetilde{\mathrm{Dix}}\,(F_1)}$ ist. Ferner können wir V in $F_1 \setminus \bigcup_{i \neq 1} F_i$ so klein wählen, daß $\widetilde{\mathrm{Dix}}\,(V)$ außer $\overline{\widetilde{\mathrm{Dix}}\,(F_1)}$ keine weitere Komponente von $\mathrm{Spec}\, U(\mathfrak{g}) \setminus \widetilde{\mathrm{Dix}}\,(W)$ trifft. Dann ist V offen in $\mathrm{Spec}^{\mathfrak{g}} S(\mathfrak{g}) \setminus W$, und $W \cup V$ ist offen in $\mathrm{Spec}^{\mathfrak{g}} S(\mathfrak{g})$. Aus analogen Gründen ist $\widetilde{\mathrm{Dix}}\,(W) \cup \widetilde{\mathrm{Dix}}(V)$ offen in $\mathrm{Spec}\, U(\mathfrak{g})$, so daß $W \cup V$ die von W gewünschten Eigenschaften ebenfalls besitzt. Dies ist der gesuchte Widerspruch zur Maximalität von W. Qed.

16.3 Korollar: *Ist Γ eine algebraische Untergruppe der Gruppe $\mathrm{Aut}\,\mathfrak{g}$ aller Lie-Algebraautomorphismen von $\mathfrak{g}$, so sind die Bahnen*

<u>von</u> Priv $U(\mathfrak{g})$ <u>unter</u> Γ <u>lokal-abgeschlossen</u>. <u>Sie sind irreduzibel</u>, <u>wenn</u> Γ <u>zusammenhängend ist</u>.

Im nilpotenten Fall ist dieses Ergebnis von N.Conze bewiesen worden [11].

<u>Beweis</u>: Da Γ nur endlich viele Zusammenhangskomponenten hat, können wir annehmen, daß Γ zusammenhängend ist. Sei G die kleinste algebraische Untergruppe von Aut $\mathfrak{g}$ mit Lie $G \supseteq ad(\mathfrak{g})$. Sie ist offensichtlich invariant in Aut $\mathfrak{g}$ nach Konstruktion und operiert trivial auf Priv $U(\mathfrak{g})$. Folglich ist $G.\Gamma$ eine zusammenhängende algebraische Untergruppe von Aut $\mathfrak{g}$, die in Priv $U(\mathfrak{g})$ dieselben Bahnen hat wie Γ. Mit anderen Worten, wir können ohne Einschränkung annehmen, daß $\Gamma \supseteq G$.

Nun wissen wir, daß die Bahnen einer algebraischen Varietät unter einer algebraischen Operation einer algebraischen Gruppe lokal-abgeschlossen sind. Dies gilt insbesondere für die Bahnen von Γ in $\mathfrak{g}^*$. Folglich sind die Bahnen von Γ in $\mathfrak{g}^*/G$ irreduzibel und lokal-abgegeschlossen, als Bilder von G-stabilen, irreduziblen, lokal-abgeschlossenen Teilmengen von $\mathfrak{g}^*$.

Es seien B eine Bahn von Priv $U(\mathfrak{g})$ unter Γ, A ihr Urbild in $\mathfrak{g}^*/G$ und I der generische Punkt des Abschlusses $\bar{A}$ von A in $\mathrm{Spec}^{\mathfrak{g}} S(\mathfrak{g})$ (wir identifizieren $\mathfrak{g}^*/G$ mit seinem kanonischen Bild in $\mathrm{Spec}^{\mathfrak{g}} S(\mathfrak{g})$, 13.2). Da die faktorisierte Dixmier-Abbildung $\overline{\mathrm{Dix}} : \mathfrak{g}^*/G \to \mathrm{Priv}\, U(\mathfrak{g})$ nach Konstruktion Aut $\mathfrak{g}$-äquivariant ist, ist A eine Bahn unter Γ und als solche lokal-abgeschlossen und irreduzibel. Wegen der Stetigkeit der Dixmier-Abbildung ist also auch $B = \overline{\mathrm{Dix}}\,(A)$ irreduzibel. Wählen wir ferner die relativ offene Teilmenge $V \subseteq \overline{\{I\}} = \bar{A}$ wie in Satz 16.1, so ist $W := \widetilde{\mathrm{Dix}}\,(V)$ offen in $\overline{\{\widetilde{\mathrm{Dix}}\,(I)\}} = \overline{\widetilde{\mathrm{Dix}}\,(A)} = \bar{B}$ (=Abschluß von B in Spec $U(\mathfrak{g})$). Folglich ist $W' := W \cap \mathrm{Priv}\, U(\mathfrak{g})$ offen in $\bar{B} \cap \mathrm{Priv}\, U(\mathfrak{g})$, dem Abschluß von B in Priv $U(\mathfrak{g})$. Das gleiche gilt für alle $\gamma(W')$, $\gamma \in \Gamma$, da $\gamma(W')$ das Bild von W' unter einem Automorphismus von $U(\mathfrak{g})$ ist. Somit folgt unser Korollar aus $B = \bigcup_{\gamma \in \Gamma} \gamma(W')$ (W' ist nicht leer nach 1.5 und 1.6). Qed.

<u>16.4</u> Im Hinblick auf den Beweis von Satz 16.1 legen wir nun einige Notationen fest. Wir bezeichnen mit $\mathfrak{g}$ eine auflösbare Lie-Algebra über $\mathbb{C}$, mit $G \subseteq \operatorname{Aut} \mathfrak{g}$ die zugehörige algebraische Gruppe (12.2 oder 16.3). Wir wählen ein G-stabiles Primideal I in $S := S(\mathfrak{g})$ (= symmetrische Algebra von $\mathfrak{g}$) und setzen $S' := S/I$, $J := \widetilde{\operatorname{Dix}}(I) \subseteq U := U(\mathfrak{g})$ (= Einhüllende von $\mathfrak{g}$) und $U' := U/J$. So erhalten wir nach 13.5 ein kommutatives Quadrat

$$\begin{array}{ccc} \operatorname{Spec}^{\mathfrak{g}} S & \xrightarrow{\widetilde{\operatorname{Dix}}} & \operatorname{Spec} U \\ \cup\!| & & \cup\!| \\ \operatorname{Spec}^{\mathfrak{g}} S' & \xrightarrow{\widetilde{\operatorname{Dix}}'} & \operatorname{Spec} U' \end{array} ,$$

wobei der Raum $\operatorname{Spec}^{\mathfrak{g}} S'$ aller $\mathfrak{g}$-stabilen Primideale von S' in kanonischer Weise mit einer abgeschlossenen Teilmenge von $\operatorname{Spec}^{\mathfrak{g}} S$ identifiziert wird. Entsprechend wird $\operatorname{Spec} U'$ mit einer abgeschlossenen Teilmenge von $\operatorname{Spec} U$ identifiziert, und $\widetilde{\operatorname{Dix}}'$ bezeichnet die durch $\widetilde{\operatorname{Dix}}$ induzierte Abbildung. (Aus der Stetigkeit von $\widetilde{\operatorname{Dix}}$ ergibt sich, wie in 16.1 schon bemerkt, daß aus $I \subseteq I'$ auch $\widetilde{\operatorname{Dix}}(I) \subseteq \widetilde{\operatorname{Dix}}(I')$ folgt).

Fassen wir die Elemente aus $\mathfrak{g}$ als lineare Funktionen auf $\mathfrak{g}^*$, und S als Algebra der polynomialen Funktionen auf $\mathfrak{g}^*$ auf, so entspricht dem "Funktionenideal" I das Nullstellengebilde

$$\mathfrak{g}^{*\prime} := \{f \in \mathfrak{g}^* \mid \forall a \in I,\ a(f) = 0\} = \{f \mid \mathfrak{m}_f \supseteq I\},$$
$$\text{wo} \quad \mathfrak{m}_f := \langle a - f(a) \mid a \in \mathfrak{g} \rangle \qquad (13.1),$$

und $S' = S/I$ ist die Algebra der polynomialen Funktionen auf $\mathfrak{g}^{*\prime}$. Jedem Zentrumselement $z \in Z(U')$ wird durch

$$\mathfrak{g}^{*\prime} \ni f \longmapsto \hat{z}(f) := z + \operatorname{Dix}(f) \in Z(U'/(\operatorname{Dix}(f)/J)) \cong \mathbb{C} \qquad (3.3)$$

eine G-invariante Funktion $\hat{z} : \mathfrak{g}^{*\prime} \longrightarrow \mathbb{C}$ zugeordnet. Diese Zuordnung spielt eine wesentliche Rolle in den folgenden Betrachtungen; sie muß jedoch zunächst auf das ganze Herz $H(J) = Z(Q(U'))$ in folgender Weise fortgesetzt werden (vgl. [59]). Für jedes $z \in H(J)$ sei $E(z)$

die Menge aller $\mathfrak{g}$-Eigenvektoren $u \in U'$ mit $uz \in U'$. Wir setzen

$$\mathrm{Def}(z) := \bigcup_{u \in E(z)} \mathrm{Dix}^{-1}(\mathrm{Spec}\ U'_u) = \{f \in \mathfrak{g}^* \mid \exists u \in E(z),\ u \notin \mathrm{Dix}(f)/J\}$$

und definieren eine komplexe Funktion $\hat{z}$ auf $\mathrm{Def}(z)$ durch

$$\hat{z}(f) := (v + \mathrm{Dix}(f)/J)(u + \mathrm{Dix}(f)/J)^{-1} \in Z(Q(U/\mathrm{Dix}(f))) \cong \mathbb{C},$$

falls $u \in E(z)$, $uz = v$ und $u \notin \mathrm{Dix}(f)/J$. Dabei identifizieren wir selbstverständlich $\mathrm{Spec}\ U'_u$ mit dem Bild der offenen Einbettung $\mathrm{Spec}\ U'_u \longrightarrow \mathrm{Spec}\ U'$, welche durch den kanonischen Homomorphismus $U' \hookrightarrow U'_u$ induziert wird. Ist $z = u'^{-1}v'$ eine zweite Darstellung von z mit $u', v' \in U'$ und $u' \notin \mathrm{Dix}(f)/J$, so gilt $u^{-1}v = z = u'^{-1}v' = v'u'^{-1}$ und deshalb $vu' = uv'$, sowie $(v + \mathrm{Dix}(f)/J)(u' + \mathrm{Dix}(f)/J) = (u + \mathrm{Dix}(f)/J)$ $(v' + \mathrm{Dix}(f)/J)$. Daraus ergibt sich dann, daß $\hat{z}(f)$ nur von z abhängt- und nicht von der Darstellung $z = u^{-1}v$.

Der Satz 16.1 ergibt sich nun aus der folgenden präziseren Aussage, deren Beweis wir in 16.12 geben werden:

Satz: *Gegeben eine auflösbare Lie-Algebra* $\mathfrak{g}$ *mit zugehöriger algebraischer Gruppe* $G \subseteq \mathrm{Aut}\ \mathfrak{g}$, *und ein* $\mathfrak{g}$*-stabiles Primideal* I *in* $S(\mathfrak{g})$ *mit Bild* $J := \widetilde{\mathrm{Dix}}(I)$ *in* $U(\mathfrak{g})$, *so existieren* $\mathfrak{g}$*-Eigenvektoren* $s \in S(\mathfrak{g})/I$ *und* $u \in U(\mathfrak{g})/J$ *mit folgenden Eigenschaften*:

a) *Die lokal-abgeschlossene Teilmenge* $\mathrm{Spec}\ (U(\mathfrak{g})/J)_u$ *in* $\mathrm{Spec}\ U(\mathfrak{g})$ *ist das Bild der lokal-abgeschlossenen Teilmenge* $V := \mathrm{Spec}^{\mathfrak{g}}(S(\mathfrak{g})/I)_s \subseteq \mathrm{Spec}^{\mathfrak{g}} S(\mathfrak{g})$ *unter der erweiterten Dixmier-Abbildung* $\widetilde{\mathrm{Dix}} : \mathrm{Spec}^{\mathfrak{g}} S(\mathfrak{g}) \xrightarrow{\sim} \mathrm{Spec}\ U(\mathfrak{g})$.

b) *Für jedes* $z \in Z((U(\mathfrak{g})/J)_u)$ *ist* $\hat{z}$ *eine polynomiale* G*-invariante Funktion auf* V, *d.h. es ist* $\hat{z}|_V \in ((S(\mathfrak{g})/I)_s)^G$.

c) *Das folgende Diagramm*

$$\begin{array}{ccc}
\mathrm{Spec}^{\mathfrak{g}}(S(\mathfrak{g})/I)_s & \xrightarrow[\sim]{\widetilde{\mathrm{Dix}}_V} & \mathrm{Spec}(U(\mathfrak{g})/J)_u \\
\text{Kontraktion} \downarrow \wr & & \wr \downarrow \text{Kontraktion} \\
\mathrm{Spec}(((S(\mathfrak{g})/I)_s)^G) & \xrightarrow[\sim]{\mathrm{Spec}(\hat{?}|V)} & \mathrm{Spec}\ Z((U(\mathfrak{g})/J)_u)
\end{array}$$

ist kommutativ, und alle seine Pfeile sind Homöomorphismen.

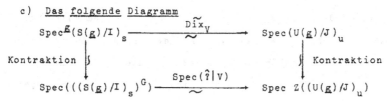

Dabei bezeichnen wir mit $\mathrm{Spec}^{\mathfrak{g}}(S(\mathfrak{g})/I)_s$ den Raum der $\mathfrak{g}$-stabilen Ideale von $(S(\mathfrak{g})/I)_s$, und die Kontraktion eines Ideals von $(S(\mathfrak{g})/I)_s$ bzw. $(U(\mathfrak{g})/J)_u$ ist sein Durchschnitt mit $((S(\mathfrak{g})/I)_s)^G$ bzw. $Z((U(\mathfrak{g})/J)_u)$.

16.5 Der Beweis von Satz 16.4 besteht im wesentlichen darin, daß man die Konstruktion des primitiven Ideals $\widetilde{\mathrm{Dix}}(Gf) = \mathrm{Dix}\,(f)$ gleichzeitig für alle Bahnen $Gf \subseteq \mathfrak{g}^{*\prime}$ in "allgemeiner Lage" nachvollzieht, indem man für diese Bahnen eine "algebraische Familie" von Repräsentanten $f \in \mathfrak{g}^{*\prime}$ aussucht und ihnen in "algebraischer Weise" Polarisierungen zuordnet. Das ganze Verfahren setzt die Möglichkeit einer algebraischen Parametrisierung der "allgemeinen" Bahnen von G in $\mathfrak{g}^{*\prime}$ voraus. Darauf möchten wir jetzt kurz eingehen.

Um auch dem Nicht-Spezialisten eine gewisse Anschauung zu ermöglichen, verstehen wir unter dem Wort Varietät das maximale (= primitive) Spektrum $X := \mathrm{Priv}\, A$ einer endlich erzeugten, nullteilerfreien, kommutativen $\mathbb{C}$-Algebra A, obwohl eigentlich das ganze Primspektrum in unseren Betrachtungen von Interesse ist. Wir fassen ein Element $a \in A$ als ("polynomiale") Funktion auf X auf mittels $a(x) := a+x \in A/x \cong \mathbb{C}$, $x \in X$, und wir bezeichnen mit X_a ($\cong \mathrm{Priv}\, A_a$) die offene Teilvarietät der Punkte $x \in X$ mit $a(x) \neq 0$.

Operiert eine algebraische Gruppe G in algebraischer Weise auf X, so ist für jedes $g \in G$ und jedes $a \in A$ die Funktion $x \longmapsto a(g\cdot x)$ polynomial, d.h. es gibt genau ein $ag \in A$ mit $(ag)(x) = a(gx)$, $\forall x \in X$. Mit dieser Definition ist $g\cdot x$ das Urbild von $x \subseteq A$ unter dem Algebra-automorphismus $A \longrightarrow A$, $a \longmapsto ag$. Wesentlich für unsere Betrachtungen ist ferner, daß jede polynomiale Funktion $a \in A$ in einem endlich-$\mathbb{C}$-dimensionalen G-stabilen Teilraum von A gelegen ist. Daraus folgt nämlich, wenn G zusammenhängend ist, daß ein Untervektorraum von A genau dann G-stabil ist, wenn er stabil ist für die induzierte Operation durch Derivationen von $\mathrm{Lie}\, G$ auf A (vgl. dazu 12.3 und 13.1).

Wir kommen nun zu dem Spezialfall einer zusammenhängenden auflösbaren (affinen) algebraischen Gruppe G. Eine solche ist bekanntlich ein semi-direktes Produkt $[G_u]T$ ihres unipotenten Bestandteiles $G_u \triangleleft G$ mit einem Torus T (siehe z.B. [4], S. 244, Theorem 10.6). Dabei heißt eine algebraische Gruppe unipotent, wenn sie eine Kompositionsreihe besitzt, deren Faktoren zur additiven Gruppe $\mathbb{C}$ isomorph sind. Ferner ist ein Torus ein Produkt von Kopien der multiplikativen Gruppe $\dot{\mathbb{C}} = \mathbb{C} \setminus 0$.

Im Beweis von Satz 16.4 benötigen wir das folgende Ergebnis aus der algebraischen Geometrie, dessen Beweis wir an das Ende dieses § 16 zurückstellen.

16.6 Satz: Gegeben sei eine algebraische Operation einer zusammenhängenden auflösbaren affinen algebraischen Gruppe $G = [G_u]T$ auf der algebraischen Varietät $X .= \operatorname{Priv} A$. Für einen geeigneten G-Eigenvektor $s \in A$ ist der Invariantenring $(A_s)^G$ endlich erzeugt über $\mathbb{C}$, und es existiert ein Isomorphismus

$$X_s \cong \mathbb{C}^m \times \dot{\mathbb{C}}^n \times Y$$

mit $Y .= \operatorname{Priv}((A_s)^G)$ und passenden $m,n \in \mathbb{N}$, wobei sich die auf $\mathbb{C}^m \times \dot{\mathbb{C}}^n \times Y$ übertragene Operation von G wie folgt darstellen läßt:

$$v\cdot(a,b,y) = (\mu(v,a,b,y), b,y) \qquad \forall v \in G_u$$

$$t\cdot(a,b,y) = (t\cdot a, t\cdot b, y) \qquad \forall t \in T$$

Es existiert ferner ein Morphismus $\alpha : \mathbb{C}^m \times \dot{\mathbb{C}}^n \times Y \longrightarrow G_u$ mit $\alpha(a,b,y)\cdot(0,b,y) = (a,b,y)$, $\forall (a,b,y)$, und der Isomorphismus $X_s \cong \mathbb{C}^m \times \dot{\mathbb{C}}^n \times Y$ kann so gewählt werden, daß die Operation von T auf $\mathbb{C}^m$ bzw. auf $\dot{\mathbb{C}}^n$ linear bzw. transitiv ist.

$X_s \cong \mathbb{C}^m \times \mathbb{C}^n \times Y$

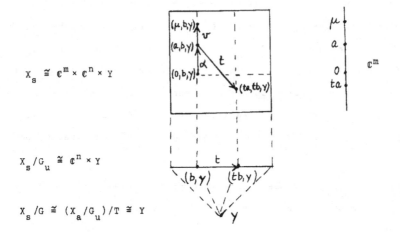

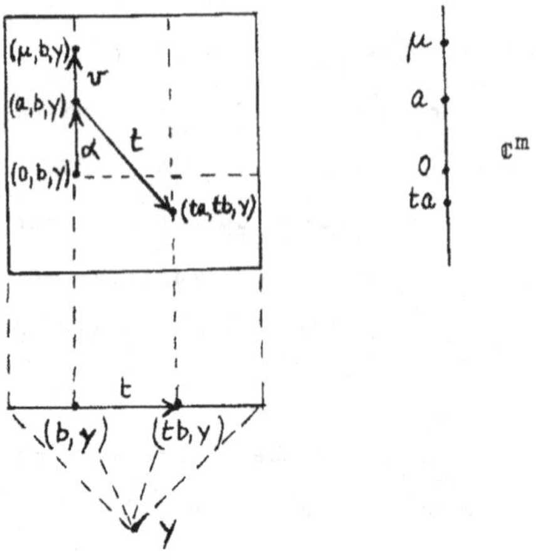

$X_s/G_u \cong \mathbb{C}^n \times Y$

$X_s/G \cong (X_a/G_u)/T \cong Y$

Bemerkungen:

a) Aus unserem Satz folgt, daß die Bahnen von G in X_s mit den Fasern der kanonischen Projektion $X_s \cong \mathbb{C}^m \times \dot{\mathbb{C}}^n \times Y \longrightarrow Y$ zusammenfallen. Diese Fasern sind alle isomorph zu $\mathbb{C}^m \times \dot{\mathbb{C}}^n$. Die verschiedenen Fasern liefern alle die gleiche Operation von T auf $\mathbb{C}^m \times \dot{\mathbb{C}}^n$, möglicherweise jedoch verschiedene Operationen von G_u. Dies liefert die gewünschte Parametrisierung der "allgemeinen" Bahnen von G in X -(der in X_s gelegenen!)- durch die Punkte einer algebraischen Varietät: Diese Varietät der "Parameter" ist $Y \cong X_s/G$.

b) Auf der Seite der Funktionenalgebren liefert der Isomorphismus $X_s \cong \mathbb{C}^m \times \dot{\mathbb{C}}^n \times Y$ einen Algebraisomorphismus

$$A_s \cong (A_s)^G \,[X_1,\dots,X_m;\ Y_1,Y_1^{-1},\dots,Y_n,Y_n^{-1}]$$

von A_s auf eine lokalisierte Polynomalgebra über dem Invariantenring. Aus unserem Satz ergibt sich ferner für jeden Homomorphismus kommutativer Algebren $(A_s)^G \longrightarrow R$, daß $(A_s \otimes_{(A_s)^G} R)^G \cong R$ ist, und daß die Kontraktion (= Durchschnitt mit R) eine Bijektion zwischen den G-stabilen (= Lie G-stabilen) Primidealen von $A_s \otimes_{(A_s)^G} R \cong R[X_1,\dots,Y_n^{-1}]$ und allen Primidealen von R induziert (siehe dazu 16.15).

c) Jede nicht-leere G-stabile offene Teilmenge X' von X enthält eine G-stabile offene Teilmenge der Gestalt X_t für einen passenden G-Eigenvektor $t \in A$. Denn wir können ohne Einschränkung $X' \subseteq X_s$ annehmen. Dann ist X' nach b) das Urbild einer offenen Teilmenge $Y' \subseteq Y$, und Y' enthält Y_c für ein passendes $0 \neq c \in (A_s)^G$. Es ist $c = ds^{-r}$ für geeignete $d \in A$ und $r \in \mathbb{N}$. Mithin können wir für t offensichtlich das Element $d \cdot s \in A$ wählen.

<u>16.7</u> Wir kommen nun zum <u>Beweis von Satz</u> 16.4. Er erstreckt sich über die Nummern 16.7 - 16.12!

Zuallernächst wählen wir einen $\mathfrak{g}$-Eigenvektor $u \in U' .= U/J$, so daß die Kontraktion eine Bijektion von Spec U'_u auf Spec $Z(U'_u)$ ist. Dies ist möglich nach 7.1. Wir erhalten somit wegen der Stetigkeit der Dixmier-Abbildung eine G-stabile offene Teilmenge $\mathfrak{g}^{*\prime} \cap \mathrm{Dix}^{-1}(\mathrm{Priv}\ U'_u)$ von $\mathfrak{g}^{*\prime}$ (für die Bezeichnungen siehe 16.4). Nun können wir aber $\mathfrak{g}^{*\prime}$ mit $X .= \mathrm{Priv}\ S' = \mathrm{Priv}\ S/I$ identifizieren, indem wir jedem maximalen Ideal $x \subseteq S'$ die Linearform

$$\mathfrak{g} \xrightarrow{\text{Inkl.}} S \xrightarrow{\text{kan.}} S' \xrightarrow{\text{kan.}} S'/x \cong \mathbb{C}$$

zuordnen. Auf dieses X und auf $G .= G(\mathfrak{g}) \subseteq \mathrm{Aut}\ \mathfrak{g}$ wenden wir unseren Parametrisierungssatz 16.6 an:

Wir wählen also den G-Eigenvektor $s \in S' =. A$ so, daß die Aussagen von Satz 16.6 zutreffen und daß $X_s \subseteq \mathfrak{g}^{*\prime} \cap \mathrm{Dix}^{-1}(\mathrm{Priv}\ U'_u)$ und daher auch $\mathrm{Dix}\,(X_s) \subseteq \mathrm{Priv}\ U'_u$ ist. Dies ist möglich nach 16.6, Bemerkung c).

Nach 16.6 werden die Bahnen von G in X_s durch die Varietät $Y .= X_s/G \cong \mathrm{Priv}\ k$ mit $k .= (S'_s)^G$ parametrisiert. Leider werden unsere weiteren Überlegungen möglicherweise nicht für alle, sondern nur für "allgemeine" Parameter $y \in Y$ zutreffen. Genauer gesagt, werden wir k durch passende Lokalisierungen k_c nach Elementen $0 \neq c \in k$ zu ersetzen haben. Solche Elemente c haben die Gestalt $c = ds^{-r}$ mit

$d \in S'$ und $r \in \mathbb{N}$ (vgl. 16.6, Bemerkung c)). Es ist daher $k_c = (S'_t)^G$ mit $t = d \cdot s$ (s. 16.6 b)). Somit werden wir stets durch geeignete Abwandlung von s erreichen können, daß in den jeweiligen Überlegungen alle Parameter $y \in Y$ zugelassen sind.

16.8 Wahl eines Repräsentanten in einer "allgemeinen" Bahn von $\underline{g}^{*\prime}$.

Man wähle (irgend) einen Schnitt der kanonischen Projektion $X_s \longrightarrow Y \cong X_s/G$. Dieser wird durch eine Retraktion ρ von $S'_s \cong k[X_1,\ldots,Y_n^{-1}]$ auf k gegeben (setze z.B. $\rho(X_i) = 0$, $\rho(Y_j) = 1$) und bildet ein

$\underline{g}^* \supseteq \underline{g}^{*\prime} \supseteq X$

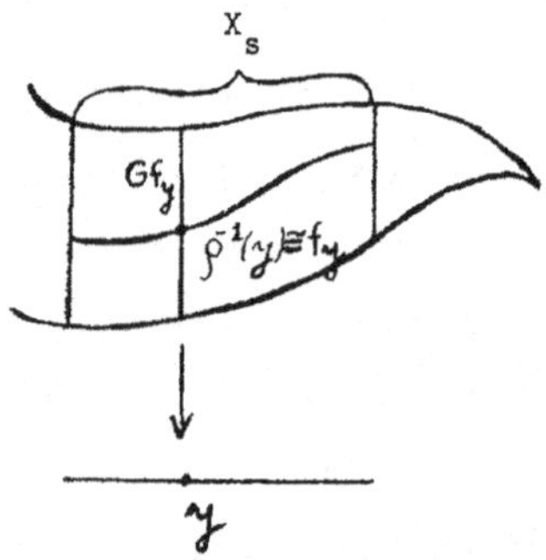

Y

maximales Ideal $y \subseteq k$ auf $\rho^{-1}(y) \subseteq A_s$ ab. Die mit $\rho^{-1}(y)$ identifizierte Linearform $f_y \in \underline{g}^*$ läßt, wie man leicht einsieht, die folgende Beschreibung zu: Definiere auf der k-Lie-Algebra die k-Linearform

$$f : \underline{g} \otimes_{\mathbb{C}} k \longrightarrow k$$

durch $f(x \otimes \lambda) = \lambda\rho(\overline{x})$, wobei $\overline{x}$ das Bild eines Elements $x \in \underline{g}$ unter der kanonischen Abbildung $\underline{g} \longrightarrow S \longrightarrow S' \longrightarrow S'_s$ ist. Diese induziert für jedes maximale Ideal $y \subseteq k$ durch Erweiterung der Skalare von k nach k/y den gesuchten Repräsentanten f_y in der G-Bahn von X_s über $y \in Y$:

$$f_y = f \otimes_k k/y : \underline{g} \cong (\underline{g} \otimes_k k) \otimes_k (k/y) \longrightarrow k/y \cong \mathbb{C}.$$

16.9 Konstruktion einer algebraischen Familie von Polarisierungen.

Wir führen nun die Dixmiersche Konstruktion von § 10 "zu gleicher Zeit" für alle Linearformen $f \otimes_k (k/y)$, $y \in \operatorname{Priv} k$, durch. Wir erreichen dies, indem wir von der k-Linearform f auf der k-Lie-Algebra $\underline{g} \otimes_{\mathbb{C}} k$ ausgehen und die Methode des § 10 von Körpern auf Ringe übertragen. Allerdings wird uns dies erst nach hinreichender Lokalisierung von k gelingen:

Wir starten mit einer festen Kompositionsreihe $0 = \underline{g}_0 \triangleleft \underline{g}_1 \ldots \triangleleft \underline{g}_n = \underline{g}$ der Lie-Algebra $\underline{g}$, bestehend aus Idealen der Dimensionen $\dim \underline{g}_i = i$, $1 \leq i \leq n$ (vgl. 9.4). Diese induziert eine Kompositionsreihe

$$0 = \underline{g}_0 \otimes_{\mathbb{C}} k \triangleleft \underline{g}_1 \otimes_{\mathbb{C}} k \triangleleft \underline{g}_2 \otimes_{\mathbb{C}} k \ldots \triangleleft \underline{g}_n \otimes_{\mathbb{C}} k = \underline{g} \otimes_{\mathbb{C}} k$$

der k-Lie-Algebra $\underline{g} \otimes_{\mathbb{C}} k$. Wie in 9.4 ist der k-Untermodul

$$(*) \qquad \underline{p} = \sum_{i=1}^{n} (\underline{g}_i \otimes k) \cap (\underline{g}_i \otimes k)^{\underline{f}\perp}$$

von $\underline{g} \otimes_{\mathbb{C}} k$ eine Unteralgebra, falls $(\underline{g}_i \otimes k)^{\underline{f}\perp}$ der Orthogonalraum ist zur alternierenden k-Bilinearform B_f mit $B_f(x \otimes \lambda, y \otimes \mu) = f([x,y] \otimes \lambda\mu)$, $\forall x,y \in \underline{g}$, $\forall \lambda, \mu \in k$.

Nun ist $\underline{p}_i := (\underline{g}_i \otimes k) \cap (\underline{g}_i \otimes k)^{\underline{f}\perp}$ der Kern einer k-linearen Abbildung $\underline{g}_i \otimes k \longrightarrow \underline{g}_i^* \otimes k$, und $\underline{p}$ ist das Bild der "Kodiagonal-Abbildung", $\bigoplus_i \underline{p}_i \longrightarrow \underline{g} \otimes k$, $(x_i) \longmapsto \Sigma x_i$. Nach dem dafür geschaffenen Lemma 16.13 existiert also ein $0 \neq c \in k$, so daß sowohl $\underline{p}_c = \underline{p} \otimes_k k_c$ als auch $\underline{g} \otimes k/\underline{p}_c$ frei sind über k_c, und daß die Gleichung

$$\underline{p}_c \otimes_{k_c} R = \sum_{i=1}^{n} (\underline{g}_i \otimes_{\mathbb{C}} R) \cap (\underline{g}_i \otimes_{\mathbb{C}} R)^{\underline{f_R}\perp}$$

für jede Erweiterung der Skalare $k_c \longrightarrow R$ gilt. Hier bezeichnet f_R die erweiterte R-Linearform $f \otimes_k R = (f \otimes_k k_c) \otimes_{k_c} R$ auf $g \otimes_{\mathbb{C}} R \cong (\underline{g} \otimes_{\mathbb{C}} k) \otimes_k R$.

Nach geeigneter Abwandlung von s können wir also erreichen (siehe dazu 16.7), daß $\underline{p}$ und $(\underline{g} \otimes_{\mathbb{C}} k)/\underline{p}$ <u>freie</u> k-<u>Moduln sind und daß die</u>

Gleichung (*) mit beliebigen Erweiterungen der Skalare "verträglich" ist. Es ist dann insbesondere

$$\underline{p} \otimes_k k/y = \sum_{i=1}^{n} \underline{g}_i \otimes \underline{g}_i^{f_y \perp}$$

für alle $y \in Y = \operatorname{Priv} k$ mit $f_y := f \otimes_k k/y$. Somit haben wir jedem Repräsentanten $f \otimes_k k/y$ in "algebraischer Weise" eine Polarisierung $\underline{p} \otimes_k k/y$ zugewiesen.

16.10 Konstruktion einer algebraischen Familie von einfachen Darstellungen: Unter den Voraussetzungen von 16.9 setzen wir nun $\tilde{f} := f|_{\underline{p}} + \frac{1}{2} \operatorname{Sp}_{\underline{g} \otimes k/\underline{p}}$ und $\tilde{M} := \tilde{M}(f,\underline{p}) := U(\underline{g} \otimes k) \otimes_{U(\underline{p})} k_{\tilde{f}}$. Dabei sind $U(\underline{g} \otimes k)$ und $U(\underline{p})$ die einhüllenden k-Algebren der k-Lie-Algebren $\underline{g} \otimes k$ und $\underline{p}$, und $k_{\tilde{f}}$ ist der $U(\underline{p})$-Modul mit unterliegendem k-Modul $ke \cong k$, derart daß $x.e = \tilde{f}(x)e$, $\forall x \in \underline{p}$. Die $U(\underline{g} \otimes k)$ - Modulstruktur auf $\tilde{M}$ liefert einen k-Algebrahomomorphismus $\psi : U(\underline{g}) \otimes_{\mathbb{C}} k \cong U(\underline{g} \otimes_{\mathbb{C}} k) \longrightarrow \operatorname{End}_k \tilde{M}$, dessen Kern wir mit $\tilde{J}(f,\underline{p})$ bezeichnen (vgl. 10.3).

Betrachten wir jetzt Erweiterungen der Skalare $\phi : k \longrightarrow K$, wobei K ein algebraisch abgeschlossener Körper ist! Dann haben wir $\tilde{M} \otimes_k K = \tilde{M}(f \otimes_k K, \underline{p} \otimes_k K)$ nach Konstruktion, und $\underline{p} \otimes_k K$ ist eine Polarisierung zu $f \otimes_k K$ nach 16.9. Somit können wir die Ergebnisse der vorigen Paragraphen anwenden: $\tilde{M} \otimes_k K$ ist ein einfacher $U(\underline{g}) \otimes_{\mathbb{C}} K$ - Modul mit Endomorphismenring K (10.6, Lemma 3.3) etc..

Ist ϕ injektiv, so läßt sich ϕ eindeutig auf den Quotientenkörper $Q := Q(k)$ zu einem Algebrahomomorphismus $\bar{\phi} : Q \longrightarrow K$ fortsetzen. Wegen 14.1 und 16.15, Bemerkung b), ist $Q = Q((S'_s)^G) = Q(S')^G = H^{\underline{g}}(I)$ das Herz von I. Somit liefert die funktorielle Konstruktion der erweiterten Dixmier-Abbildung (14.4) die Gleichungen

$$J := \widetilde{\operatorname{Dix}}(I) \overset{!}{=} U(\underline{g}) \cap \operatorname{Dix}_K(f \otimes_k K) = U(\underline{g}) \cap \tilde{J}(f \otimes_k K, \underline{p} \otimes_k K) = U(\underline{g}) \cap \tilde{J}(f,\underline{p}),$$

wobei (!) aus $I = S(\underline{g}) \cap \underline{m}_{f_K}$ mit $\underline{m}_{f_K} := \langle x \otimes 1 - 1 \otimes \phi f(x) \mid x \in \underline{g} \rangle \triangleleft S(\underline{g} \otimes_k K)$ folgt (vgl. 16.8).

Unsere Methode liefert übrigens erneut die Übereinstimmung dieser funktoriellen Erweiterung mit der stetigen: Denn für jedes $y \in Y$ ist $\mathrm{Dix}(f \otimes_k k/y)$ nach Definition der Annullator des $U(\underline{g})$ - Moduls $\widetilde{M}(f \otimes_k k/y, \underline{p} \otimes_k k/y) = \widetilde{M} \otimes_k k/y$, und dieser ist nach Konstruktion von $\widetilde{M} \otimes_k k/y$ der Kern der Zusammensetzung

$$\psi_y : U(\underline{g}) \xrightarrow{\text{kan.}} U(\underline{g}) \otimes_{\mathbb{C}} k \xrightarrow{\psi} \mathrm{End}_k \widetilde{M} \xrightarrow{\pi_y} \mathrm{End}_{\mathbb{C}} \widetilde{M} \otimes_k k/y,$$

mit $\pi_y(\varepsilon) = \varepsilon \otimes_k k/y$, $\forall \varepsilon \in \mathrm{End}_k \widetilde{M}$. Wir erhalten deshalb

$$U(\underline{g}) \cap \widetilde{J}(f,\underline{p}) = U(\underline{g}) \cap \psi^{-1}(\bigcap_y \pi_y^{-1}(0)) = \bigcap_y \psi_y^{-1}(0) = \bigcap_{y \in Y} \mathrm{Dix}(f \otimes_k k/y),$$

denn aus $\bigcap_y y = 0$ folgt $0 = \bigcap_y \pi_y^{-1}(0)$, weil $\widetilde{M}$ ein freier k-Modul ist. Es gilt ferner

$$\bigcap_{y \in Y} \mathrm{Dix}(f \otimes_k k/y) = \bigcap_{x \in X_s} \mathrm{Dix}(x) = \bigcap_{x \in X} \mathrm{Dix}(x),$$

die erste Gleichung wegen 12.4, und die zweite, weil Dix stetig ist. Dabei ist der letzte Term gleich $\widetilde{\mathrm{Dix}}(I)$ gemäß der Definition 13.4.

<u>16.11</u> <u>Konstruktion der Einbettung</u> $Z(U'_u) \longrightarrow (S'_s)^G =. k$. Wir betrachten nun die durch $\psi : U \otimes_{\mathbb{C}} k \longrightarrow \mathrm{End}_k \widetilde{M}$ induzierte Injektion

$$\overline{\psi} : U' .= U/J \hookrightarrow \mathrm{End}_k \widetilde{M}.$$

<u>Wir behaupten, daß der am Anfang dieses Beweises gewählte $\underline{g}$-Eigenvektor $u \in U'$ für ein geeignetes $0 \neq c \in k$ eine Bijektion $\overline{\psi}(u)_c : \widetilde{M}_c \longrightarrow \widetilde{M}_c$ induziert</u>: Denn $\widetilde{M} \otimes_k Q$ ist ein einfacher $U \otimes_{\mathbb{C}} Q$ - Modul (der in 10.6 gegebene Beweis bleibt auch bei nicht algebraisch abgeschlossenem Körper gültig!), der Kern und Bild der Multiplikation $u_Q : m \longmapsto um$ als Untermoduln enthält. Letzeres ergibt sich leicht aus der Formel $\overline{x}u - u\overline{x} = \lambda(x)u$, wobei $\lambda \in \underline{g}^*$ der Eigenwert zu u und $\overline{x} .= x + J \in U'$, $x \in \underline{g}$, sind. Es ist folglich $\mathrm{Ker}\, u_Q = 0$ und $\mathrm{Im}\, u_Q = \widetilde{M} \otimes_k Q$. Die zweite Gleichung impliziert $e \in (U \otimes_{\mathbb{C}} Q)e$ und daher $e \in (U \otimes_{\mathbb{C}} k_c)e$ für das erzeugende Element $e \in \widetilde{M} \subseteq \widetilde{M} \otimes_k Q$ und ein geeignetes $0 \neq c \in k$. Für dieses c ist $\overline{\psi}(u)_c$ surjektiv und mit u_Q auch injektiv.

Nun können wir nach geeigneter Abwandlung des G-Eigenvektors $s \in S'$

annehmen, daß $k = k_c$ ist (siehe dazu 16.7). Dann ist $\overline{\psi}(u)$ invertierbar in $\mathrm{End}_k\widetilde{M}$, und $\overline{\psi}$ ist fortsetzbar zu einer Injektion

$$\overline{\overline{\psi}} \; : \; U'_u \longrightarrow \mathrm{End}_k\widetilde{M}.$$

Bei dieser Injektion wird des Zentrum $Z(U'_u)$ in $\mathrm{End}_{\mathfrak{g}}\widetilde{M} = (\mathrm{End}_k\widetilde{M}) \cap (\mathrm{End}_{\mathfrak{g}}\widetilde{M} \otimes_k K) = (\mathrm{End}_k\widetilde{M}) \cap K = k$ abgebildet. Dabei ist K irgendeine algebraisch abgeschlossene Körpererweiterung von $Q := Q(k)$, so daß sich die zweite Gleichung aus dem "Lemma von Schur" (3.3) ergibt. Ferner erhalten wir auf diese Weise für jedes $y \in Y := \mathrm{Priv}\, k$ ein kommutatives Diagramm

$$\begin{array}{ccccc}
U'_u & \xrightarrow{\overline{\overline{\psi}}} & \mathrm{End}_k\widetilde{M} & \xrightarrow{\pi_y} & \mathrm{End}_{\mathbb{C}}\, \widetilde{M} \otimes_k k/y \\
\uparrow & & \uparrow & & \uparrow \\
Z(U'_u) & \xrightarrow{\chi} & k & \xrightarrow{\text{kan.}} & k/y \cong \mathbb{C}
\end{array}$$

wobei χ durch $\overline{\overline{\psi}}$ induziert wird.

<u>16.12</u> <u>Das</u> <u>Finale</u>: Sei $z \in Z(U'_u)$. Nach Definition der Funktion $\hat{z}$ (16.4) ist

$$\chi(z) + y \cong z + (\mathrm{Dix}\,(f \otimes_k k/y)/J)_u = \hat{z}(f \otimes_k k/y)$$

die erste Gleichung wegen $\overline{\overline{\psi}}^{-1}\pi_y^{-1}(0) = (\mathrm{Dix}(f \otimes_k k/y)/J)_u$ (16.10). <u>Dies beweist wegen</u> $k = ((S/I)_s)^G$ <u>die Aussage</u> b) <u>von Satz</u> 16.4. Für jedes $y \in Y = \mathrm{Priv}\, k$ erhalten wir ferner

$$\chi^{-1}(y) = \chi^{-1}(k \cap \pi_y^{-1}0) = Z(U'_u) \cap \overline{\overline{\psi}}^{-1}(\pi_y^{-1}(0))$$

$$= Z(U'_u) \cap (\mathrm{Dix}(f \otimes_k k/y)/J)_u.$$

Nun sind die Zuordnungen $\mathrm{Priv}\, k \longrightarrow \mathrm{Spec}\, U'_u$, $y \longmapsto \mathrm{Dix}(f \otimes_k k/y)/J$ und $\mathrm{Spec}\, U'_u \longrightarrow \mathrm{Spec}\, Z(U'_u)$, $P \longmapsto Z(U'_u) \cap P$ beide injektiv, die erste nach Rentschler (15.1), die zweite wegen der Auswahl von u (16.7). Mithin ist auch die Abbildung $\mathrm{Priv}\, \chi : \mathrm{Priv}\, k \longrightarrow \mathrm{Priv}\, Z(U'_u)$ injektiv (nach 7.6 ist $Z(U'_u)$ ohne Einschränkung eine endlich erzeugte $\mathbb{C}$-Algebra). Dies ist aber nach einem klassischen Satz der algebraischen Geometrie (siehe z.B. [4], AG § 18, S. 78) nur dann möglich, wenn $\mathrm{Priv}\, \chi$ birational ist, wenn also $\chi_v : Z(U'_u)_v \xrightarrow{\sim} k_{\chi(v)}$ bijektiv ist für ein passendes $0 \neq v \in Z(U'_u)$. Nun dürfen wir nach passender Abwandlung von u und s annehmen, daß $Z(U'_u)_v = Z(U'_u)$ und $k_{X(v)} = k$ ist (siehe dazu noch einmal 16.7!). Somit ist im Diagramm von Satz 16.4 c) die untere Abbildung ein Homöomorphismus. Die beiden Kontraktionen sind es ebenfalls nach Konstruktion von s und u. Schließlich bedeuten die schon erwähnten Gleichungen.

$$X^{-1}(y) = Z(U'_u) \cap (\mathrm{Dix}\ (f \otimes_k k/y)/J)_u \text{ und } X(z)+y = \hat{z}(f \otimes_k k/y),$$

daß die beiden Diagonalabbildungen $\mathrm{Spec}^{\mathfrak{G}} S'_s \rightrightarrows \mathrm{Spec}\ Z(U'_u)$ auf $X_s/G \subseteq \mathrm{Spec}^{\mathfrak{G}} S'_s$ übereinstimmen. Folglich sind sie gleich nach 13.2 und 13.3. Dies beweist 16.4 c) und a) und damit die Sätze 16.4 und 16.1. Qed.

16.13 **Lemma**: Es sei M ein endlich erzeugter Modul über dem nullteilerfreien kommutativen Ring k. Dann gilt

a) Die Lokalisierung M_c von M nach einem geeigneten $0 \neq c \in k$ ist frei über k_c.

b) Für jede k-lineare Abbildung $\lambda : N \longrightarrow M$ existiert ein $0 \neq c \in k$, so daß die kanonischen Abbildungen

$$(\mathrm{Ker}\ \lambda) \otimes_k R \longrightarrow \mathrm{Ker}(\lambda \otimes_k R) \quad \text{und} \quad (\mathrm{Im}\ \lambda) \otimes_k R \longrightarrow \mathrm{Im}(\lambda \otimes_k R)$$

bijektiv sind für jede Ringerweiterung der Gestalt $k \xrightarrow{\text{kan.}} k_c \longrightarrow R$.

Beweis: a) Es sei $m_1, \ldots, m_d, \ldots, m_r$ eine erzeugende Folge von M, derart daß $m_1 \otimes 1, \ldots, m_d \otimes 1$ eine Basis des Q-Vektorraums $M \otimes_k Q$ mit $Q := Q(k)$ (=Quotientenkörper von k) ist. Es ist dann $m_{d+j} \otimes 1 = \sum_{i=1}^{d} q_{ij}(m_i \otimes 1)$ mit $q_{ij} \in Q$. Wir wählen $0 \neq c_1 \in k$, so daß $c_1 q_{ij} \in k$, $\forall i, \forall j$. Unsere Wahl hat zur Folge, daß das kanonische Bild $\overline{M}$ von M_{c_1} in $M \otimes_k Q$ ein freier k_{c_1} - Modul ist, und daß der Torsionsuntermodul $T := \mathrm{Ker}(M_{c_1} \longrightarrow \overline{M})$ deshalb ein direkter Summand von M_{c_1} ist. Er ist also endlich erzeugt über k_{c_1}, und es ist $c_2 T = 0$ für ein passendes $0 \neq c_2 \in k$. Somit erhalten wir a) mit $c = c_1 c_2$.

b) Nach a) sind die k_c-Moduln M_c und $(M/\lambda(N))_c$ frei für ein geeignetes $0 \neq c \in k$. Für ein solches c ist $\lambda(N)_c$ ein direkter Summand von M_c. Er ist also endlich erzeugt über k_c und sogar frei bei passender Wahl von c. Folglich sind $\mathrm{Ker}\,(\lambda_c) = (\mathrm{Ker}\,\lambda)_c$ und $\mathrm{Im}(\lambda_c) = (\mathrm{Im}\,\lambda)_c$ direkte Summanden in N_c und M_c. Dies impliziert

$$(\mathrm{Ker}\,\lambda)\otimes_k R = (\mathrm{Ker}\,\lambda)_c \otimes_{k_c} R \overset{!}{=} \mathrm{Ker}(\lambda_c \otimes_{k_c} R) = \mathrm{Ker}(\lambda \otimes_k R),$$

sowie $(\mathrm{Im}\,\lambda)\otimes_k R = \mathrm{Im}(\lambda \otimes_k R)$ wegen $\mathrm{Im}\,\lambda \cong N/\mathrm{Ker}\,\lambda$.

16.14 Beweis des Parametrisierungssatzes 16.6. Der folgende Beweis ist im wesentlichen eine Variation über das bereits behandelte Thema 7.3. Jedoch fällt der schwierige 4. Schritt von 7.3 hier aus.

Wir beweisen unseren Satz durch Induktion nach $\dim G$: Der Induktionsanfang $\dim G = 0$ ist klar. Der Induktionsschluß zerfällt wie folgt:

1. Fall $G_u \neq \{1\}$. In diesem Fall enthält G_u eine zur additiven Gruppe $\mathbb{C}$ isomorphe invariante Untergruppe $N \triangleleft G$. Die Lie-Algebra $\mathrm{Lie}\,N = \mathbb{C}D$ ist ein Ideal in Lie G. Wir haben also $[E,D] = \delta(E)D$, $\forall E \in \mathrm{Lie}\,G$, für ein passendes $\delta \in (\mathrm{Lie}\,G)^*$. Ferner induziert die gegebene Operation von G auf A eine Darstellung $\mathrm{Lie}\,G \longrightarrow \mathrm{Der}\,A$, $E \longmapsto E_A$ durch Derivationen von A. Die G-stabilen Teilräume von A fallen mit den (Lie G)-stabilen Teilräumen zusammen (16.5), und die Derivation D_a ist lokal nilpotent ([14], II, §2, 2.6). Im Fall $D_A = 0$ haben wir "fast nichts" zu beweisen, denn die Operation von G auf A faktorisiert durch $\bar{G} = G/N$. Wir bemerken lediglich, daß die kanonische Projektion $G \longrightarrow \bar{G}$ dann einen Schnitt hat ([14], III, § 4, 6.6). Somit erhalten wir den gesuchten Morphismus α von Satz 16.6 in der Gestalt $\sigma \circ \bar{\alpha}$, wenn $\bar{\alpha}$ der entsprechende Morphismus für $\bar{G}$ ist.

Im Fall $D_A \neq 0$ ist der Teilraum $\mathrm{Ker}\,D_A \cap \mathrm{Im}\,D_A \neq 0$, und er ist (Lie G)-stabil wegen $E_A D_A - D_A E_A = \delta(E) D_A$, $\forall E \in \mathrm{Lie}\,G$. Er enthält also einen (Lie G)-Eigenvektor $p \neq 0$. Nun ist der Teilraum $\{q \in A \mid D_A q \in \mathbb{C}p\}$

wegen $D_A E_A q = E_A D_A q - \delta(E) D_A q \in (E_A - \delta(E))\mathbb{C}p \subseteq \mathbb{C}p$ ebenfalls (Lie G)-stabil, und daher auch T-stabil. Es existiert deshalb ein T-Eigenvektor $q \in A$ mit $D_A q = p$ (denn die Operation von T auf A ist diagonalisierbar; siehe dazu [4], III, § 8 oder [14],II,§ 1, 2.8 und § 2,2.5).

Wir setzen nun $z := p^{-1} q \in A_p$. Damit wird das Taylor-Lemma mit $B := A_p$ anwendbar (6.9). Es liefert einem Isomorphismus $\phi : A_p \xrightarrow{\sim} \bar{A}[y]$ mit endlich erzeugtem $\bar{A} = (A_p)^D = (A_p)^N \cong A_p/A_p z$. Dieser Isomorphismus hat die Eigenschaft $\phi D_A = \frac{d}{dy} D_A$, und er ist sogar T-äquivariant, wenn wir die Operation von T auf $\bar{A}[y]$ wie folgt erklären: Auf $\bar{A} \subseteq A_p$ fällt sie mit der Operation von T auf A_p zusammen; ferner setzen wir $t \cdot y = \frac{\pi(t)}{\kappa(t)} y$ für alle $t \in T$, falls $t \cdot p = \pi(t)p$ und $t \cdot q = \kappa(t)q$.

Der Isomorphismus ϕ induziert einen $[N]T$ - äquivarianten Isomorphismus

$$\phi' : \mathbb{C} \times \bar{X} \xrightarrow{\sim} X_p ,$$

wobei $\bar{X} = \text{Priv}\, \bar{A} \cong X_p/N$ ist, und $N \cong \mathbb{C}$ auf $\mathbb{C} \times \bar{X}$ operiert mittels $(\lambda,(\mu,x)) \longmapsto (\lambda + \mu, x)$. Nach Induktionshypothese existiert nun ein $\bar{G}$-Eigenvektor $\bar{s} \in \bar{A}$ und ein Isomorphismus $\bar{\phi} : \bar{X}_{\bar{s}} \xrightarrow{\sim} \mathbb{C}^{m-1} \times \dot{\mathbb{C}}^n \times Y$ mit den Eigenschaften von Satz 16.6. Es ist insbesondere $Y = \text{Priv}\, (\bar{A}_{\bar{s}})^{\bar{G}}$. Dabei hat $\bar{s}$ die Gestalt $\bar{s} = tp^{-r}$ für ein passendes $t \in A$. Wir setzen $s := tp$ und erhalten somit einen Isomorphismus

$$X_s = (X_p)_{\bar{s}} \xrightarrow[\phi'^{-1}_{\bar{s}}]{\sim} \mathbb{C} \times \bar{X}_{\bar{s}} \xrightarrow[\bar{\phi}]{\sim} \mathbb{C} \times \mathbb{C}^{m-1} \times \dot{\mathbb{C}}^n \times Y$$

mit den gewünschten Eigenschaften. Wir wollen hier nur noch die Existenz von α nachweisen: Dafür schreiben wir $(a,b,y) \in \mathbb{C}^m \times \dot{\mathbb{C}}^n \times Y$ in der Gestalt $(a,b,y) = ((a', \bar{a}), b, y)$ mit $a' \in \mathbb{C}$ und $\bar{a} \in \mathbb{C}^{m-1}$. Nach Induktionshypothese gilt $(\bar{a},b,y) = \bar{\alpha}(\bar{a},b,y) \cdot (\bar{0},b,y)$. Setzen wir $\alpha_1(a,b,y) = \sigma\bar{\alpha}(a,b,y)$, wobei σ ein Schnitt der Projektion $G \longrightarrow \bar{G} = G/N$ ist, so erreichen wir damit immerhin die Gleichung $\alpha_1(a,b,y) \cdot (0,b,y) =$

$((-a'', \bar{a}), b, y)$ mit einem gewissen $a'' = a''(a,b,y) \in \mathbb{C} \cong N$. Folglich ist das gewünschte $\alpha(a,b,y)$ die Verknüpfung von $a''(a,b,y)$ und $\alpha_1(a,b,y)$ in der Gruppe G_u.

2. Fall $G_u = \{1\}$, d.h. $G = T$. Die Operation von G auf A ist dann diagonalisierbar (loc. cit.). Sei $W \subseteq A$ ein endlich-$\mathbb{C}$-dimensionaler G-stabiler Teilraum, der die ganze Algebra A erzeugt. Dieser besitzt eine Basis $w_1, \ldots, w_d$ mit $t \cdot w_i = \chi_i(t) w_i$ für alle $t \in T$ und gewisse Charaktere $\chi_i : T \longrightarrow \dot{\mathbb{C}}$. Der Beweis verläuft nun ähnlich wie in 6.7: Sei Λ die Charakterengruppe, welche von den χ_i erzeugt wird, und sei $\lambda_1, \ldots, \lambda_n$ eine Basis von Λ mit $\lambda_j = \chi_1^{\nu_{1j}} \chi_2^{\nu_{2j}} \ldots \chi_d^{\nu_{dj}}$ und $\nu_{ij} \in \mathbb{Z}$. Wir setzen $s := w_1 w_2 \ldots w_d$ und $t_j := w_1^{\nu_{1j}} w_2^{\nu_{2j}} \ldots w_d^{\nu_{dj}}$ für $j = 1, \ldots, r$. Somit erhalten wir wie in 6.7 eine lokalisierte Polynomalgebra $A_s = (A_s)^T [t_1, t_1^{-1}, \ldots, t_n, t_n^{-1}]$, denn A_s ist die direkte Summe seiner T-Eigenräume $(A_s)^T t_1^{\mu_1} t_2^{\mu_2} \ldots t_n^{\mu_n}$ zu den verschiedenen Eigenwerten $\lambda_1^{\mu_1} \lambda_2^{\mu_2} \ldots \lambda_n^{\mu_n} \in \Lambda$. Der gesuchte Isomorphismus $X_s \cong \dot{\mathbb{C}}^n \times Y$ wird hier von dem $(A_s)^T$ - Algebraisomorphismus

$$\mathbb{C}[X_1, X_1^{-1}, \ldots, X_n, X_n^{-1}] \otimes_{\mathbb{C}} (A_s)^T \xrightarrow{\sim} A_s$$

geliefert, welcher die Unbestimmte X_i auf t_i abbildet.

16.15 Weitere Bemerkungen zu Satz 6.6:

a) Die in 16.6 vorliegende Situation kann wie folgt (mit $Z = X_s$) beschrieben werden: Gegeben ist ein glatter Morphismus $p : Z \longrightarrow Y$ zwischen den komplexen Varietäten $Z := \operatorname{Priv} C$ und $Y := \operatorname{Priv} B$. Ferner operiert die algebraische Gruppe G derart auf Z, daß die Bahnen von G in Z mit den Fasern $p^{-1}(y)$, $y \in Y$, übereinstimmen. Aus diesem Sachverhalt ergeben sich folgende weitere Eigenschaften: 1) Der Morphismus $G \times Z \longrightarrow Z \times Z$, $(g,z) \longmapsto (gz,z)$ ist glatt (und deshalb treu flach). 2) Die Zuordnung $Y_1 \longmapsto p^{-1}(Y_1)$ liefert eine Bijektion zwischen den abgeschlossenen Untervarietäten $Y_1 \subseteq Y$ und den abge-

schlossenen G-*stabilen Untervarietäten von* Z. 3) *Für jeden Morphismus* $h : Z \longrightarrow W$ *mit* $h(\gamma z) = h(z)$, $\forall z \in Z$, $\forall \gamma \in G$, *existiert genau ein Morphismus* $g : Y \longrightarrow W$ *mit* $h = gp$.

Beweis: Da p glatt ist, fällt die hier betrachtete (reduzierte) Faser mit der "schematheoretischen" Faser zusammen. Es genügt deshalb der Nachweis, daß für alle $y \in Y$ der Morphismus $G \times p^{-1}(y) \longrightarrow p^{-1}(y) \times p^{-1}(y)$, $(\gamma, z) \longmapsto (\gamma z, z)$ glatt ist (siehe z.B. [14], I, § 4, 4.2, und III, § 3, 2.2). Somit sind wir auf den Fall zurückgeführt, wo Y nur aus einem Punkt besteht. In diesem Fall ist $Z = G/H$ ein homogener Raum. Wir betrachten das kommutative Dreieck

$$\begin{array}{ccc} G \times G/H & \xrightarrow{\;s\;} & G/H \times G/H \\ & {\scriptstyle q}\searrow \quad \swarrow{\scriptstyle r} & \\ & G/H & \end{array} .$$

mit $s(\gamma, x) = (\gamma x, x)$, $q(\gamma, x) = x$ und $r(x', x) = x$. Nach loc. cit. genügt der Nachweis, daß s für alle $x \in G/H$ einen glatten Morphismus $q^{-1}(x) = G \times \{x\} \longrightarrow G/H \times \{x\} = r^{-1}(x)$ induziert. Dies gilt, weil die kanonische Projektion $G \longrightarrow G/H$ glatt ist.

Dies beweist 1). Die Aussagen 2) und 3) ergeben sich aus 1) und [14], I, § 2, 2.7.

b) Wählen wir in a), Aussage 3, für W die affine Gerade, so ist $g \in B$ eine polynomiale Funktion auf Y. Die Aussage 3) besagt dann, daß die Abbildung $g \longmapsto g \circ p$ eine Bijektion von B auf den Invariantenring C^G ist.

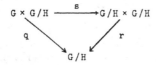

Eine ähnliche Betrachtung zeigt, daß $Q(C)^G = Q(B)$ (= Quotientenkörper von B) gilt: Die Inklusion $Q(C)^G \supseteq Q(B)$ ist klar. Wir wollen hier nur $Q(C)^G \subseteq Q(B)$ nachweisen. Es sei also $g \in Q(C)^G$ eine G-invariante rationale Funktion auf $Z := \operatorname{Spec} C$. Der Definitionsbereich Z' von g ist offen und G-stabil, und deshalb von der Form $p^{-1}(Y')$, wobei Y' eine offene Untervarietät von Y ist (siehe a), Aussage 2)). Nun ist g eine G-invariante polynomiale Funktion auf Z' und hat deshalb die Gestalt $g = f \circ p'$, wobei $p' : Z' \longrightarrow Y'$ durch p induziert wird, und f eine polynomiale Funktion auf Y' und folglich eine rationale Funktion $(\in Q(B))$ auf Y ist.

c) Sei $\phi : Y' = \operatorname{Priv} B' \longrightarrow Y$ ein beliebiger Morphismus von Varietäten. Die in a) gemachten Voraussetzungen bleiben erhalten, wenn wir Y durch Y' und Z durch $Z \times_Y Y'$ ersetzen. Insbesondere entsprechen die polynomialen Funktionen auf Y' bijektiv den G-invarianten polynomialen Funktionen auf $Z \times_Y Y'$, d.h. wir erhalten $B' \cong (C \otimes_B B')^G$. Dabei ist B' eine beliebige endlich erzeugte Algebra über B. Für allgemeine kommutative B-Algebren B' ergibt sich die Formel $B' \cong (C \otimes_B B')^G$ aus dem vorigen Spezialfall durch Übergang zu einem direkten Limes.

In ähnlicher Weise sieht man ein, daß die Kontraktion $\operatorname{Spec} C \otimes_B B' \longrightarrow \operatorname{Spec} B'$ eine Bijektion zwischen den G-stabilen Primidealen von $C \otimes_B B'$ und allen Primidealen von B' induziert. Wenn B' endlich erzeugt über B ist, sind nämlich die Primideale von B' bijektiv den abgeschlossenen Untervarietäten von Y' zugeordnet ..... (siehe a), Aussage 2)).

d) Der Satz 16.6 läßt sich auf beliebige glatte algebraische Gruppen wie folgt verallgemeinern: <u>Sei X eine (reduzierte) algebraische Varietät, und sei G eine glatte algebraische Gruppe, die auf X operiert. Es existieren dann eine dichte, offene, G-stabile Untervarietät $X_1 \subseteq X$ und ein glatter Morphismus $p : X_1 \longrightarrow Y$, dessen Fasern die Bahnen von G in X_1 sind</u> (vgl. mit 16.15 a)).

<u>Beweis:</u> Sei q der Morphismus $G \times X \longrightarrow X \times X$, $(g,x) \longmapsto (gx,x)$, und sei $T := \overline{q(G \times X)}$ der Zariski-Abschluß seines Bildes. Wir bezeichnen mit T' die größte offene Untervarietät von T mit der Eigenschaft, daß der durch q induzierte Morphismus $q^{-1}(T') \longrightarrow T'$ treuflach sei. Nach dem Satz von der generischen Flachheit (Grothendieck; siehe z.B. [14], I, § 3.7) liegt T' dicht in T. Ferner ist mit (y,x)

auch $(g'y,x)$, $\forall g' \in G$, in T' gelegen: Denn q ist G-äquivariant, wenn wir G auf $G \times X$ bzw. $X \times X$ mittels $g' . (g,x) = (g'g,x)$ bzw. $g' .(y,x) = (g'y,x)$ operieren lassen. Analog dazu gilt, daß mit (y,x) auch $(y,g'x)$, $\forall g' \in G'$, in T' liegt: Denn q bleibt G-äquivariant, wenn wir eine neue Operation von G auf $G \times X$ bzw. $X \times X$ durch $g'.(g,x) = (gg'^{-1},g'x)$ bzw. $g'.(y,x) = (y,g'x)$ definieren.

Wir bezeichnen nun mit X' die dichte offene Teilmenge $\{x \in X | (x,x) \in T'\}$ von X. Sie ist G-stabil, und T' ist das Bild des Morphismus $q' : G \times X' \longrightarrow X' \times X'$, $(g,x) \longmapsto (gx,x)$. Ferner sind in dem kommutativen Dreieck

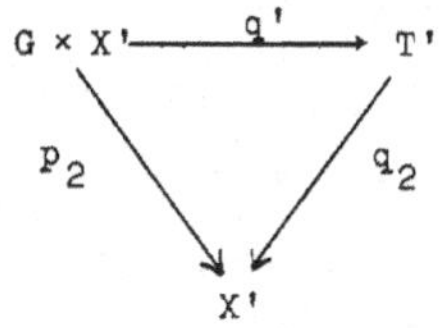

die Morphismen q' und p_2 (= Projektion) treuflach. Folglich ist auch die zweite Projektion $X' \times X' \supseteq T' \xrightarrow{q_2} X'$ treuflach. Mithin ist T' eine treuflache Äquivalenzrelation auf X', deren Äquivalenzklassen mit den Bahnen von G in X' zusammenfallen. Dies führt unsere Aussage auf einen Satz von Grothendieck zurück, der die Existenz einer dichten offenen T'-stabilen Untervarietät $X'' \subseteq X'$ mit "schöner" Restklassenvarietät Y'' sicherstellt (siehe dazu [66], Satz 8.1).

Für X_1 nehme man schließlich die größte offene Untervarietät von X'' auf der die Projektion $X'' \longrightarrow Y''$ glatt ist. Diese Untervarietät ist G-stabil. Sie liegt dicht in X'' nach [14], I, § 4, 4.12. Qed.

Literaturverzeichnis

Für ein umfangreicheres und weiterführenderes Literaturverzeichnis verweisen wir auf das demnächst erscheinende Buch von Dixmier über einhüllende Algebren [26].

1. P. BERNAT, Sur le corps enveloppant d' une algèbre de Lie résoluble, Bull. Sc. math. France, Supplément, Mémoire 7, 1966.

2. P. BERNAT, N. CONZE (etc.), Représentations des groupes de Lie résolubles, Paris 1972.

3. R.J. BLATTNER, Induced and produced representations of Lie Algebras Trans. Amer. Math. Soc., 114, 1969, S. 457-474.

4. A. BOREL, Linear Algebraic groups, New York 1969.

5. N. BOURBAKI, Algèbre, chap. V, Paris.

6. N. BOURBAKI, Algèbre, chap. VIII, Paris.

7. N. BOURBAKI, Algèbre commutative, chap. 1 - 2, Paris 1961.

8. N. BOURBAKI, Algèbre commutative, chap, 3 - 4, Paris.

9. N. BOURBAKI, Groupes et algèbres de Lie, chap. 1, Paris.

10. N. CONZE, Idéaux primitifs de l' algèbre enveloppante d' une algèbre de Lie nilpotente et orbites dans l' espace dual. C.R. Acad. Sc. Paris, 267, 1968, Serie A, S. 325-327.

11. N. CONZE, Action d' un groupe algébrique dans l' espace des idéaux primitifs d' une algèbre enveloppante, J. Algebra, erscheint demnächst.

12. N. CONZE und M. DUFLO, Sur l' algèbre enveloppante d' une algèbre de Lie résoluble, Bull. Soc. math. France, 2e serie, 94, 1970, S. 201 - 208.

13. N. CONZE und M. VERGNE, Idéaux primitifs des algèbres enveloppantes des algèbres de Lie résolubles, C.R. Acad. Sc. Paris, 272, 1971, Serie A, S . 985 - 988.

14. M. DEMAZURE und P. GABRIEL, Groupes algébriques, Paris-Amsterdam 1970.

15. J. DIXMIER, Sur les représentations unitaires des groupes de Lie nilpotents II, Bull. Sc. math. France, 85, 1957, S. 375 - 388.

16. J. DIXMIER, Sur les représentations unitaires des groupes de Lie nilpotents III, Canad. J. Math., 10, 1958, S. 321-348.

17. J. DIXMIER, Sur l' algèbre enveloppante d' une algèbre de Lie nilpotente, Arch. Math. 10, 1959, S. 321-326.

18. J. DIXMIER, Représentations irréductibles des algèbres de Lie nilpotentes, Anais. Acad. Brasil. Ciencias, 35, 1963, S. 491 - 519.

19. J. DIXMIER, Représentations irréductibles des algèbres de Lie résolubles, J. Math. pures et appl., 45, 1966, S. 1 - 66.

20. J. DIXMIER, Sur les algèbres de Weyl, Bull. Soc. Math. France 96, 1968, S. 209 - 242.

21. J. DIXMIER, Sur les algèbres de Weyl II, Bull. Soc. math. France 2e serie, 94, 1970, S. 298 - 301.

22. J. DIXMIER, Idéaux primitifs dans l' algèbre enveloppante d' une algèbre de Lie semi- simple complexe. C.R. Acad. Sc. Paris, 271, 1970, Serie A, S. 134 - 136.

23. J. DIXMIER, Sur les représentations induites des algèbres de Lie, J. Math. pures et appl., 50, 1971, S. 1 - 24.

24. J. DIXMIER, Polarisations dans les algèbres de Lie, Ann. scient. Ec. Norm. Sup., 4e serie, 4, 1971, S. 321 - 335.

25. J. DIXMIER, Certaines représentations infinies des algèbres de Lie semi-simples, Sem. Bourbaki, 25e année, 1972, 173, exposé no. 425.

26. J. DIXMIER, Algèbres enveloppantes, erscheint demnächst.

27. M. DUFLO, Caractères des groupes et des algèbres de Lie résolubles, Ann. scient. Ec. Norm. Sup. 4e série, 3, 1970, S. 23 - 74.

28. M. DUFLO, Sur les représentations irréductibles des algèbres de Lie contenant un idéal nilpotent, C.R. Acad. Sc. Paris, 270, 1970, Serie A, S. 504 - 506.

29. M. DUFLO, Sur les extensions des représentations irréductibles des groupes de Lie nilpotents, Ann. Scient. Ec. Norm. Sup., 4e série, 5, 1972, S. 71 - 120.

30. M. DUFLO, Construction of primitive ideals in an enveloping algebra. In: I.M. GELFAND (Hrsg.) Representation theory of Lie groups, Budapest, erscheint demnächst.

31. M. DUFLO, Certaines algèbres de type fini sont des algèbres de Jacobson, erscheint demnächst.

32. P. GABRIEL, Objets injectifs dans les catégories abéliennes, Séminaire Dubreil-Pisot, 12, 1958-59, exposé no. 17, 32 Seiten.

33. P. GABRIEL, Représentations des algèbres de Lie résolubles (d' après Dixmier), Séminaire Bourbaki, 21e année, 1968/69, exposé no. 347. Lecture Notes in Mathematics 179, S. 1 - 22, Springer Verlag.

34. I.M. GELFAND und A.A. KIRILLOV, Sur les corps liés aux algèbres enveloppantes des algèbres de Lie, Publ. Math. de IHES, 31, 1966, S. 7 - 19.

35. A.W. GOLDIE, Semi-prime rings with maximum condition, Proc. London Math. Soc. 10, S. 201 - 220.

36. A.W. GOLDIE, The structure of noetherian rings. In: Lectures on rings and modules, Lecture Notes in Mathematics 246, S. 273 - 321 Springer-Verlag 1972.

37. I.N. HERSTEIN, Non-commutative rings, Manasha (Wisconsin) 1968.

38. G. HOCHSCHILD, Introduction to affine algebraic groups, San Francisco-Cambridge-London-Amsterdam 1971.

39. A. JOSEPH, Proof of the Gelfand-Kirillov conjecture for solvable Lie algebras. Preprint, Dept. of Physics and Astronomy, Tel Aviv University, 1973.

40. A.A. KIRILLOV, Unitary representations of nilpotent Lie groups, Doklady Akad. Nauk SSSR, 138, 1961, S. 283 - 284.

41. A.A. KIRILLOV, Unitary representations of nilpotent Lie groups, Uspekhi Matematicheski Nauk 17, 1962. Übers. in: Russian Math. Surveys, 17, 4, 1962, S. 53 - 104.

42. L. LESIEUR und R. CROISOT, Algèbre noethérienne non commutative, Mémorial des sciences mathématiques, fasc. CLIV, Gauthier-Villars, Paris 1963.

43. J. LEVITZKI, On multiplicative systems, Compos. Math., 8, 1950, S. 76 - 80.

44. M. LOUPIAS, Représentations indécomposables de dimension finie des algèbres de Lie, Manuscripta math., 6, 1972, S. 365-379.

45. J. Mc CONNELL, Localization in enveloping rings, J. London Math. Soc., 43, 1968, S. 421 - 428.

46. J. Mc CONNELL, Representations of solvable Lie algebras and the Gelfand-Kirillov conjecture, Preprint, School of Mathematics, University of Leeds, 1973.

47. N.H. Mc COY, Prime ideals in general rings, Amer. J. Math., 71, 1948, S. 823 - 833.

48. E. MATLIS, Injective modules over noetherian rings, Pacific J. Math., 8, 1958, S. 511 - 528.

49. J. v. NEUMANN, Die Eindeutigkeit der Schrödingerschen Operatoren, Math. Ann., 104, 1931, S. 570 - 578.

50. Y. NOUAZE, Remarques sur: "Idéaux premiers de l' algèbre enveloppante d' une algèbre de Lie nilpotente, Bull. Sciences Math. (2) 91, 1967, S. 117 - 124.

51. Y. NOUAZE und P. GABRIEL, Idéaux premiers de l' algèbre enveloppante d' une algèbre de Lie nilpotente, J. Alg. 6, 1967, S. 77-99.

52. L. PUKANSZKY, Leçons sur les représentations des groupes, Paris 1967.

53. L. PUKANSZKY, On the unitary representations of exponential groups, J. Funct. Anal., 2, 1968, S. 73 - 113.

54. D. QUILLEN, On the endomorphism ring of a simple module over an enveloping algebra, Proc. Amer. Math. Soc. 21, 1970, S. 171 - 172.

55. M. RAÏS, Sur les idéaux primitifs des algèbres enveloppantes, C.R. Acad. Sc. Paris, 272, 1971, Serie A, S. 989 -991.

56. R. RENTSCHLER und P. GABRIEL, Sur la dimension des anneaux et ensembles ordonnés, C.R. Acad. Sc. Paris, 265, 1967, Serie A. S. 712 - 715.

57. R. RENTSCHLER, Sur le centre du quotient de l' algèbre enveloppante d' une algèbre de Lie nilpotente par un idéal premier, C.R. Acad. Sc. Paris, 268, 1968, Serie A. S. 689 - 692.

58. R. RENTSCHLER, Sur la topologie des ensembles fermés irréductibles de Prim U(g) pour des algèbres de Lie nilpotentes, C.R. Acad. Sc. Paris, 274, 1972, Serie A. S. 27 - 30.

59. R. RENTSCHLER, Sur le centre du corps enveloppant d' une algèbre de Lie résoluble, C.R. Acad. Sc. Paris, 276, 1973, Serie A, S. 21 - 24.

60. R. RENTSCHLER, L' injectivité de l' application de Dixmier, erscheint demnächst.

61. R. RENTSCHLER und M. VERGNE, Sur le semi-centre du corps enveloppant d' une algèbre de Lie, erscheint demnächst.

62. J.E. ROOS, Détermination de la dimension homologique des algèbres de Weyl, C.R. Acad. Sc. Paris, 274, 1972, Serie A, S. 23 - 26.

63. Y. UTUMI, A theorem of Levitzki, Amer. Math. Monthly, 70, 1963, S. 286.

64. M. VERGNE, Construction des sous-algèbres subordonnées à un élément du dual d' une algèbre de Lie résoluble, C.R. Acad. Sc. Paris, 270, 1970, Serie A, S. 173 - 175.

65. M. VERGNE, La structure de Poisson sur l' algèbre symétrique d' une algèbre de Lie nilpotente, Bull. Soc. Math. France, 100, 1972, S. 301 - 335.

66. P. GABRIEL in Séminaire de Géométrie Algébrique 3, Schémas en groupes I, dirigé par M. DEMAZURE et A. GROTHENDIECK, Exposé V, Springer-Verlag 1970.

Index der Symbole

a) Allgemeine Symbole

$\mathbb{N}$	$=0,1,2,3,\ldots$
$\aleph_0$	Kardinalzahl von $\mathbb{N}$
$\mathbb{Z},\mathbb{Q},\mathbb{R},\mathbb{C}$	ganze, rationale, reelle, komplexe Zahlen
$\mathbb{A}_n$	siehe *b)*
$\exists$	es gibt
$\forall$	für alle
$.=$ $\quad(=.)$	die linke (rechte) Seite wird hiermit definiert
$\subseteq$	Inklusion
$\subsetneqq, \subset$	echte Inklusion
$\triangleleft$	"ist Ideal in"
$\ntrianglelefteq$	$\triangleleft$ und $\neq$
$\{\ \ldots\ \}$	Menge
$\langle\ \ldots\ \rangle$	das von der Menge $\{\ \ldots\ \}$ erzeugte Ideal
$\cap F$	$.= \bigcap_{x\in F} x$ (1.2)

$\setminus$	mengentheoretisches Komplement
$\longmapsto$	Abbildung von Elementen
$\xrightarrow{\sim}$	Bijektion
$K\|k$	Körpererweiterung ($k \subseteq K$)
$f\|_X, f\|X$	Restriktion von f auf X
?	Leerstelle (z.B. bei Abbildungen)
/	"modulo" (Restklassenring, - algebra, -modul, -gruppe, - menge (= Bahnenraum))
$\oplus$	direkte Summe (Moduln)
$\otimes$	Tensorprodukt über $\mathbb{C}$ oder von Elementen
$\otimes_R$	Tensorprodukt über R
$\coprod$	disjunkte Vereinigung (Mengen) direkte Summe (Funktoren)
$\times$	direktes Produkt (Mengen, Gruppen)
$\times_Y$	Faserprodukt über Y
$[G]T$	semi-direktes Produkt
$[M:R]$	Rang eines freien R-Moduls.

b) Ringtheorie

(R=Ring oder Algebra, I = Ideal von R, M = Modul über R)

$\triangleleft$, $\langle\ldots\rangle$	siehe a)
$M_n(R)$	Ring der $n\times n$-Matrizen
$Z(R)$	Zentrum
$Q(R)$	totaler Quotientenring (2.6)
$S^{-1}R$	Quotientenring bezügl. S (2.1)

$S^{-1}M$	Quotientenmodul (2.4)
R_s	Lokalisierung nach $s \in R$ (5.6)
$\mathrm{Ann}_R M$, $\mathrm{Ann}\, M$	Annullator (1.1, 3.2)
$\mathrm{End}_R M$	R-Endomorphismenring
h_M	Multiplikation mit $h \in R$ in M (5.5)

Spec R	Primspektrum (1.2)
Priv R	primitives Spektrum (1.2, 13.1)
$\mathrm{Rat}_K R$	K-rationales Spektrum (3.3)
Rat R	Abkürzung für $\mathrm{Rat}_K R$ (3.3)
$\sqrt{I}$	Wurzel
V(I)	$=\{\mathfrak{p} \in \mathrm{Spec}\ R \mid \mathfrak{p} \supseteq I\}$ (1.2)
H(I)	Herz (falls I prim, 3.2)
R[...]	von ... erzeugter Oberring
R[x]	Polynomring (x = Unbestimmte, 4.3)
$R[x,x^{-1}]$	in x lokalisierter Polynomring
$R[x_1,\dots,x_n]$	Polynomring (x_i = Unbestimmte)
R[Λ]	Gruppenalgebra (6.7)
$R[x]_D$	Schiefpolynomring (4.3)
$R[\mathfrak{g}]_\partial$	verallgemeinerter Schiefpolynomring (4.2)
[a,b]	Lie-Klammer von a,b ∈ R (.= ab-ba)
$\frac{d}{dx}$	Ableitung nach x (= Unbestimmte) (4.9)
$\frac{\partial}{\partial x}$	partielle Ableitung nach x (4.10)
$\frac{\partial^n}{\partial x^n}$	iterierte partielle Ableitung (4.10)
$\mathbb{A}_n(R)$	n-te Weyl-Algebra über R, (R kommutativ, 4.3, 4.10)
$\mathbb{A}_n$	n-te Weyl-Algebra über $\mathbb{C}$
$\mathbb{A}_n'$	lokalisiertes $\mathbb{A}_n$ (8.2)
x^n	Monom $x_1^{n_1} x_2^{n_2} \dots x_m^{n_m}$ falls $n \in \mathbb{N}^m$ und $x = (x_1,\dots,x_m)$
K(...)	von ... erzeugter Oberkörper
K(x)	Funktionenkörper (x= Unbestimmte, 3.6).

c) Lie-Theorie

($\mathfrak{g}$ = Lie Algebra, f = Linearform auf $\mathfrak{g}$, $\mathfrak{h}$ = Unteralgebra, $\mathfrak{a}$ = Unterraum von $\mathfrak{g}$, M = Modul über $\mathfrak{g}$)

$U(\mathfrak{g})$	einhüllende Algebra
$S(\mathfrak{g})$	symmetrische Algebra
$G(\mathfrak{g})$	zugeordnete algebraische Gruppe (12.2)
U,S,G	manchmal vereinbarte Abkürzung für $U(\mathfrak{g})$ bzw. $S(\mathfrak{g})$ bzw. $G(\mathfrak{g})$
$\mathfrak{g}^n$	Bild von $\mathfrak{g} \otimes \mathfrak{g} \otimes \dots \otimes \mathfrak{g}$ in $U(\mathfrak{g})$ (5.3) oder S($S(\mathfrak{g})$ (13.1)
$\mathfrak{g}^*$	Dualraum von $\mathfrak{g}$
$\mathfrak{g}^*/G$	Bahnenraum (12.4, 13.2)
$\mathfrak{m}_f$	das $f \in \mathfrak{g}^*$ korrespondierende maximale Ideal von $S(\mathfrak{g})$ (13.1)
B_f	Bilinearform f ([?,?]) (9.1)
$\mathfrak{a}^{f\perp}, \mathfrak{a}^{\perp}$	Orthogonalruam in $\mathfrak{g}$ für B_f (9.4)
ad x	adjungierte Derivation [x,?]
Lie( )	Lie Algebra einer Liegruppe (12.1)
GL( )	allgemeine Lineare Gruppe
$\mathfrak{gl}$( )	Lie Algebra der Endomorphismen (12.1)
Der(?)	Lie Algebra der Derivationen (? = Algebra oder Lie Algebra)

$\underline{a}^{\perp}$	Orthogonalraum in $\underline{g}^*$
Sz( )	Semizentrum (6.1)
M^{λ}	Eigenraum zum Eigenwert λ (5.3)
${}^{\lambda}M$	um λ gewundener Modul (10.2)
τ_{λ}	Windungsautomorphismus (10.2)
$\mathbb{C}_f$	1-dimensionaler $\underline{g}$-Modul zu f (9.1)
$Sp_{\underline{g}/\underline{h}}(?)$	Spur von ad x in $\underline{g}/\underline{h}$ (10.3)
$M(f,\underline{h})$	(9.5)
$\underline{g} \atop \underline{h}$ $\uparrow$ N	induzierter Modul (10.3)
$\underline{g} \atop \underline{h}$ $\Uparrow$ J	induziertes Ideal (10.3)
$\widetilde{M}(f,\underline{h})$	von $\mathbb{C}_{f\mid\underline{h}}$ induzierter Modul (10.3)
$\widehat{J}(f,\underline{h})$	Annullator von $\widetilde{M}(f,\underline{h})$
Dix	Dixmier-Abbildung (10.8)
$\overline{Dix}$	faktorisierte " (12.4)
$\widetilde{Dix}$	erweiterte " (13.4)
$\overline{Dix}_K$	faktorisierte " nach Grundkörpererweiterung (14.4)
$R^{\underline{g}}, R^D$	Invariantenring (7.3, 4.7)
$H^{\underline{g}}(\ )$	Herz bezgl. $\underline{g}$ (14.1)
$Spec^{\underline{g}}R$	= $(Spec\ R)^{\underline{g}}$ = $\underline{g}$-stabiles Spektrum (4.5, 13.1)
$(Spec\ R)^D$	D-stabiles Spektrum (4.9)
$Rat_K^{\underline{g}}\ S$	$\underline{g}$-K-rationales Spektrum (14.2)

d) <u>Zusätzliche Vereinbarungen in einzelnen Paragraphen</u>

§ 1	1.3	l(?) (= Linksannullator)
§ 2	2.11	$l_R(?)$, $r_R(?)$
§ 3	3.2	R^{op}
	3.9	$\underline{R}_A$, $\underline{R}_p$
§§ 6-8	6.1	$\underline{g}^{\wedge}$, $A^{\wedge}$
	6.6	$\Lambda = \Lambda^{\underline{g}}(A)$
	8.4	E_A
§ 9	9.8	$\lvert n \rvert$
§ 13	13.6	$Gr_p(\ )$, $Gr_{\underline{k}}(\ )$, X_p
§ 14	14.3	$\Psi(K)$, $\psi_{\underline{q},j}$
	14.4	$\underline{R}_S$ (vgl. 3.9!) δ, δ_p
§ 15	15.3	Λ, Λ_f
§ 16	16.4	S', U', $\widetilde{Dix}'$, $g^{*\prime}$, $\hat{z}$, Def(z)
	16.5	G_u (= unipotenter Bestandteil)

Index der Terminologie

algebraisch(e)
- Lie Algebra 8.2
- Untergruppe 12.1
- Gruppe, zugeordnete 12.2

Annullator 1.1, 10.1, 10.3
Links- 1.1, 2.7

assoziiert(es)
Primideal 1.1

Bahnenraum 12.4

Cartier, Satz von 12.1

Derivation 4.1

Diamantalgebra 5.9, 9.7, 10.1, 10.5

Dichtesatz 3.3, 5.1

Dixmier-Abbildung 10.8
erweiterte --- 13.4 (stetig), 14.5(funktoriell)
faktorisierte --- 12.4

Eigenwert(en) 5.3
Fortsetzung von - 6.4

Eigenraum 5.3

Eigenvektor 5.3

einfach(er)
- Modul 1.1, 9.5
- Ring 2.6, 4.7
- artinscher Ring 2.6

Erweiterung
Grundkörper-- 3.4

Faser
über einem Primideal 3.5, 11.3

Filtrierung, natürliche, von U(g) 5.3,12.3, 13.1

Funktor
- der rationalen Ideale 3.9
- der K-g-rationalen Ideale 14.4

Gelfand-Kirillov-Vermutung 8.3

Goldie, Sätze von 2.6

Gruppe
(lineare) algebraische - 12.1
zugeordnete algebraische - 12.2

halbeinfach(e,er)
- Derivation 7.3
- Operation 6.8,8.4
- artinscher Ring 2.6

Herz(en) 3.1
- bezüglich g 14.1
erweitertes - 3.5
Satz von der Isomorphie der - 15.1

induziert(er,es)
- Ideal 10.3
- Modul 10.3

Injektivitätssatz 15.1

Invariantenring 7.2

Irreduzibilitätskriterium von Blattner 9.10

isotrop (e,er)
- Unteralgebra 9.1
- Unterraum 9.1

Jacobson-Radikal 1.4

Jordan-Hölder-Werte 6.6

Kennzeichnungssatz für primitive Ideale 6.7, 6.11

lokal-abgeschlossen 1.5

Lokalisierung 2.1
- nach einem Element 5.6

lokal-nilpotent 6.9

maximal-isotrop 9.1

Nilideal 1.3

nilpotent(es Ideal) 1.3

Ore-Bedingung 2.2

Oresche Teilmenge 2.2

Polarisierung 9.1,9.4

prim 1.1

Primideal 1.1, 5.1
lokal-abgeschlossenes - 1.1

primitiv(e Ideale) 1.1
Kennzeichnungssatz für -- 6.7 (aulösb. Fall), 6.11 (nilpot. Fall)

quasi-homöomorph 1.6, 13.2

Quotientenmodul 2.4

Quotientenring 2.1
linker - 2.1
totaler - 2.6
zweiseitiger - 2.2

rational(es, en)
Ideal 3.3
Funktor der - Ideale 3.9
Funktor der g-K-- Ideale 14.4

regelmäßig(e)
Operation 7.3 (vgl.16.6)

sauber 13.3

Schiefkörper 2.3, 4.7

Schiefpolynomring 4.1,4.3
iterierter - 6.1
starrer - 4.8
zerfallender - 4.8

semiprim 1.2

Semizentrum 6.1

Spektrum
Prim- 1.2
primitives - 1.2, 13.1
rationales, (K-), - 3.3
rationales, (g-K-), - 14.2
stabiles, (g-), - 13.1

starr 4.8

Stetigkeitssatz 13.5

Surjektivitätssatz 11.4

Taylor-Lemma 6.9

Torus 16.5

unipotent 16.5

Varietät 16.5

Vergne-Polarisierung 9.4

vollprim 1.1, 5.1

wesentlich(er)
- Untermodul 2.7

Weyl-Algebra 4.3, 4.10

winden
gewundener Modul 10.2

Wurzel 1.2

zerfallend(er)
- Schiefpolynomring 4.8

zerlegbar(er)
Tensor 5.5

Vol. 215: P. Antonelli, D. Burghelea and P. J. Kahn, The Concordance-Homotopy Groups of Geometric Automorphism Groups. X, 140 pages. 1971. DM 16,-

Vol. 216: H. Maaß, Siegel's Modular Forms and Dirichlet Series. VII, 328 pages. 1971. DM 20,-

Vol. 217: T. J. Jech, Lectures in Set Theory with Particular Emphasis on the Method of Forcing. V, 137 pages. 1971. DM 16,-

Vol. 218: C. P. Schnorr, Zufälligkeit und Wahrscheinlichkeit. IV, 212 Seiten. 1971. DM 20,-

Vol. 219: N. L. Alling and N. Greenleaf, Foundations of the Theory of Klein Surfaces. IX, 117 pages. 1971. DM 16,-

Vol. 220: W. A. Coppel, Disconjugacy. V, 148 pages. 1971. DM 16,-

Vol. 221: P. Gabriel und F. Ulmer, Lokal präsentierbare Kategorien. V, 200 Seiten. 1971. DM 18,-

Vol. 222: C. Meghea, Compactification des Espaces Harmoniques. III, 108 pages. 1971. DM 16,-

Vol. 223: U. Felgner, Models of ZF-Set Theory. VI, 173 pages. 1971. DM 16,-

Vol. 224: Revètements Etales et Groupe Fondamental. (SGA 1). Dirigé par A. Grothendieck XXII, 447 pages. 1971. DM 30,-

Vol. 225: Théorie des Intersections et Théorème de Riemann-Roch. (SGA 6). Dirigé par P. Berthelot, A. Grothendieck et L. Illusie. XII, 700 pages. 1971. DM 40,-

Vol. 226: Seminar on Potential Theory, II. Edited by H. Bauer. IV, 170 pages. 1971. DM 18,-

Vol. 227: H. L. Montgomery, Topics in Multiplicative Number Theory. IX, 178 pages. 1971. DM 18,-

Vol. 228: Conference on Applications of Numerical Analysis. Edited by J. Ll. Morris. X, 358 pages. 1971. DM 26,-

Vol. 229: J. Väisälä, Lectures on n-Dimensional Quasiconformal Mappings. XIV, 144 pages. 1971. DM 16,-

Vol. 230: L. Waelbroeck, Topological Vector Spaces and Algebras. VII, 158 pages. 1971. DM 16,-

Vol. 231: H. Reiter, L^1-Algebras and Segal Algebras. XI, 113 pages. 1971. DM 16,-

Vol. 232: T. H. Ganelius, Tauberian Remainder Theorems. VI, 75 pages. 1971. DM 16,-

Vol. 233: C. P. Tsokos and W. J. Padgett. Random Integral Equations with Applications to stochastic Systems. VII, 174 pages. 1971. DM 18,-

Vol. 234: A. Andreotti and W. Stoll. Analytic and Algebraic Dependence of Meromorphic Functions. III, 390 pages. 1971. DM 26,-

Vol. 235: Global Differentiable Dynamics. Edited by O. Hájek, A. J. Lohwater, and R. McCann. X, 140 pages. 1971. DM 16,-

Vol. 236: M. Barr, P. A. Grillet, and D. H. van Osdol. Exact Categories and Categories of Sheaves. VII, 239 pages. 1971. DM 20,-

Vol. 237: B. Stenström, Rings and Modules of Quotients. VII, 136 pages. 1971. DM 16,-

Vol. 238: Der kanonische Modul eines Cohen-Macaulay-Rings. Herausgegeben von Jürgen Herzog und Ernst Kunz. VI, 103 Seiten. 1971. DM 16,-

Vol. 239: L. Illusie, Complexe Cotangent et Déformations I. XV, 355 pages. 1971. DM 26,-

Vol. 240: A. Kerber, Representations of Permutation Groups I. VII, 192 pages. 1971. DM 18,-

Vol. 241: S. Kaneyuki, Homogeneous Bounded Domains and Siegel Domains. V, 89 pages. 1971. DM 16,-

Vol. 242: R. R. Coifman et G. Weiss, Analyse Harmonique Non-Commutative sur Certains Espaces. V, 160 pages. 1971. DM 16,-

Vol. 243: Japan-United States Seminar on Ordinary Differential and Functional Equations. Edited by M. Urabe. VIII, 332 pages. 1971. DM 26,-

Vol. 244: Séminaire Bourbaki - vol. 1970/71. Exposés 382-399. IV, 356 pages. 1971. DM 26,-

Vol. 245: D. E. Cohen, Groups of Cohomological Dimension One. V, 99 pages. 1972. DM 16,-

Vol. 246: Lectures on Rings and Modules. Tulane University Ring and Operator Theory Year, 1970-1971. Volume I. X, 661 pages. 1972. DM 40,-

Vol. 247: Lectures on Operator Algebras. Tulane University Ring and Operator Theory Year, 1970-1971. Volume II. XI, 786 pages. 1972. DM 40,-

Vol. 248: Lectures on the Applications of Sheaves to Ring Theory. Tulane University Ring and Operator Theory Year, 1970-1971. Volume III. VIII, 315 pages. 1971. DM 26,-

Vol. 249: Symposium on Algebraic Topology. Edited by P. J. Hilton. VII, 111 pages. 1971. DM 16,-

Vol. 250: B. Jónsson, Topics in Universal Algebra. VI, 220 pages. 1972. DM 20,-

Vol. 251: The Theory of Arithmetic Functions. Edited by A. A. Gioia and D. L. Goldsmith VI, 287 pages. 1972. DM 24,-

Vol. 252: D. A. Stone, Stratified Polyhedra. IX, 193 pages. 1972. DM 18,-

Vol. 253: V. Komkov, Optimal Control Theory for the Damping of Vibrations of Simple Elastic Systems. V, 240 pages. 1972. DM 20,-

Vol. 254: C. U. Jensen, Les Foncteurs Dérivés de $\varprojlim$ et leurs Applications en Théorie des Modules. V, 103 pages. 1972. DM 16,-

Vol. 255: Conference in Mathematical Logic - London '70. Edited by W. Hodges. VIII, 351 pages. 1972. DM 26,-

Vol. 256: C. A. Berenstein and M. A. Dostal, Analytically Uniform Spaces and their Applications to Convolution Equations. VII, 130 pages. 1972. DM 16,-

Vol. 257: R. B. Holmes, A Course on Optimization and Best Approximation. VIII, 233 pages. 1972. DM 20,-

Vol. 258: Séminaire de Probabilités VI. Edited by P. A. Meyer. VI, 253 pages. 1972. DM 22,-

Vol. 259: N. Moulis, Structures de Fredholm sur les Variétés Hilbertiennes. V, 123 pages. 1972. DM 16,-

Vol. 260: R. Godement and H. Jacquet, Zeta Functions of Simple Algebras. IX, 188 pages. 1972. DM 18,-

Vol. 261: A. Guichardet, Symmetric Hilbert Spaces and Related Topics. V, 197 pages. 1972. DM 18,-

Vol. 262: H. G. Zimmer, Computational Problems, Methods, and Results in Algebraic Number Theory. V, 103 pages. 1972. DM 16,-

Vol. 263: T. Parthasarathy, Selection Theorems and their Applications. VII, 101 pages. 1972. DM 16,-

Vol. 264: W. Messing, The Crystals Associated to Barsotti-Tate Groups: With Applications to Abelian Schemes. III, 190 pages. 1972. DM 18,-

Vol. 265: N. Saavedra Rivano, Catégories Tannakiennes. II, 418 pages. 1972. DM 26,-

Vol. 266: Conference on Harmonic Analysis. Edited by D. Gulick and R. L. Lipsman. VI, 323 pages. 1972. DM 24,-

Vol. 267: Numerische Lösung nichtlinearer partieller Differential- und Integro-Differentialgleichungen. Herausgegeben von R. Ansorge und W. Törnig, VI, 339 Seiten. 1972. DM 26,-

Vol. 268: C. G. Simader, On Dirichlet's Boundary Value Problem. IV, 238 pages. 1972. DM 20,-

Vol. 269: Théorie des Topos et Cohomologie Etale des Schémas. (SGA 4). Dirigé par M. Artin, A. Grothendieck et J. L. Verdier. XIX, 525 pages. 1972. DM 50,-

Vol. 270: Théorie des Topos et Cohomologie Etale des Schémas. Tome 2. (SGA 4). Dirigé par M. Artin, A. Grothendieck et J. L. Verdier. V, 418 pages. 1972. DM 50,-

Vol. 271: J. P. May, The Geometry of Iterated Loop Spaces. IX, 175 pages. 1972. DM 18,-

Vol. 272: K. R. Parthasarathy and K. Schmidt, Positive Definite Kernels, Continuous Tensor Products, and Central Limit Theorems of Probability Theory. VI, 107 pages. 1972. DM 16,-

Vol. 273: U. Seip, Kompakt erzeugte Vektorräume und Analysis. IX, 119 Seiten. 1972. DM 16,-

Vol. 274: Toposes, Algebraic Geometry and Logic. Edited by. F. W. Lawvere. VI, 189 pages. 1972. DM 18,-

Vol. 275: Séminaire Pierre Lelong (Analyse) Année 1970-1971. VI, 181 pages. 1972. DM 18,-

Vol. 276: A. Borel, Représentations de Groupes Localement Compacts. V, 98 pages. 1972. DM 16,-

Vol. 277: Séminaire Banach. Edité par C. Houzel. VII, 229 pages. 1972. DM 20,-